Erro de sistema

Rob Reich, Mehran Sahami
e Jeremy M. Weinstein

ERRO DE SISTEMA

COMO REINICIAR NOSSAS VIDAS QUANDO
AS REDES SOCIAIS E A DEPENDÊNCIA DIGITAL
SE TORNAM O INIMIGO

Tradução: Isadora Sinay

GLOBOLIVROS

Copyright © 2022 Editora Globo S.A. para a presente edição
Copyright © 2021 by Rob Reich, Mehran Sahami, and Jeremy M. Weinstein

Todos os direitos reservados. Nenhuma parte desta edição pode ser utilizada ou reproduzida — em qualquer meio ou forma, seja mecânico ou eletrônico, fotocópia, gravação etc. — nem apropriada ou estocada em sistema de banco de dados, sem a expressa autorização da editora.

Texto fixado conforme as regras do Novo Acordo Ortográfico da Língua Portuguesa
(Decreto Legislativo nº 54, de 1995).

Título original: *System Error*

Editora responsável: Amanda Orlando
Assistente editorial: Isis Batista
Preparação de texto: Mariana Donner
Revisão: Theo Cavalcanti, Carolina Rodrigues e Laize Oliveira
Diagramação: Douglas Kenji Watanabe
Capa: Estúdio Insólito

1ª edição, 2022

CIP-BRASIL. CATALOGAÇÃO NA PUBLICAÇÃO
SINDICATO NACIONAL DOS EDITORES DE LIVROS, RJ

R283e

Reich, Rob
   Erro de sistema : como reiniciar nossas vidas quando as redes sociais e a dependência digital se tornam o inimigo / Rob Reich, Mehran Sahami, Jeremy M. Weinstein ; tradução Isadora Sinay. - 1. ed. - Rio de Janeiro : Globo Livros, 2022.

   344 p.; 23 cm.

   Tradução de: System error: where big tech went wrong and how we can reboot
   ISBN 978-65-5987-106-3

   1. Tecnologia - Aspectos sociais. 2. Sociedade da informação - Aspectos sociais. I. Sahami, Mehran. II. Weinstein, Jeremy M. III. Sinay, Isadora. IV. Título.

22-80588
CDD: 303.483
CDU: 316.77

Gabriela Faray Ferreira Lopes - Bibliotecária - CRB-7/6643

Direitos de edição em língua portuguesa para o Brasil
adquiridos por Editora Globo S.A.
Rua Marquês de Pombal, 25 — 20230-240 — Rio de Janeiro — RJ
www.globolivros.com.br

Para nossos filhos incríveis

Sumário

Prefácio 11
Introdução 19

Parte I — Desprogramando os tecnologistas 35
1. As imperfeições da mentalidade de otimização 37
Devemos otimizar tudo? 41
A educação de um engenheiro 44
A deficiência da eficiência 50
O que é mensurável nem sempre é significativo 53
O que acontece quando vários objetivos valiosos colidem? 54

2. O problemático casamento entre hackers e investidores de risco ... 59
Os engenheiros assumem o comando 63
O ecossistema de investidores de risco e engenheiros 65
A mentalidade de otimização encontra o crescimento corporativo ... 67
Caçando unicórnios 71
A nova geração de investidores de risco 76
Empresas de tecnologia transformam o poder de mercado
em poder político 80

3. A corrida do tudo ou nada entre disruptura e democracia 86
Inovação *versus* regulamentação não é algo novo................................ 88
O governo é cúmplice na ausência de regulamentação 94
O destino dos reis filósofos de Platão 99
O que é bom para as empresas pode não ser bom para
uma sociedade saudável..104
Democracia como rede de proteção 108

Parte II – Desagregando as tecnologias 113
4. As decisões por algoritmo podem ser justas?...............................115
Bem-vindo à era das máquinas que aprendem...................................118
Desenvolvendo algoritmos justos 123
Algoritmos em julgamento 131
Uma nova era de responsabilidade algorítmica 135
O elemento humano em decisões algorítmicas..................................138
Como controlar algoritmos 140
Abrindo a "caixa-preta" 144

5. Quanto vale sua privacidade?..147
O Velho Oeste da coleta de dados...152
Um pan-óptico digital?..157
Do pan-óptico para um *blackout* digital..163
A tecnologia sozinha não vai nos salvar 166
Também não podemos contar com o mercado..................................170
Um paradoxo da privacidade 174
Proteger a privacidade pelo bem da sociedade..................................177
Quatro letras que são a chave para nossa privacidade 180
Além do GDPR 183

6. Humanos podem prosperar em um mundo
de máquinas inteligentes?..191
Cuidado com o bicho-papão 194
O que é tão inteligente em máquinas inteligentes? 198

A automação é boa para a raça humana?..204
Conectando-se à máquina de experiência 205
A grande fuga da pobreza humana 208
Quanto a liberdade vale para você?..210
Os custos do ajuste 212
Alguma coisa deveria estar fora do alcance da automação?..................216
Onde os humanos se encaixam?...217
O que podemos oferecer àqueles que serão deixados para trás?............221

7. A liberdade de expressão vai sobreviver à internet?......................226
A superabundância de discursos e suas consequências.......................230
Quando a liberdade de expressão colide com a democracia
e a dignidade...237
Quais são os danos off-line do discurso on-line?................................242
A IA pode moderar conteúdo?...249
Um Supremo Tribunal para o Facebook?...254
Indo além da autorregulamentação 256
O futuro da imunidade de plataformas 261
Criando espaço para a competição..268

PARTE III — REPROGRAMANDO O FUTURO 273
8. As democracias podem enfrentar o desafio?...............................275
Então, o que podemos fazer? 279
Não é só você, somos nós..282
Reiniciando o sistema...286
Tecnologistas, não façam o mal 286
Novas formas de resistência ao poder corporativo..............................295
Controlando a tecnologia antes que ela nos controle 301

AGRADECIMENTOS 309
NOTAS 313

Prefácio

Em tempos de crise, cidadãos comuns, confusos e desorientados, paralisados, podem vir a acreditar que, como Platão afirmou, eles não estão aptos para a tarefa de tomar decisões difíceis. Em tempos difíceis, cidadãos democráticos podem ficar mais dispostos a entregar as questões políticas para especialistas e abandonar os quadros institucionais, os direitos e as liberdades que garantem sua posição como participantes do processo político. O perigo da paralisia intelectual em face do caos é que, no fim, ela erode a premissa primeira da democracia: especificamente, que cidadãos comuns estarão sempre prontos para pensar.
— Danielle Allen, Discurso sobre os Objetivos da Educação, 20 de setembro de 2001

Em 6 de janeiro de 2021, o Capitólio dos Estados Unidos foi tomado por insurgentes levados a agir em um comício com o presidente Donald Trump mais cedo naquele dia. O objetivo dos invasores era alterar de forma violenta o resultado da eleição presidencial, já que durante as duas semanas anteriores lhes havia sido dito, de forma enganosa, que ela fora "roubada". Essa mensagem tinha sido expressa de forma mais proeminente pelo próprio Trump, apesar dos mais de sessenta processos legais que falharam ao questionar os resultados da eleição e das negações firmes dos oficiais eleitorais por todo o país.

As plataformas de tecnologia foram um vetor-chave para as acusações de fraude eleitoral nos meses anteriores. Em 6 de janeiro, elas finalmente acordaram para o horror do que haviam permitido. O Twitter bloqueou a conta de Trump, que tinha quase 90 milhões de seguidores, negando a ele a permissão de postar. Dois dias depois, citando um "risco de maior incitação de violência", o Twitter baniu Trump da plataforma de forma permanente, apagando tudo em sua conta com um único golpe. Suspensões parecidas aconteceram no Facebook, no Instagram, no YouTube e no Snapchat. Trump, então, se voltou para a ainda ativa conta @POTUS no Twitter e postou que ele havia sido "SILENCIADO!", antes que esse tuíte fosse também rapidamente removido pela plataforma.

A reprimenda feita pela plataforma à desinformação eleitoral promovida por Trump também chamou a atenção para todo o poder que estava concentrado nas mãos de algumas empresas de tecnologia. O presidente dos Estados Unidos — com frequência chamado de "líder do mundo livre" — tinha sido privado de seus meios favoritos de comunicação, com dezenas de milhões de seguidores, sem qualquer cerimônia. Quer isso tenha sido um passo necessário para reduzir a possibilidade de mais violência após a eleição — uma decisão já atrasada das plataformas de tirar o megafone de um homem cujo histórico de mentiras vinha de muito antes da eleição de 2020 — ou uma censura radical do mais alto cargo eleito dos Estados Unidos feita pela elite tecnológica, o ato lançou indiscutivelmente uma luz sobre o poder significativo que a tecnologia e, mais ainda, as pessoas que a desenvolveram detêm sobre nós.

O papel das empresas de tecnologia e sua reação aos eventos que levaram à invasão do Capitólio servem apenas para enfatizar as preocupações a respeito da tecnologia que vêm se acumulando há anos. Relatórios aparentemente infinitos sobre violações de privacidade e histórias sobre manipulação de comportamento resultante das enormes quantidades de dados recolhidos pelas grandes empresas tornaram lugar-comum olharmos para elas sob um viés negativo. Alguns argumentam que a internet, os smartphones e os computadores nos deram um conjunto de produtos determinados a sequestrar nossa atenção e nos viciar em telas enquanto recolhem cada vez mais dados por meio do nosso comportamento on-line. E, como mostrado no Capitólio, uma onda de informação incorreta ou desinformação nas plataformas de mídias sociais serviu para erodir nossa confiança na ciência, exacerbar a polarização política e ameaçar a própria democracia — tudo isso proporcionado por um pequeno número de empresas com imenso poder de mercado e cada vez mais influência política.

Neste mesmo tempo sem precedentes, vivemos a pandemia de covid-19, que até o momento da escrita deste texto ceifou mais de 3 milhões de vidas no mundo todo e desorganizou o trabalho, a educação, a economia e nossas vidas pessoais. A pandemia causou um daqueles momentos raros de mudança instantânea de comportamento que têm implicações extraordinárias em longo prazo. Diz-se que Vladimir Lenin afirmou que "existem décadas em que nada acontece e, então, existem semanas em que décadas acontecem". Do dia para a noite, boa parte do mundo passou a trabalhar de casa, e escolas fecharam, enquanto as autoridades de saúde pública impunham regras de distanciamento social e, em algumas áreas, ordens de confinamento. Videoconferências dispararam, enquanto viagens aéreas pararam. Tecnologias para compartilhamento de arquivos e colaboração remota no trabalho permitiram que muitos aspectos da economia seguissem normalmente. As pessoas correram em número recorde para a Netflix como um substituto para os cinemas. O uso do Facebook e de outras redes sociais disparou, já que as pessoas buscavam manter conexões com amigos e família. As videoconferências permitiram que as crianças seguissem indo à escola e que pessoas mantivessem uma conexão com seus entes queridos quando não era possível estar junto fisicamente. As empresas de tecnologia em todas as áreas entraram no jogo e colocaram em primeiro plano informação científica confiável a respeito da pandemia, desenvolveram aplicativos de rastreamento de contatos para ajudar a conter o vírus e recrutaram a inteligência artificial para acelerar o desenvolvimento de tratamentos médicos e vacinas, além de permitir que robôs cuidassem de tarefas como entregar medicamentos para pacientes doentes nos hospitais.

Em resumo, nossa vida profissional e pessoal, nossa economia e nossos relacionamentos íntimos, até mesmo nossa saúde, teriam ficado muito pior sem a internet e nossos conhecidos dispositivos viciantes.

Enquanto saímos da pandemia de covid-19 e entramos em um novo momento político, a janela está finalmente se abrindo para uma consideração madura da tecnologia, que evita tanto a tecnoempolgação das primeiras décadas como a "tecnorreação" que se seguiu.

Claro, ainda existem muitas críticas que podem ser feitas ao Facebook, às políticas de privacidade do Zoom, à aceleração da automação em uma época de máquinas inteligentes que não se preocupa com a extinção de vagas de emprego e à desinformação tóxica que flui nas plataformas de redes sociais. Mas isso só realça o trabalho essencial de nossa nova era pós-pandêmica. Devemos nos esforçar para encontrar maneiras de usar o poder da tecnologia para disponibilizar seus consideráveis benefícios e, ao mesmo tempo, diminuir seus danos, igualmente aparentes aos indivíduos e às sociedades. Nós agora temos a sabedoria para ver a inovação tecnológica como algo além de uma força externa que age sobre nós. O caminho do desenvolvimento tecnológico e os efeitos da tecnologia sobre nós são coisas que podemos moldar. Coisas que devemos moldar.

Quando celebramos a tecnologia de forma acrítica ou a criticamos sem pensar, o resultado é que deixamos os profissionais que a desenvolvem como responsáveis pelo nosso futuro. Este livro foi escrito para trazer um entendimento de como nós, como indivíduos e, especialmente, juntos enquanto cidadãos em uma democracia, podemos agir, revigorar nossa democracia e direcionar a revolução digital para que ela sirva aos nossos interesses.

Nos últimos vinte anos, nós lecionamos na Universidade de Stanford, o berço do Vale do Silício. A universidade é uma potência de pesquisa, com vários laureados pelo Nobel, premiados pela Fundação MacArthur e ganhadores do Pulitzer. Mas, por trás da fachada dessa idílica e autoproclamada "nação nerd", começamos a observar alguns padrões preocupantes.

"Inovação" e "disruptura" eram palavras quentes no campus, e nossos alunos passavam uma visão quase utópica de que as formas antigas de fazer as coisas estavam arruinadas e a tecnologia era a solução todo-poderosa: ela poderia acabar com a pobreza, eliminar o racismo, equalizar as oportunidades, fortalecer a democracia e até ajudar a derrubar regimes autoritários.

"Todo ano, na orientação para novos alunos", um dos estudantes nos disse de forma animada, "nós trazemos algum bilionário de tecnologia que é tomado como símbolo do que você pode conquistar e de que essa é a vida que você deveria querer." O antigo diretor da universidade foi pego dizendo que o governo era incompetente e que a ideia de encorajar os alunos a trabalhar para o governo para fazer a diferença era "ridícula".[1]

Talvez ainda mais desconcertante seja o fato de que o entusiasmo pela economia digital e pelo canal de dinheiro que vai de Stanford ao Vale do Silício não tenha sido moderado pela reflexão crítica a respeito de quais problemas estavam sendo resolvidos (e quais estavam sendo ignorados), quem estava se beneficiando da inovação (e quem estava perdendo) e quem tinha voz (e quem seguia não sendo ouvido) enquanto moldamos nosso futuro tecnológico.

Esse não é apenas o ponto de vista de Stanford. Muitas das patologias que identificamos podem ser vistas em uma escala maior. Por exemplo, mesmo com a reação contra tecnologistas, manchetes acríticas do mundo todo ainda afirmam com muita frequência que a tecnologia vai resolver nossos problemas mais complexos, seja o clima, a pobreza ou a crise de saúde mental — um otimismo ingênuo que damos duro para combater em nossos alunos. "Tornar o mundo um lugar melhor" se tornou mais um bordão do que uma missão real para a maior parte das empresas de tecnologia, o que aumenta as dificuldades que muitos de nós enfrentamos ao determinar o que realmente é de interesse público.

Unimos forças para tentar fazer uma intervenção cultural no campus que pudesse reverberar para o mundo da tecnologia e além. Nossa visão era simples: não podemos encontrar o caminho para um futuro tecnologicamente melhor sem as três diferentes perspectivas que trazemos para o debate.

Mehran Sahami foi recrutado por Sergey Brin para o Google em seus dias de start-up. Um dos inventores da tecnologia que filtra e-mails de spam, Mehran passou uma década na indústria trabalhando em aplicativos que agora são usados por bilhões de pessoas. Em 2007, com uma formação em aprendizado de máquina e inteligência artificial, ele voltou a Stanford como professor de ciência da computação. Mehran quer que os desenvolvedores entendam que as decisões que eles tomam ao produzir códigos têm consequências sociais reais que afetam milhões de pessoas. Embora os engenheiros escrevam códigos com boas intenções, Mehran está preocupado com o fato de que, com muita frequência, as consequências sociais não são consideradas até que um grande erro torne o problema evidente para todos. Nesse ponto, pode ser tarde demais.

Jeremy Weinstein foi trabalhar em Washington com o presidente Barack Obama em 2009. Funcionário-chave na Casa Branca, ele previu como novas tecnologias poderiam restabelecer o relacionamento entre governos e cidadãos e lançou a Parceria de Governo Aberto de Obama, uma rede global de governos, ONGs e tecnologistas que lutavam para garantir que os governos servissem às pessoas. Ele, então, se uniu a Samantha Power em Nova York, quando ela foi designada embaixadora dos Estados Unidos para as Nações Unidas. Logo após o ciberataque feito à Sony pela Coreia do Norte e da luta entre FBI e Apple por causa da criptografia, eles confrontaram o enorme abismo entre aqueles que construíam a tecnologia e aqueles que carregavam a responsabilidade de governar uma sociedade transformada pela tecnologia. Mas, assim como os que trabalham com políticas públicas são ignorantes em muitos aspectos da tecnologia, os profissionais de tecnologia são ingênuos e talvez até deliberadamente cegos em relação à importância das políticas públicas e à maneira como as ciências sociais podem nos ajudar a entender, antecipar e até mitigar os impactos da tecnologia na sociedade. Quando voltou a Stanford em 2015 como professor de ciência política, Jeremy estabeleceu como sua maior prioridade trazer as ciências sociais para o ensino de jovens cientistas da computação e estudar como tecnologias estão remodelando nossos ambientes sociais.

Rob Reich é filósofo e líder do Centro de Ética na Sociedade e Instituto para Inteligência Artificial Centrada em Humanos da universidade. Com uma orientação socrática, Rob faz perguntas duras e desconfortáveis com a intenção de abalar a perspectiva dos tecnologistas: o que torna a disruptura valiosa? Por que ficar obcecado com otimizações? Por que tornar o aumento das taxas de clique em anúncios digitais sua vocação? Talvez, o mais importante: ele quer desafiar a percepção que os engenheiros têm de seu papel. Não basta resolver problemas sem fazer perguntas mais profundas: esse é um problema que vale resolver? Essa forma específica é como deveríamos resolvê-lo, considerando os aspectos que valorizamos? Dado o poder da tecnologia, quem merece um lugar à mesa para definir os problemas e buscar as soluções? Onde a democracia entra, se é que entra?

Nós juntamos nossas especialidades e elaboramos um curso novo sobre a ética e as políticas da mudança tecnológica que rapidamente se tornou uma das aulas mais populares do campus. Embora nossas três perspectivas — o tecnologista, o político e o filósofo — sejam centrais para o curso, reconhecemos que outras vozes também eram essenciais. Em nossas aulas, buscamos incorporar perspectivas a respeito da tecnologia que vão além das nossas: comunidades não brancas que são prejudicadas de forma desproporcional por certas inovações, aqueles cujo ganha-pão pode ser ameaçado pela automação, mulheres que expõem uma cultura sexista na tecnologia e ativistas que lutam contra o poder dos executivos tanto dentro como fora das empresas. Pessoas fora do campus começaram a nos pedir para levar esse material para um público maior, primeiro com uma versão pública aberta a centenas de membros da comunidade e, depois, com uma aula noturna para engenheiros, empreendedores e investidores em São Francisco.

Em cada uma dessas versões, descobrimos que as pessoas estavam prontas para uma discussão que poderia ir além do escândalo do dia para deixar para trás os entusiastas e polêmicos e começar a lidar com o que realmente significa encarar essas questões. Os alunos tinham dificuldades em relação ao que significa seguir uma carreira em tecnologia em um momento no qual os impactos negativos das novas tecnologias não podem mais ser ignorados. Profissionais faziam perguntas difíceis a respeito da possibilidade de se modificarem as empresas de tecnologia internamente. E, naqueles fora do setor de tecnologia, havia um desejo claro de avaliar o poder das empresas de tecnologia e o próprio sentimento de impotência para definir sua direção.

Embora não fosse surpresa notar que essas questões afloravam, nós observamos pessoas se esforçando para articular e defender os valores que elas sentiam que estavam em risco com cada inovação, especialmente quando isso tinha um custo em termos de eficiência, conveniência ou lucro. É bastante difícil justificar nossos valores mais importantes e entender como as sociedades buscam defendê-los e preservá-los. Mas é ainda mais difícil determinar como as negociações com esses valores devem ser tratadas e se podem ser tratadas de uma maneira sistêmica.

Com este livro, esperamos envolvê-lo — como uma pessoa que usa tecnologia ou trabalha com ela e como um cidadão que tem muita coisa em jogo — na concepção de um novo caminho para seguirmos em frente.

Introdução

Joshua Browder entrou em Stanford em 2015 como um aluno jovem e brilhante de graduação. Sua página da Wikipédia o descreve como "um empreendedor anglo-americano" nomeado como um dos "30 antes dos 30" da revista *Forbes*. Como calouro em Stanford — depois de não mais do que três meses lá, ele diz —, ele programou um bot de conversa para ajudar pessoas a recorrerem de suas multas de estacionamento. Ele pensou na start-up quando estava morando no Reino Unido, antes da faculdade: "Eu tinha trinta multas de estacionamento no Reino Unido quando eu estava no Ensino Médio, com uns dezoito anos, a idade em que se pode dirigir. Eu não tinha dinheiro para pagar nenhuma delas. Provavelmente as merecia, mas, como não conseguia pagá-las, criei um software para que eu e meus amigos escapássemos das multas".[1] Parece simples o bastante para um projeto paralelo de primeiro ano da faculdade, mas claro que Browder descobriu que "todas as pessoas do mundo odeiam multas de estacionamento". Avance alguns anos e Browder está de licença de Stanford e é CEO de uma empresa de tecnologia chamada DoNotPay, que oferece um mecanismo gratuito e automatizado para questionar multas de estacionamento em grandes cidades, incluindo Londres e Nova York. De acordo com um perfil elogioso do trabalho dele, em junho de 2016 a empresa havia questionado com sucesso mais de 160 mil multas de estacionamento, poupando às pessoas 4 milhões de dólares.[2]

O serviço é bem direto. Browder trabalhava com um grupo de advogados de trânsito *pro bono* para identificar os motivos mais comuns para que multas de estacionamento fossem anuladas. Um robô em um chat faz aos usuários algumas perguntas que permitem julgar se é possível ou não abrir um recurso efetivo. O bot de conversa, então, guia o usuário pelo processo de preencher o recurso, sem custo algum. O bot tem pouca capacidade de determinar se a multa foi dada legitimamente ou não; ele simplesmente oferece ao usuário o melhor procedimento para reclamação. É óbvio que os usuários ficam felizes da vida por se livrarem de multas de estacionamento irritantes e muitas vezes caras, e os únicos que saem perdendo são advogados e o governo. Nas palavras de Browder, "multas de estacionamento são como uma taxa sobre os vulneráveis. É completamente errado que o governo esteja taxando o grupo que deveria estar protegendo".[3] Browder foi celebrado como um "prodígio" em revistas e sites como *Wired*, *Business Insider* e *Newsweek*, além da própria Stanford. E ele conseguiu o apoio de um dos mais bem-sucedidos investidores de risco do Vale do Silício, Andreessen Horowitz, o que levou à primeira rodada de financiamento da empresa em 2017.

Mas esse é exatamente o tipo de história — existem centenas delas em Stanford e no Vale do Silício — que nos preocupa. Sob a nossa perspectiva, é essencial refletir por que multas de estacionamento existem em primeiro lugar. Por mais irritantes que sejam, elas servem a muitos propósitos importantes e legítimos. Elas impedem que as pessoas estacionem ao lado de hidrantes, bloqueiem garagens ou ocupem espaços reservados para pessoas com deficiência. Em grandes cidades, elas motivam as pessoas a tirar os carros para que as ruas sejam limpas. O aumento da fiscalização de estacionamento também pode ser usado para se alcançarem prioridades mais amplas da comunidade, como reduzir o tráfego e os engarrafamentos. Além disso, multas de estacionamento são uma fonte significativa da renda municipal necessária para sustentar uma cidade e seus cidadãos.

Browder poderia estar respondendo a uma tendência nos tabloides conservadores de Londres de criticar os esforços do governo local de aumentar a renda por meio de multas de estacionamento, algo que coincidiu com outras iniciativas da cidade para reduzir o tráfego e os congestionamentos por motivos tanto de conveniência como de saúde ambiental. Mas reduzir o tráfego é algo que muitas pessoas podem achar valioso. Em Londres, os conselhos locais devem gastar a renda de multas de estacionamento em projetos de transporte local, o que inclui os 9 bilhões de libras em atraso para reparos de estradas nacionais.[4] Infraestrutura é um exemplo clássico de um bem público — algo difícil de ser oferecido pelo mercado, porque, na ausência de intervenção governamental, os consumidores vão tirar vantagem da infraestrutura sem pagar pelo seu custo. Portanto, há uma função para taxas, cobranças e, sim, multas de estacionamento. Quanto à alegação de que multas de estacionamento são uma taxa sobre os vulneráveis, na verdade, não existem bons dados que revelem quem paga multas de estacionamento. Mas, em uma cidade com um sistema de transporte público tão eficiente e acessível como Londres, é justo presumir que famílias de baixa renda têm muito mais chance do que as de classe alta de usar ônibus ou metrô. Quando se cava um pouco além da superfície, o argumento de que multas de estacionamento são uma taxa sobre os vulneráveis não parece muito convincente.

A história se torna ainda mais preocupante quando alguém pergunta a Browder a respeito de suas ambições mais amplas. Afinal, no Vale do Silício o CEO de uma start-up de sucesso está sempre pensando em como ampliar sua empresa. "Eu gostaria de, com sorte, substituir advogados por tecnologia", ele diz, "começando com coisas muito simples, como argumentar contra uma multa de estacionamento e, então, passar para coisas como apertar um botão e processar alguém, ou apertar um botão e se divorciar."[5] A ideia de longo prazo de Browder é que você nunca mais precise de um advogado humano e treinado, e que os "consumidores nem saberão o que a palavra advogado significa". Isso é provavelmente música para os ouvidos de muitos que detestam a profissão jurídica, criticam o quão litigiosa nossa sociedade é e têm inveja dos salários dos advogados, que podem parecer excessivos em relação ao seu papel e à sua contribuição social. Mas nós realmente queremos viver em uma sociedade na qual as pessoas possam processar alguém apertando um botão? O divórcio seria menos doloroso se algoritmos e sistemas automatizados tomassem decisões a respeito de quem deve ficar com a guarda dos filhos e como uma propriedade compartilhada deve ser dividida?

Não queremos destacar o projeto de Browder como particularmente maligno. Ele não é uma pessoa ruim. Só vive em um mundo em que é normal não pensar duas vezes a respeito de como novas empresas de tecnologia podem causar efeitos danosos. Browder é só um exemplo recente da mentalidade de start-ups criada em Stanford e no Vale do Silício de forma mais ampla. Ele foi encorajado por seus professores, seus pares e seus investidores a pensar grande e ser ambicioso. Mas raramente as pessoas param e perguntam: de quem é o problema que está sendo resolvido? É um problema que realmente vale resolver? E a solução proposta é boa para as pessoas e para a sociedade?

Em 2004, quando o Vale do Silício estava começando a se recuperar da "bolha pontocom", um jovem chamado Aaron Swartz se matriculou em Stanford. Como Browder, ele era fascinado por programação desde novo. Tinha ganhado um prêmio nacional aos treze anos por criar uma biblioteca on-line colaborativa, a theinfo.org. Aos catorze, ele ajudou a criar a especificação Real Simple Syndication (RSS), um protocolo de internet amplamente utilizado e que permite o acesso automático a atualizações de sites em todo lugar. O objetivo era criar padrões abertos que permitiriam a qualquer um compartilhar e atualizar informação na internet.

Swartz logo se matriculou em um curso acelerado de programação enquanto também fazia aulas introdutórias de sociologia, um seminário sobre Noam Chomsky e uma matéria de humanidades obrigatória para os alunos de primeiro ano que tratava de liberdade, igualdade e diferença. No entanto, ele achou Stanford alienante. Em um diário on-line que manteve por algumas semanas, registrou sua insatisfação com os outros alunos — superficiais demais — e seus cursos. Sobre a aula de humanidades, ele escreveu: "acabou sendo na maior parte os três professores discutindo um com o outro a respeito do que um parágrafo realmente significava... Isso que são humanidades? Até os debates sobre RSS foram melhores que isso".[6]

Swartz passava boa parte do tempo programando sozinho. Durante seu primeiro ano, ele se candidatou para fazer parte do Y Combinator, uma recém-criada incubadora de tecnologia, e dar início a uma empresa chamada Infogami, que ajudaria a gerenciar conteúdo em sites. Ele foi selecionado para a primeira turma do Programa de Verão para Fundadores do

Y Combinator. No fim do verão, ele decidiu continuar trabalhando na empresa, que logo se fundiria com outra start-up da Y Combinator, o Reddit. Dois anos depois, o Reddit foi vendido para a Condé Nast, supostamente por uma quantia entre 10 e 20 milhões de dólares, e Swartz se tornou um jovem milionário.[7] O Reddit é hoje um dos sites mais populares da internet e é avaliado em 3 bilhões de dólares.[8]

Um jovem programador brilhante vai para a faculdade, então sai dela para seguir seus sonhos de start-up. Parece o mesmo tipo de história contada a respeito de Bill Gates e Steve Jobs e seria contada de novo a respeito de Mark Zuckerberg e Elizabeth Holmes; a mesma história que Joshua Browder está vivendo no momento.

Mas Aaron Swartz era diferente. Ele estava menos interessado em ganhar dinheiro do que em usar a tecnologia para mudar a forma como os seres humanos acessavam a informação e interagiam com ela. "Informação é poder", ele escreveu em *Manifesto da guerrilha do livre acesso*, em 2008. "Informação é poder. Mas, como todo o poder, há aqueles que querem mantê-la para si mesmos... Contudo, vocês não precisam — na verdade, moralmente, não podem — manter esse privilégio para vocês mesmos. Vocês têm o dever de compartilhar isso com o mundo."[9]

Aos quinze anos, antes mesmo de entrar em Stanford, Swartz mandou um e-mail para um dos principais intelectuais da tecnologia do mundo, Lawrence Lessig, para perguntar se poderia ajudar a escrever o código do que se tornaria o Creative Commons, um sistema de licenças de copyright on-line que permite às pessoas usar, compartilhar e modificar trabalhos criativos sem qualquer custo. Swartz via a tecnologia de forma inseparável da política e considerava os esforços para controlar a informação como uma forma de controlar as pessoas. Ele queria uma tecnologia libertadora porque pensava que isso ajudaria a criar uma política libertadora.

A linguagem de liberdade, igualdade e justiça estava entremeada ao seu léxico, com a linguagem da programação e dos protocolos de internet. Suas visões a respeito da tecnologia o tornaram um ativista tecnológico. Suas visões de como a tecnologia estava conectada com a política o tornaram um ativista. As duas coisas andavam de mãos dadas, e seu ativismo assumiu múltiplas formas.

Em 2008, ele fundou a watchdog.net, em um esforço para agregar informações a respeito de políticos a fim de aumentar a transparência política e estimular o ativismo de base. Ele contribuiu com o desenvolvimento da Open Library, que cataloga livros on-line. Em 2010, fundou o grupo de ativismo da web Demand Progress, que mobilizou com sucesso uma resistência à aprovação de uma legislação que impediria a neutralidade da rede nos Estados Unidos. Ele disponibilizou para o público milhões de registros das cortes americanas que haviam sido arquivados em um sistema digital chamado Acesso Público aos Registros Judiciários Eletrônicos (PACER, na sigla em inglês). Aaron procurava consistentemente encontrar usos cívicos e políticos para a tecnologia e ficava desesperado sempre que a tecnologia era sequestrada pelos programadores, que buscavam enriquecer sem considerar os efeitos da tecnologia no mundo.

Em 2006 ele foi a uma reunião internacional da comunidade da Wikipédia, as pessoas que administram e contribuem para a famosa enciclopédia on-line aberta, sem fins lucrativos e criada pelos usuários. "Em quase todas as conferências de 'tecnologia' em que já estive, os participantes normalmente falam da tecnologia por si só. Se o *uso* é discutido, é só no sentido de usá-la para ganhar enormes quantidades de dinheiro."[10] Na conferência da Wikipédia, no entanto, "a principal preocupação era fazer o maior bem para o mundo, com a tecnologia como ferramenta para nos ajudar a chegar lá. Foi um sopro incrível de ar fresco, que me impressionou".

Um de seus outros esforços foi pressionar por acesso aberto ao conhecimento produzido por acadêmicos. Irritava-o o fato de que, para ler o conteúdo de periódicos on-line, você precisava ser um aluno ou funcionário de uma universidade, caso contrário era preciso pagar taxas consideráveis — embora fundos públicos na verdade financiassem o trabalho dos acadêmicos em universidades públicas e privadas. Por que artigos em periódicos tinham copyright, com os benefícios financeiros indo não para os autores dos artigos, mas para as grandes corporações que eram donas dos periódicos científicos? Em 2010, ele começou a baixar milhares de artigos acadêmicos de um repositório chamado JSTOR. Ele fez isso usando a rede de computadores do MIT, onde uma antiga política de manter o campus aberto permitia que qualquer um que estivesse ali, incluindo visitantes, acessasse a rede. Ele criou um programa em seu notebook que automatizaria o processo de download ao invés de acessar artigo por artigo, uma exigência dos termos de serviço do JSTOR. Depois de várias visitas a uma estação em que ele conectava seu notebook à rede do MIT, Swartz tinha baixado milhões de artigos, violando as políticas do JSTOR e implicando a rede do MIT na violação.

O MIT rastreou os downloads para o notebook de Swartz e a estação de onde seu computador havia acessado a rede, e quando ele voltou para uma nova rodada de downloads, no início de 2011, foi preso pela polícia do MIT e acusado de invasão com intenção de cometer crime. O JSTOR decidiu retirar as queixas contra ele depois que Swartz devolveu os arquivos com os dados, mas o MIT decidiu continuar com o processo. Em 2012, promotores federais acrescentaram mais nove crimes às acusações contra ele, com uma sentença máxima de cinquenta anos na prisão. Swartz afundou em uma depressão e, em meio a diversos esforços de negociação pouco antes de ir a julgamento, ele cometeu suicídio em seu apartamento no Brooklyn no início de 2013. Ele tinha 26 anos.

Foi um final devastador para uma vida de enorme promessa, que já havia alcançado status de celebridade nos círculos de tecnologia. No mês após sua morte, os hackers conhecidos como Anonymous invadiram os sites do MIT e do Departamento de Estado dos Estados Unidos e declararam: "Aaron Swartz, isto é por você".[11] Lawrence Lessig homenageou Swartz como alguém que ele tinha mentoreado, mas que, na verdade, acabou sendo o seu mentor. Memoriais surgiram por todo o mundo.

É impossível saber o que Swartz estava pensando quando violou repetidamente os termos de serviço do JSTOR. Ou o que os promotores estavam pensando quando seguiram com o caso mesmo depois que o JSTOR retirou a queixa. É claro que é impossível observar a mente de alguém lutando com a depressão e se perguntar o que pode tê-lo levado a contemplar o suicídio e tirar a própria vida. Para nós, no entanto, a morte de Aaron Swartz é um evento determinante na evolução das políticas e da ética na tecnologia. Sua vida, e o que foi feito do mundo da tecnologia depois de sua morte, ilustram lições mais amplas a respeito do que um tecnologista pode trazer para o mundo. Para Swartz, aprender a programar era parte de um kit de ferramentas para a mudança cívica e política. Ele deixou a faculdade por ver a tecnologia não como um meio para se tornar rico, mas como uma ferramenta para buscar justiça.

Enquanto estava vivo, Swartz foi o herói de muitos e uma celebridade no mundo da tecnologia: o garoto que ajudou a desenvolver o Creative Commons, o ativista tecnológico que liderou um movimento para proteger a neutralidade da rede e confrontou o Congresso americano, o evangelista do acesso livre e do conhecimento. Ele foi o último em gerações sucessivas de tecnologistas que sentiam que a tecnologia era uma ferramenta para o empoderamento humano e que abraçavam de forma aberta visões utópicas e radicalmente democráticas de um futuro tecnológico, uma visão com raízes profundas na criação da internet e na cultura do Vale do Silício.

Hoje, menos de dez anos depois da sua morte, quase ninguém fala em Aaron Swartz. Ele foi praticamente esquecido no Vale do Silício e é desconhecido do grande público. Em Stanford, raramente encontramos alunos que conhecem o nome de Swartz ou sabem descrever o que ele fez. Mas eles sabem quem são Gates, Jobs, Zuckerberg e antigos alunos de Stanford, como Larry Page e Sergey Brin (os cofundadores do Google), Evan Spiegel e Bobby Murphy (os cofundadores do Snapchat), Kevin Systrom e Mike Krieger (os cofundadores do Instagram) e Elon Musk (o fundador da Tesla e da SpaceX). E muitos alunos no campus hoje conhecem o nome de Joshua Browder. Se não ouviram falar de sua start-up que foi financiada com sucesso, eles conhecem seu trabalho, porque ele mandou um e-mail spam para todo o corpo estudantil no início de 2019 oferecendo a oportunidade, com a ajuda de seu serviço DoNotPay, de escapar de taxas nos financiamentos de diversos grupos estudantis no campus.

Hoje, as figuras heroicas são os inovadores disruptivos e instantaneamente ricos. Se antes tecnologistas traziam consigo visões da contracultura para ampliar as capacidades humanas, promovendo liberdade e igualdade e expandindo a democracia, hoje a cultura do Vale do Silício gira em torno do culto a fundadores e da celebração de programadores apolíticos. Essa foi uma mudança profunda que tecnologistas não notaram ou não quiseram reconhecer até que fossem obrigados, depois da falência política e social que foi o papel da tecnologia no Brexit, na eleição de Trump e no cerco ao Capitólio.

* * *

A ascensão dos Joshua Browder e o declínio dos Aaron Swartz resumem o desafio que o mundo enfrenta com o Vale do Silício. Uma das transformações mais profundas da nossa era é a onda de tecnologias digitais que estão surgindo e modificando quase todos os aspectos da vida. Trabalho e lazer, família e amizade, comunidade e cidadania — tudo isso foi reformulado pelas ferramentas e plataformas digitais hoje dominantes. Sabemos que estamos em um ponto de virada. Como pensar a respeito do que deve ser feito e por quê? — é com isso que precisamos lidar.

O auge já passou para as grandes empresas de tecnologia. Não ouvimos mais tantos elogios à internet como uma ferramenta para dar acesso a uma biblioteca para todo mundo, às redes sociais como meio de empoderar pessoas a desafiarem seus governos, ou aos inovadores tecnológicos que tornam nossas vidas melhores ao remodelarem velhas indústrias. A conversa mudou para o outro polo. Os humanos estão sendo substituídos por máquinas, e o futuro do trabalho é incerto. Empresas privadas vigiam de uma forma como os governos nunca contemplaram e lucram amplamente no processo. O ecossistema da internet alimenta ódio e intolerância com suas câmaras de eco e filtros de bolha. A conclusão parece inescapável: nosso futuro tecnológico é sombrio.

No entanto, precisamos resistir a essa tentação de pensar em extremos. Tanto a tecnoutopia como a distopia são visões fáceis e simplistas demais para nossa época complexa. Em vez de tomar o caminho mais fácil ou lavar as mãos, precisamos enfrentar o desafio definidor da nossa era: guiar o progresso tecnológico para servir em vez de subverter os interesses de indivíduos e sociedades. Essa tarefa não é apenas para os profissionais de tecnologia, mas para todos nós.

Lidar com esse desafio começa com o reconhecimento de que novas tecnologias têm consequências cívicas e sociais, ou, na linguagem da economia, *externalidades*. Uma externalidade é o custo ou o benefício que a atividade de uma pessoa ou corporação impõe aos outros. Por exemplo, uma indústria química que despeja seus resíduos em um rio próximo e espera que os outros arquem com os custos está criando uma externalidade negativa.

Grandes empresas de tecnologia sem regulação que coletam nossos dados pessoais e os vendem a quem paga mais não são diferentes dessas indústrias; apenas o tipo de despejo que é diferente.

O modelo de negócio do Facebook é aumentar o tempo que passamos na plataforma e, então, vender o acesso a nossos perfis personalizados para anunciantes e agentes políticos que buscam manipular nosso comportamento e despejar o resíduo dessa manipulação em nossas vidas pessoais e instituições democráticas. O sistema de recomendações do YouTube e a autorreprodução-padrão mantêm os usuários assistindo a vídeos na plataforma enquanto empurra as pessoas para câmaras de eco e lhes dá conteúdo extremo, erodindo assim nossas democracias, que se baseiam em fatos e confiança. E a pressão da Uber e da Waymo por veículos automatizados pode aumentar a produtividade, mas deixa trabalhadores deslocados ou desempregados à mercê da frágil rede de seguridade social do governo.

Esses resíduos não são acidentais, mas um reflexo das escolhas que os desenvolvedores fazem quando projetam e lançam novos produtos. A maior parte dessas escolhas é invisível para nós, embora impactem diretamente nossa democracia e o bem-estar de nossos concidadãos.

Os tecnologistas têm apoiadores poderosos. Quando você casa a mentalidade do engenheiro com a busca pelo lucro do investidor, ganha uma obsessão em escala aumentada. Grandes empresas são aquelas que, nas palavras de um dos cofundadores do LinkedIn, Reid Hoffman, "vão de zero a um zilhão" — embora esse aumento seja o que pode rapidamente transformar consequências manejáveis em bagunças tóxicas e impossíveis de se lidar. E, se você acrescentar à mistura o fato de que o governo falha em regular muita coisa relacionada às novas tecnologias, é fácil entender por que agora nos vemos em um mundo cada vez mais perigoso e radicalmente desigual.

A consequência é a convicção popular de que o progresso tecnológico está passando por nós com as rodas da inevitabilidade. Pessoas comuns não podem desfazer descobertas e inovações tecnológicas e não podem moldar os produtos que compramos ou os efeitos da tecnologia na sociedade. O que um motorista de caminhão cujo trabalho pode ser substituído por veículos autônomos pode fazer? O que um pai pode fazer com os aplicativos que hipnotizam seus filhos além de tirar o celular da mão da criança? O que um funcionário pode fazer a respeito do uso de reconhecimento facial no escritório? O que um cidadão pode fazer a respeito da disseminação de informação falsa em plataformas que nos entregam notícia e informação? E o que qualquer um pode fazer a respeito da coleta rotineira de dados pessoais que aceitamos como o preço a ser pago por usar dispositivos e serviços digitais?

Embora com frequência tenhamos essa sensação de impotência diante da onipresença da tecnologia em nossas vidas, a aceitação passiva dessas consequências não precisa ser o único caminho para o futuro. Neste livro, mostramos que os efeitos da tecnologia não são predeterminados nem gravados em pedra. Eles dependem de como nós projetamos as novas tecnologias, como interagimos com elas e de que regras criamos para governá-las.

Estamos entrando em uma nova era na qual as regras que governam a tecnologia não serão mais escritas apenas por hackers ou corporações. Elas refletirão um embate entre as empresas que fazem as coisas, o governo que as supervisiona, os consumidores que as usam e as pessoas que são afetadas por elas. Conforme entramos nesse novo momento, independentemente de nosso papel profissional, somos consumidores dessas tecnologias. E, mais importante, todos nós somos cidadãos. Como cidadãos, cada um de nós tem um papel vital a desempenhar. Nós precisamos entender que valores estão em jogo, como as novas tecnologias criam tensões entre alguns valores e ignoram completamente outros, e como podemos definir de forma mais eficiente o impacto das novas tecnologias na nossa sociedade.

Neste livro, vamos condensar mais de três décadas de experiência no marco zero da revolução tecnológica, a Universidade de Stanford e o Vale do Silício, para mostrar como cada um de nós pode desempenhar um papel essencial na definição do nosso futuro tecnológico. Para começar, vamos além de uma obsessão com certas tecnologias ou empresas de tecnologia para dirigir nossa atenção para a mentalidade distinta e o poder crescente do tecnologista — a mentalidade da otimização.

Ao revelar essa mentalidade, confrontamos a questão central: otimizadores bem-intencionados falham ao medir o que é significativo e, quando suas disrupturas criativas alcançam certa proporção, eles impõem seus valores e decisões sobre o restante de nós. Uma estratégia melhor substituiria os cabrestos da governança tecnocrática dos programadores e das poderosas empresas de tecnologia pelo processo confuso e pouco eficiente, mas empoderador, de decidirmos que valores promover por meio do que chamamos de democracia. A história da tecnologia não pode mais ser um conto maniqueísta de pessoas boas e más e tecnologias boas e más, ela deve representar um encontro maduro com a percepção de que as tecnologias poderosas que dominam nossas vidas trazem consigo um conjunto de valores que não ajudamos a escolher e que com frequência nem sequer enxergamos.

Neste livro, faremos uma série de perguntas a respeito de ética e tecnologia — ou, mais especificamente, a respeito de ética e *tecnologistas*. Nosso objetivo é entender como a busca por otimização dos tecnologistas — frequentemente vista como um bem em si mesma — pode prejudicar o bem-estar de indivíduos e a saúde de sociedades democráticas.

Preocupações éticas com a tecnologia vêm de três campos básicos. O primeiro é o que podemos chamar de problema da ética pessoal. Engenheiros devem se esforçar para serem pessoas de bom caráter. Por exemplo, eles não devem trapacear, mentir ou roubar.

É claro que nada nesse campo é exclusivo dos profissionais de tecnologia ou de engenharia. Todas as pessoas, em todas as profissões, deveriam se esforçar para serem indivíduos de bom caráter.

Vamos pegar o infame caso de Elizabeth Holmes, uma ex-aluna de Stanford que aos dezenove anos fundou a Theranos, uma start-up de biomedicina que afirmava ter criado uma tecnologia revolucionária para exames de sangue. A nova tecnologia, dizia-se, podia automatizar os exames de sangue ao usar a quantidade coletada de uma picada de dedo para examinar diversos quadros, o que permitiria que esses exames fossem feitos na farmácia ou em casa. Em certo ponto, em 2013, a Theranos foi avaliada em mais de 10 bilhões de dólares. Mas, no fim, a start-up não tinha a tal tecnologia revolucionária, e a empresa era um castelo de cartas. As representações fraudulentas de sua tecnologia vieram à tona quando alguns jovens que trabalhavam na empresa denunciaram suas preocupações para as autoridades públicas e aos jornalistas investigativos do *The Wall Street Journal*. Holmes atualmente enfrenta processos criminais, e a empresa foi fechada em 2018.

Histórias assim existem em todas as profissões: as enganações de Bernie Madoff no mercado financeiro; o doping do ciclista Lance Armstrong; a corrupção de políticos como Richard Nixon.

A questão da ética pessoal é com frequência um problema real, porque algumas pessoas de fato se comportam, conduzem seus negócios ou lideram órgãos públicos de uma forma não ética. Mas essas, na verdade, são as questões éticas *menos interessantes* que surgem. Ninguém acredita que mentir, enganar ou roubar seja um comportamento defensável. As lições éticas não são muito diferentes das que você encontraria no livro *Tudo que eu devia saber na vida aprendi no jardim de infância*.

O segundo campo de preocupações éticas vai além das questões de caráter pessoal para os problemas de ética profissional. Que padrões profissionais deveriam guiar o comportamento e as ações de indivíduos em uma profissão em particular? Os médicos têm o Juramento de Hipócrates: "[...] nunca para causar dano ou mal a alguém". Contudo, mais do que juramentos inspiradores, éticas profissionais com frequência envolvem corpos organizacionais capazes de policiar efetivamente a conduta dos membros da profissão, com poder e consequências reais nos casos em que profissionais ou empresas violem um código de conduta.

Ao longo do tempo, e motivadas por vários escândalos, a pesquisa e a prática médica se tornaram sujeitas a significativos padrões de conduta profissional a fim de proteger os interesses dos objetos de pesquisa e pacientes. Um desses escândalos foi o experimento Tuskegee, que durou quarenta anos. Esse estudo envolveu o oferecimento de cuidados médicos gratuitos para centenas de milhares de afro-americanos, alguns que já haviam contraído sífilis e outros que foram deliberadamente infectados com ela para que a doença pudesse ser estudada. Os homens não sabiam que tinham a doença e eram intencionalmente deixados sem tratamento, muito embora a intervenção médica para curá-la — a penicilina — fosse bem conhecida. O experimento Tuskegee foi vazado por um informante e levou a diversas mudanças na pesquisa e na prática médica, incluindo a criação de comitês de revisão institucionais para qualquer pesquisa em universidades ou empresas farmacêuticas que envolvesse humanos.

A profissão de cientista da computação, porém, embora tenha desenvolvido um código de ética profissional, não oferece consequências significativas por sua violação. Em 2018, a Associação para Maquinaria da Computação (ACM, na sigla em inglês), a maior sociedade educacional e científica de computação, com quase 100 mil membros, atualizou seu Código de Ética e Conduta Profissional pela primeira vez desde 1992. O código traça princípios éticos gerais, responsabilidades profissionais e princípios de liderança que deveriam guiar a conduta de membros da ACM. Os princípios defendidos são admiráveis. A violação do código é motivo para expulsão da ACM. Mas, na realidade, a ameaça de expulsão não serve de nada: diferentemente da ordem dos advogados ou dos conselhos médicos, a ACM não controla o exercício das profissões de tecnologia. Na verdade, não existe nenhum controle sobre isso. A expulsão da ACM ocorre, em geral, sem consequências para aqueles que trabalham nessa indústria.

O terceiro campo de preocupações éticas é o social e político. Ele envolve questões de políticas públicas, regulamentação e governança. Os desafios éticos mais interessantes — e mais difíceis — caem nessa terceira categoria e são esses os desafios que vão nos ocupar com mais frequência neste livro.

A ética social e política envolve confrontar e resolver relações de custo-benefício entre valores rivais que todos reconhecemos ser importantes. A questão aqui não é discernir a diferença entre certo e errado e aprender a fazer a coisa certa; é identificar as múltiplas coisas boas com as quais nos importamos e decidir o que fazer quando elas não podem ser conquistadas todas simultaneamente.

Um exemplo clássico é a tensão, em qualquer sociedade, entre liberdade e igualdade. Como o filósofo britânico Isaiah Berlin afirmou, a liberdade total dos lobos é a morte certa dos cordeiros.[12] Embora ambas sejam objetivos valiosos, pode ser impossível conquistar os dois plenamente e ao mesmo tempo. Nós precisamos fazer escolhas. Existe uma relação de custo-benefício.

É aqui que a ética fica interessante. Não é apenas uma questão de ensinar ética aos profissionais de tecnologia. Nenhum curso obrigatório de ética já teve sucesso em vacinar as pessoas, ou alguma indústria, contra o mau comportamento. Simplesmente não é realista confiar que todas as pessoas serão santidades morais quando confrontadas com decisões comuns — e muito menos com as difíceis. Como James Madison escreveu em *Os Artigos Federalistas*, "se os homens fossem anjos, nenhum governo seria necessário". Quando as apostas são altas e o poder da tecnologia sobre nossas vidas é imenso, confiar apenas nos tecnologistas, mesmo nos mais éticos, é um erro.

Quando somos confrontados com valores rivais, os benefícios da democracia — apesar de suas falhas e limitações — se revelam. As democracias desejam dar voz a todos os cidadãos, lidar com desentendimentos persistentes e interesses concorrentes. O dar e receber da política democrática é um sistema antigo para a tomada de decisões a respeito de ideias e necessidades conflitantes. A vantagem particular das democracias é que elas tendem a decidir as coisas lentamente, por meio de deliberação e com a possibilidade permanente de revisitar qualquer decisão passada.

Embora as democracias se esforcem para conquistar o melhor resultado para seus cidadãos, elas também podem servir como proteção contra os *piores resultados*. Karl Popper, o filósofo austríaco do século XX, acreditava que o problema central da política não consiste em decidir quem deve governar: as pessoas (uma democracia), o mais sábio (um rei filósofo ou um tecnocrata benevolente) ou os mais ricos (uma oligarquia). O problema central da política se resume a como organizar as instituições políticas de forma que maus resultados possam ser evitados ou que governantes ruins ou incompetentes sejam impedidos de causar danos graves. É nesse momento em que nos encontramos enquanto os impactos da tecnologia sobrecarregam nossa sociedade.

Se aceitarmos que a tecnologia está simplesmente fora do nosso controle, nós cedemos nosso futuro para os engenheiros, os líderes corporativos e os investidores de risco. Alguns podem colocar suas esperanças no mercado, pensando que ele vai cuidar de nossos interesses, nos entregar as tecnologias que queremos e remover as que não são úteis ou que podem causar danos. Mas o mercado é bom em algumas coisas e nem tanto em outras. Ele recompensa o lucro sem olhar para as consequências sociais. Ele preza a eficiência enquanto ignora outros valores. Ele celebra a dominação. Essas prioridades estão programadas nos algoritmos que movem as novas tecnologias, as métricas que guiam estratégias empresariais e o ambiente regulatório que controla o que empresas podem ou não fazer.

Mas existem outros ideais em jogo: honestidade, privacidade, autonomia, igualdade, democracia, justiça. Como seres humanos, valorizamos esses conceitos e os protegemos com as regras que estabelecemos para nos governar. Ainda assim, as novas tecnologias colocaram muitos deles em risco — às vezes de forma visível, mas frequentemente de formas não tão claras.

Durante as últimas três décadas de economia digital, foi fácil demais confiar em profissionais de tecnologia benevolentes para direcionar nossa trajetória coletiva. Mas, com suas limitações morais plenamente visíveis e com preocupações cada vez maiores a respeito do poder dos autoritários de desviar a tecnologia para servir a seus próprios interesses, precisamos forjar um caminho diferente. E a maneira por meio da qual resolveremos essas difíceis tensões precisa ser democrática, com a participação ativa de cidadãos como você.

Não podemos deixar nosso futuro tecnológico para engenheiros, investidores de risco e políticos. Este livro expõe os perigos de deixar os otimizadores no comando e empodera todos nós para tomarmos as decisões difíceis que determinam como a tecnologia transforma nossa sociedade. Existem poucas tarefas mais importantes diante de nós no século XXI. Quando agimos coletivamente, não apenas tomamos o controle do nosso próprio destino, como também tornamos muito mais provável que no nosso futuro tecnológico os indivíduos prosperem juntos, em uma democracia revigorada.

Parte i
Desprogramando os tecnologistas

E numa época de tecnologia avançada, a ineficiência é o pecado contra o Espírito Santo.

Aldous Huxley, prefácio à edição de 1946
de *Admirável Mundo Novo**

---

* Tradução de Lino Vallandro e Vidal Serrano. Rio de Janeiro: Globo, 2014. (N. T.)

I
As imperfeições da mentalidade de otimização

Ao contrário do que diz a opinião popular atual, durante a maior parte de sua existência, o Sistema Postal dos Estados Unidos foi um centro de inovação disruptiva. Em 1792, Benjamin Rush, um dos signatários da Declaração de Independência, transformou a Lei do Serviço Postal em lei e deu ao governo federal o controle das várias rotas postais regionais, declarando que o conteúdo das correspondências era privado, mesmo que elas fossem entregues por um serviço público. O ato também criou uma estrutura para os custos: em vez de cobrar com base no peso, o serviço postal cobraria uma taxa para cartas e outra muito mais barata para jornais. A troca e a disseminação ampla de notícias e informação seria, assim, subsidiada.

Para aprimorar a eficiência e a confiabilidade da entrega de correspondências em uma nação que se expandia rapidamente, os correios se voltavam com frequência para novas tecnologias. Eles introduziram a entrega a cavalo, o Pony Express, em 1862, e começaram a experimentar entregas de trem alguns anos depois. Para conectar o máximo de pessoas, os correios estabeleceram a entrega gratuita de correspondências para áreas rurais em 1902. E, apenas alguns anos depois de Henry Ford ter inventado o automóvel, em 1901, e os irmãos Wright terem inventado o avião, em 1903,* os correios já testavam ambas as tecnologias para a entrega de correspondências.

Em 1913, no auge do desenvolvimento de ferrovias e no início da era do automóvel, os correios introduziram outra ideia radical e inovadora: o envio de pacotes, projetado para facilitar a entrega de mercadorias comuns. Em uma era de comércio crescente, os correios passaram a entregar bens além de cartas, jornais e revistas. Novas formas de comércio surgiram para aproveitar esse novo mecanismo de entregas. Empresas de vendas por correspondência explodiram. Com milhares de postos espalhados pelos EUA, incluindo áreas rurais, os lucros da indústria de vendas por correspondência foram de 40 milhões de dólares em 1908 para 250 milhões em 1920, uma soma enorme na época.[1]

Imagine uma família de 1920, em uma área rural dos Estados Unidos, que está planejando uma viagem e precisa comprar uma série de mantimentos. Em vez de viajar vários quilômetros de trem ou a cavalo até a cidade mais próxima, ela pode fazer o pedido por correspondência pelo catálogo da Sears e escolher dentre uma gama de produtos muito maior do que qualquer loja em sua própria cidade teria no estoque. Depois de receber o pedido, a Sears usará o serviço de postagem de encomendas dos correios. O processo, do início ao fim, leva algumas semanas. Ainda é bastante tempo, mas é muito mais eficiente e conveniente que as alternativas existentes.

Avance um século. Os correios estão enfrentando uma crise na era digital. Tecnologias digitais demonstram cada vez mais eficiência no envio de mensagens. E-mail e mensagens de texto agora permitem a entrega instantânea de mensagens pessoais por grandes distâncias. O volume de cartas únicas enviadas por correio caiu 61% entre 1995 e 2013. Com a popularidade do e-mail e das mensagens de texto, escrever uma carta se torna uma atividade cada vez mais rara e expressão de uma inclinação romântica do que um desejo comum de comunicar algo ou resolver alguma coisa. A compra de produtos por correio por meio de catálogos ainda existe, mas caiu

---

* Em 1903, os irmãos Wright fizeram o primeiro voo com um protótipo de avião impulsionado por uma catapulta. Por esse motivo, no Brasil, credita-se a invenção do avião a Santos Dumont, que fez o primeiro voo em um protótipo de avião, o 14-bis, a levantar voo sem auxílio de impulso externo, em 1906. (N. E.)

vertiginosamente. O catálogo da Sears deixou de existir em 1993, e a empresa decretou falência em 2018.

Como aquela família em uma área rural poderia se abastecer para uma viagem hoje em dia? Eles provavelmente pediriam o que precisam com apenas alguns cliques, e, com o Amazon Prime, em dois dias os pacotes seriam entregues, possivelmente pelo correio ou por uma empresa privada como a FedEx. Em algumas cidades, os pacotes podem até chegar em duas horas com o Amazon Prime Now, evitando totalmente o correio. E o Amazon Prime Air promete a possibilidade futura de entrega com drones em trinta minutos ou menos. Uma família poderia fazer as compras pela manhã e estar pronta para sair com tudo de que precisasse à tarde.

Que história de progresso por meio da eficiência cada vez maior! Correspondência imediata! Entrega de pacotes em poucos dias, horas ou mesmo minutos!

A evolução da Netflix conta uma história parecida sobre a busca por eficiência. No início, a Netflix era um serviço de assinatura para filmes, não muito diferente da Blockbuster, a gigante das locadoras. Por uma taxa mensal, a Netflix entregava DVDs pelos correios com um envelope de envio pré-pago, customizado em vermelho e imediatamente reconhecível, para que fossem devolvidos. Nos primórdios da empresa, a satisfação do cliente dependia do menor prazo possível entre a devolução de um DVD e a chegada do próximo filme de sua lista. Se os clientes precisassem esperar uma semana para que um novo filme chegasse, eles reclamavam. Embora a Netflix fizesse esforços extraordinários para reduzir ao máximo o tempo de troca, ela não era responsável pela entrega dos envelopes vermelhos; isso era trabalho dos correios. A Netflix oferecia máquinas customizadas em milhares de agências dos correios para acelerar o processo de devolução, mirando a entrega em um dia para os assinantes. E, em certo ponto, buscando todos os meios possíveis para melhorar o prazo de entrega e devolução, eles contrataram o antigo chefe geral dos correios dos Estados Unidos para ser seu chefe de operações. Quem melhor para aprimorar a capacidade da Netflix de navegar o sistema postal?

Mas, mesmo no princípio, o plano de longo prazo da Netflix não era apenas enviar DVDs. Reed Hastings, o fundador da empresa e seu CEO, que tem um mestrado em ciência da computação, sabia que era só uma questão de tempo até que ganhos de eficiência na comunicação via internet permitissem a transmissão de vídeos diretamente para os consumidores. Em 2007, sua visão se tornou realidade. Aproveitando o acesso de banda larga, a Netflix podia evitar totalmente os correios. A empresa, reconhecendo que ainda precisava atender os clientes com acesso limitado ou nenhum acesso à internet, também criou um serviço separado chamado Qwikster, que continuaria a entregar DVDs por correio. Rapidamente, ela passou a entregar filmes e séries de televisão sob demanda via streaming quase inteiramente. Hoje uma pessoa pode assistir a quase qualquer filme que quiser a qualquer momento pela internet, instantaneamente. A Blockbuster — que em 2000 rejeitou uma oferta para comprar a Netflix por 50 milhões de dólares — decretou falência em 2010.[2]

Hoje, a entrega de filmes não é apenas mais eficiente; ela foi *otimizada*. Em termos de tempo gasto, parece não haver nenhuma melhoria possível depois da transmissão instantânea via streaming.

Os ganhos de eficiência levaram não apenas a uma conveniência maior, mas a resultados que importam muito mais, incluindo muitos resultados que fortalecem a democracia ou criam oportunidades econômicas: melhor distribuição de medicamentos essenciais pelo mundo, desenvolvimento de novas vacinas, acesso mais fácil à informação e intervenções mais eficientes para alunos com dificuldades de aprendizagem.

Ao longo das últimas décadas, a busca por eficiência e otimização passou a ter um papel cada vez maior em diversas esferas e indústrias, dos negócios (por exemplo: agilizar cadeias de abastecimento) aos esportes (por exemplo: táticas estilo *Moneyball* que usam análise de big data para a tomada de decisões) e até mesmo na nossa vida pessoal (por exemplo: aplicativos de namoro on-line e monitoramento de exercícios). Não é coincidência que a indústria e o conjunto de habilidades que mais ascenderam nesse mesmo período tenham sido a ciência da computação. Na era digital, os inovadores disruptivos tendem a ser a tribo obcecada por eficiência formada pelas pessoas chamadas de programadores ou engenheiros de software. São eles que inventam e trazem para o mercado as novas tecnologias que estão gerando ganhos de eficiência em tantos aspectos da vida.

Devemos otimizar tudo?

A eficiência nem sempre é a coisa boa que parece ser. Considere a criação de um produto chamado Soylent, outra inovação do Vale do Silício conduzida por engenheiros.

O Soylent é um pó nutricional que pode ser transformado em shake quando se acrescenta água. Esse substituto de refeições foi desenvolvido porque seu inventor acreditava que a comida era um estorvo em nosso dia a dia, um mecanismo de entrega ineficiente para as necessidades nutricionais do corpo humano. Comer é custoso e exige fazer compras, cozinhar e limpar ou ir a um restaurante. E muitas refeições são eventos sociais, em que os frequentadores esperam conversa e etiqueta social. Tudo isso consome um tempo considerável que poderia ser usado em outras atividades potencialmente valiosas, como o trabalho.

O Soylent foi ideia de Rob Rhinehart, um engenheiro do Vale do Silício que decidiu resolver um problema específico. Depois de trabalhar em uma start-up que faliu em São Francisco, ele e seus amigos se viram sem dinheiro e encarando o desafio de fazer uma refeição decente. "Eu comecei a me perguntar por que algo tão simples e importante quanto comida ainda era tão ineficiente, dado o quão agilizadas e otimizadas outras coisas modernas são", ele disse à *Vice*.[3] Como ele escreveu em seu blog pessoal, "na minha própria vida, eu me irritava com o tempo, o dinheiro e o esforço que a compra, o preparo, o consumo e a limpeza da comida estavam consumindo. Sou bem jovem, geralmente estou saudável e me mantenho física e mentalmente ativo. Eu não quero perder peso. Quero mantê-lo e gastar menos energia conseguindo energia".

Então ele fez o que engenheiros fazem: olhou para a comida e a nutrição com uma abordagem de engenharia. Ele pesquisou as vitaminas e os nutrientes necessários para sustentar o corpo. Estudou materiais a partir da Food and Drug Administration (FDA)[*] e livros de nutrição e bioquímica e fez uma lista com mais de trinta nutrientes necessários para o corpo humano.

---

[*] Agência americana reguladora de alimentos e medicamentos. (N. T.)

Rob comprou os nutrientes na internet e começou a experimentá-los misturados em forma de pó.

Em 2013, ele começou a viver do pó, com o qual preparava um shake, fazendo ajustes ao longo do processo. Até que Rob percebeu que sua mistura não tinha ferro e que ele tinha errado o cálculo da quantidade de fibra necessária para que ele se sentisse saudável. Depois de um mês subsistindo apenas de sua solução em pó, ele escreveu um post de blog chamado "Como parei de comer comida".[4]

Rhinehart chamou sua invenção de Soylent, inspirando-se em um romance de 1966 que retratava um mundo superpopulado com recursos cada vez mais escassos no qual uma nova comida feita de soja e lentilhas (*soy + lent* em inglês) é criada para alimentar as pessoas. Para a maior parte do público, porém, o nome evoca a adaptação do romance de 1973, *No mundo de 2020*, com Charlton Heston. No filme, as pessoas se alimentam de uma bolacha que elas acreditam ser feita de plâncton. Nas cenas finais revela-se que a bolacha é feita de carne humana, e a distopia da superpopulação se mostra um horror ainda maior no qual o canibalismo é a única forma de sobrevivência. Rhinehart nunca alegou ser um gênio do branding.

Apesar disso, seu post no blog chamou atenção. Ele ficou especialmente popular em um site chamado *Hacker News*, um espaço em que a comunidade tech descobre inovações inteligentes e aparelhos que tornam a vida melhor e economizam tempo. Rhinehart viu uma oportunidade de empreendimento e postou a respeito do Soylent em um site de financiamento coletivo prometendo entregar uma semana de Soylent em troca de uma doação modesta de 65 dólares. Ele esperava arrecadar 100 mil dólares para acelerar a produção. A resposta foi enorme. Ele atingiu a meta em apenas duas horas. No fim, mais de 6 mil pessoas tinham doado para apoiar seu novo projeto, que arrecadou mais de 750 mil dólares.

Rhinehart e seus colaboradores abriram o negócio e, em 2014, apresentaram a Soylent ao público. A empresa foi patrocinada por algumas das firmas de capital de risco mais proeminentes do Vale do Silício. Em um vídeo introdutório postado no YouTube, Rhinehart explicou que "o que eu realmente aprendi foi a destrinchar problemas. Tudo é feito de partes, tudo pode ser destrinchado. Diferentemente da maior parte das comidas, que priorizam o gosto e a textura, o Soylent foi projetado para maximizar a nutrição; para alimentar o corpo da forma mais eficiente possível".

Não foi apenas o desejo de maximizar suas necessidades nutricionais que o motivou. Ele disse a um repórter que as fazendas nas quais a comida é cultivada e os animais são criados eram "fábricas muito ineficientes". "É realmente o trabalho que me pega", ele disse.[5] "A agricultura é um dos trabalhos mais perigosos e sujos que existem e é tradicionalmente feito pelas classes mais baixas. É muita caminhada e trabalho manual, cálculos e medidas. Com certeza deveria ser automatizado."

O Soylent, ele disse, resolveria diversos problemas: a ineficiência da alimentação com comida, o estresse de se preocupar com uma boa nutrição, a dependência das fazendas. O Soylent entregaria tudo isso a um custo relativamente baixo. Todo mundo sairia ganhando.

A imprensa cobriu o lançamento do Soylent como "O fim da comida". No *New York Times*, Farhad Manjoo reclamou de seu "utilitarismo estupidificante" e o chamou de "um produto violentamente chato e sem alegria".[6] O Soylent pode oferecer uma nutrição completa, mas só isso, o colunista de tecnologia escreveu, "ao custo de prazeres estéticos e emocionais que muitos de nós buscam na comida".

O jornal encarregou Sam Sifton, seu crítico gastronômico, de experimentar o Soylent. Os resultados foram previsíveis: "Imagine uma refeição feita a partir do leite que sobra no fundo de uma tigela de cereal barato, o líquido engrossado com lixo do chão de uma loja de comidas saudáveis, e você vai ter uma noção de como é consumir os shakes cheios de proteína que substituíram salgadinhos apimentados e Red Bull na dieta de alguns funcionários de tecnologia do Vale do Silício".[7] Com um pouco de boa vontade, ele concluiu: "Essas refeições instantâneas são feitas para os guerreiros do trabalho para quem comida boa e deliciosa é algo secundário em relação a uma engenharia perfeita e inacessível".

Não é difícil ver alguns dos problemas do Soylent. Pode ser um meio hipereficiente de se alcançarem as necessidades nutricionais do corpo e também de reduzir drasticamente o tempo exigido para preparar e comer um alimento convencional. Mas para a maior parte das pessoas a comida não é só um mecanismo de entrega de nutrientes. A comida serve a muitos propósitos diferentes. Ela traz prazer gustativo. Proporciona conexão social. Sustenta e transmite identidade cultural. Se o Soylent declara o fim da comida, também declara a perda desses valores.

Talvez você não se importe com o Soylent; é só mais um produto no mercado que ninguém é obrigado a comprar. Se os funcionários de empresas de tecnologia querem economizar o tempo que gastam fazendo compras ou se uma pessoa ocupada pode escolher entre pegar uma refeição pouco saudável em um fast food ou trazer consigo um pouco de Soylent, por que alguém deveria reclamar? Na verdade, é uma alternativa bem-vinda para algumas pessoas.

Tudo certo. A engenharia obviamente trouxe à humanidade muitas coisas boas. Mas a história do Soylent é poderosa porque revela a mentalidade de otimização do tecnologista. E problemas surgem quando essa mentalidade passa a dominar — quando as tecnologias começam a se expandir e se tornam universais e inevitáveis.

A educação de um engenheiro

Em 1936, John Maynard Keynes,[8] um dos economistas mais influentes de todos os tempos, observou o seguinte:

> As ideias dos economistas e dos filósofos políticos, sejam elas certas ou erradas, têm um alcance mais poderoso do que habitualmente se pensa. De fato, o mundo é governado por elas, e pouco mais. Os homens práticos que se julgam livres de qualquer influência intelectual são habitualmente escravos de algum economista morto. Os desvairados que ocupam posições de autoridade, que ouvem vozes a pairar no ar, destilam os seus frenesis dos escritos deixados por algum escriba acadêmico uns anos antes.[*]

---

[*] Tradução de Manuel Resende em *Teoria geral do emprego, do juro e da moeda*. São Paulo: Saraiva, 2012. (N. T.)

Ele escreveu essas palavras no começo do século xx, em um momento de extrema convulsão global, com a Grande Depressão abrindo o caminho para uma segunda guerra mundial. É possível pensar que ideias não fossem a coisa mais importante naquele momento. Mas ele estava certo. As perspectivas dos economistas e a disputa de ideologias políticas serviram para configurar as duas guerras mundiais, a Guerra Fria e a queda do Muro de Berlim, a ascensão do setor financeiro e uma economia globalizada — basicamente, todos os desafios do século xx.

Economistas também entraram nos corredores mais profundos das decisões políticas, aconselhando líderes e elaborando diretamente as políticas públicas. Antes da Segunda Guerra Mundial, eram os advogados que dominavam os órgãos federais, e os tribunais ignoravam a maior parte das evidências econômicas sobre os efeitos previstos de suas decisões. Mas os economistas inundaram o serviço público na metade do século xx, aumentando de cerca de 2 mil funcionários no governo federal nos anos 1950 para mais de 6 mil em 1970. Eles eram contratados em manadas pelas grandes empresas para conduzir o crescimento e oferecer previsões econômicas. E todos os líderes dos bancos em expansão, das empresas de capital privado e de fundos de investimento de Wall Street que ganharam proeminência no último quarto do século tinham formação em economia.

O que a economia e as finanças foram para o século xx, a engenharia e a ciência da computação são para o século xxi. Hardware computacional, capacidade de processamento, big data, algoritmos, inteligência artificial (IA) e poder de rede são as moedas mais importantes da nossa era. Os analistas quantitativos e engenheiros de finanças invadiram os grandes bancos e são os investidores de risco de Palo Alto, não os gerentes de fundos de Wall Street, que financiam a inovação disruptiva. Ainda assim, a visão de mundo do profissional de tecnologia é às vezes mal-entendida por aqueles fora dessa indústria. Diferentemente dos economistas do século xx, os engenheiros geralmente não entram na política como consultores e tomadores de decisão. Eles tendem a evitar totalmente a política.

Em toda a discussão dos problemas políticos e sociais trazidos pelas novas tecnologias, o que tem faltado é uma compreensão do pequeno e anômalo grupo de seres humanos que cria essa tecnologia e que está constantemente adaptando-a, afinando-a e otimizando-a em resposta à sua noção de como ela pode ser melhor. O lugar onde muitos dos humanos mais influentes estudam é a Universidade de Stanford, e o lugar onde eles tendem a se reunir depois que se formam é o Vale do Silício. Se queremos entender como e por que a tecnologia está mudando o mundo, precisamos compreender melhor a mentalidade do engenheiro.

A ênfase na otimização começa cedo, com o treinamento introdutório que se recebe como engenheiro ou cientista da computação. Estudantes de engenharia são ensinados a pensar em si mesmos como resolvedores de problemas, sempre em busca de soluções melhores. No âmbito da ciência computacional, a computação é a ferramenta fundamental para encontrar essas soluções. E a ideia de encontrar soluções da forma mais eficiente e otimizada possível é inculcada desde cedo.

Em um dos livros didáticos introdutórios básicos sobre algoritmos — um livro com mais de mil páginas —, um algoritmo é definido como uma "ferramenta para resolver um problema computacional bem especificado".[9] A tarefa do humano que escreve um algoritmo é resolver determinado problema com a maior velocidade ou usando o mínimo possível de memória computacional ou poder de processamento. É notável que toda a ênfase esteja em produzir soluções eficientes para problemas bem especificados. Em nenhum lugar o texto convida o leitor a se perguntar que problemas valem a pena resolver ou se há problemas importantes que não podem ser resumidos a uma solução computacional.

A ciência da computação foi influenciada por trabalhos de teoria da decisão e programação linear que datam dos anos 1940 e 1950. George Dantzig, um pioneiro dos métodos de otimização e professor de Stanford aposentado em 1997, escreveu em uma retrospectiva de 2002 que:

> a programação linear pode ser vista como parte de um grande desenvolvimento revolucionário que deu à humanidade a habilidade de traçar objetivos gerais e mapear um caminho de decisões detalhadas a ser tomado de maneira a "melhor" atingir os objetivos quando confrontados com situações práticas de grande complexidade. Nossas ferramentas para fazer isso são maneiras de formular problemas do

mundo real em termos matemáticos detalhados (modelos), técnicas para resolver os modelos (algoritmos) e mecanismos para executar os passos dos algoritmos (computadores e software)".[10]

Dantzig datou esse esforço em 1947 — o ano em que ele publicou o celebrado algoritmo Simplex para programação linear — e observou que "o que parece caracterizar a era pré-1947 era uma falta de qualquer interesse em tentar otimizar".

Para otimizar, os cientistas da computação frequentemente elaboram abstrações matemáticas do mundo para criar problemas computacionais. Um problema clássico que quase todo cientista da computação encontra em algum ponto de seus estudos é o "Problema do Caixeiro-Viajante", ou TSP, em inglês. Nesse problema, a pessoa recebe uma lista de cidades pelas quais o caixeiro-viajante deve passar, visitando cada cidade apenas uma vez antes de voltar para casa. Existem "custos" associados a viajar de cidade a cidade, e o desafio é encontrar um caminho para o caixeiro-viajante que minimize o custo total da viagem. Embora para alguns o problema pareça bastante simples, no fim encontrar um algoritmo eficiente que sempre consiga determinar a viagem menos custosa é notavelmente difícil — tão difícil, na verdade, que existe um prêmio de 1 milhão de dólares para quem encontrar um algoritmo eficiente que resolva o problema ou para quem provar que um algoritmo eficiente não existe. Depois de décadas de esforço, o prêmio ainda não foi reivindicado.

É claro que muitos algoritmos têm sido propostos e vários conseguem encontrar soluções razoavelmente boas para o problema, mesmo que nem sempre possam garantir um resultado ótimo. Alguns deles tentam caminhos alternativos diferentes — potencialmente bilhões deles —, notando quando um caminho alternativo leva a um custo menor do que o melhor caminho conhecido anteriormente. Métodos mais simples usam uma abordagem "gananciosa" ("algoritmos gananciosos", na linguagem de computação) na qual eles simplesmente selecionam a próxima cidade com base no custo mais baixo a partir da localização atual antes de voltar para casa.

Embora pareça estranho que a resolução do problema do caixeiro-viajante valha um prêmio de 1 milhão de dólares, ele é poderoso porque é surpreendentemente representativo de uma grande classe de problemas conhecidos como problemas NP-completo, que estão por trás de desafios tão diversos quanto a criptografia e o sequenciamento de DNA. Descubra um algoritmo eficiente para resolver de maneira ótima o problema do caixeiro-viajante e você vai não apenas ganhar um prêmio de 1 milhão de dólares, mas também ser capaz de quebrar muitos sistemas de criptografia usados atualmente na internet.

As escolhas feitas quando se criam abstrações do mundo têm consequências reais. No problema do caixeiro-viajante, se escolhermos os "custos" de viajar de cidade a cidade considerando o custo em dólar das passagens de avião ou da gasolina para um carro, podemos escolher rotas totalmente diferentes do que se os custos forem baseados nas emissões de carbono geradas pela viagem. Se você já ficou confuso com um site de companhia aérea que sugeriu um voo de Los Angeles para Seattle com escala em Chicago, é porque o algoritmo foi otimizado provavelmente para minimizar o preço em vez do impacto ambiental.

O que escolhemos otimizar levanta a questão da *adequação de representação*. Para otimizar uma grandeza (preço da passagem, tempo de viagem), precisamos ter uma forma de representar essa grandeza matematicamente. Se não pudermos medi-la ou representá-la diretamente, não existirá forma de criar um método de otimização para descobrir se está indo melhor ou pior. E algumas coisas — coisas simples — são mais fáceis de medir do que outras. Medir preços de passagem é fácil; medir impacto ambiental é muito mais difícil. Ainda mais difícil é determinar como otimizar ideais fundamentais como justiça, dignidade, felicidade ou o fortalecimento de uma democracia informada.

Apesar dessa limitação, a otimização é um elemento tão essencial da caixa de ferramentas da ciência da computação, que ela transcende o simples pensamento sobre problemas técnicos. O que começa como uma mentalidade profissional do tecnologista facilmente se torna uma orientação geral para a vida. Torna-se uma segunda natureza perceber ineficiências e ficar frustrado — como Rob Rhinehart em relação à comida. O objetivo primordial é remover o atrito das atividades cotidianas, automatizar tarefas repetitivas, descobrir formas de economizar tempo e simultaneamente melhorar resultados. Existe toda uma subcultura de pessoas, muitas delas engenheiros, que trafegam em "life hacks" e em um site popular, o *Lifehacker*: "A autoridade máxima na otimização de todos os aspectos da sua vida".

Quando você olha para o mundo com essa mentalidade, não são apenas pequenas ineficiências que irritam. A otimização é uma orientação para o quadro geral também. Não é incomum encontrarmos alunos, por exemplo, que nos pedem conselhos sobre como otimizar a experiência em Stanford, otimizar seu estágio de verão ou escolher a carreira perfeita. Um livro recente bastante popular, *Algoritmos para viver: a ciência exata das decisões humanas*, recomenda as habilidades de um cientista da computação como base para levar uma vida melhor: percepções algorítmicas como forma de sabedoria.[11]

A ascensão do tecnologista e sua mentalidade otimizadora podem ser vistas no nosso léxico. O uso da palavra "otimista" tem sido mais ou menos constante durante o último século, mas uma busca no Google Books Ngram Viewer, que rastreia o uso de determinadas palavras em grandes *corpora* de livros em diversas línguas, mostra que os termos "otimizar" e "otimização" eram praticamente desconhecidos antes de 1950 e têm tido um rápido crescimento de lá até hoje. Isso coincide com a ascensão da ciência da computação como disciplina nos anos 1960. Claro, existem precursores óbvios da mentalidade otimizadora, como o movimento que levou o gerenciamento científico para o local de trabalho na virada do século XIX. Isso foi chamado de taylorismo por causa de um de seus defensores mais ativos, Frederick Taylor. Usando métodos empíricos para identificar as melhores práticas e padronizar o trabalho em linhas de produção em massa, o gerenciamento científico buscava aumentar a produtividade do trabalhador e a eficiência econômica. Uma diferença entre essa abordagem e a mentalidade otimizadora do tecnologista moderno, no entanto, é que, cem anos atrás, quando os chefes tentaram implementar a eficiência no chão de fábrica, isso foi entendido como uma forma de opressão. Hoje tendemos a abraçar e celebrar a otimização.

Mas a devoção à eficiência e a obsessão com a otimização não têm apenas lados bons. E, agora que os tecnologistas se tornaram poderosos, com sua visão e seus valores em relação à tecnologia transformando nossas vidas individuais e a sociedade, os problemas com a otimização se tornaram nossos problemas também.

A deficiência da eficiência

O foco na eficiência e na otimização pode levar os tecnologistas a acreditar que aumentar a eficiência e resolver problemas de forma ótima são coisas inerentemente boas. Existe algo tentador nessa visão. Ao receber a opção entre fazer algo de forma eficiente ou ineficiente, quem escolheria o caminho mais lento, com mais desperdício e que exigisse mais energia?

Contudo, existem momentos em que a ineficiência é preferível: ao instalar lombadas ou estabelecer um limite de velocidade em estradas perto de escolas para proteger as crianças; incentivar júris a passar bastante tempo deliberando antes de dar um veredito; fazer a imprensa esperar antes de dar o resultado de uma eleição até que as urnas estejam fechadas; ou buscar objetivos mal-intencionados — como prejudicar pessoas — com maior eficiência. Tornar algo mais eficiente não é inerentemente bom. Tudo depende do objetivo e do resultado final.

O verdadeiro problema é que priorizar a otimização pode levar a um foco maior nos métodos do que nos objetivos em questão. Se um problema particular a ser resolvido é simplesmente entregue a um engenheiro de software sem qualquer consideração ou debate quanto ao seu valor, estamos presos aos resultados da otimização do objetivo. E de repente aumentar tempo de tela, impulsionar taxas de cliques em anúncios, promover compras de um item algoritmicamente recomendado, aprimorar a precisão do reconhecimento facial ou maximizar o lucro fazem com que outros valores importantes sejam perdidos.

Em nossa experiência, as perguntas na entrevista de emprego para engenheiros de software normalmente envolvem soluções escalonáveis para problemas abstratos de programação. Isso incentiva os jovens candidatos a focar a escala e a eficiência do algoritmo. Isso não os incentiva a pensar de forma crítica sobre a empresa ou seus impactos sociais quando procuram trabalho.

O pioneiro cientista da computação Donald Knuth é conhecido por dizer que "a otimização prematura é a raiz de todo mal". Podemos interpretar essa citação de diversas formas, e de fato ela foi amplamente mal-entendida. Knuth usa otimização e eficiência como sinônimos: otimizar um código é torná-lo mais eficiente. O próprio Knuth não era antieficiência; na verdade, ele estava argumentando que existem um momento e um lugar para a eficiência. Normalmente, ele observou, as maiores melhorias no tempo de execução de um programa vêm da modificação de uma parte pequena do código, desde que você otimize o trecho certo. E tornar o código eficiente com frequência o torna desnecessariamente complicado, baixando a performance geral, já que o código se torna mais difícil de ser depurado e mantido. Um impulso incontido de tornar o código eficiente, Knuth argumenta, pode na verdade *criar* ineficiência para o programador.

Para Knuth, o momento e o lugar de ser eficiente é quando você descobre o que *vale a pena* tornar eficiente ao analisar os efeitos da eficiência em um nível superior. Mas suponhamos que um desenvolvedor foque esses pedaços de código que tornarão o código mais rápido e escreva o programa de forma que isso não sacrifique a legibilidade dele. No geral, o programa se torna mais eficiente. O desenvolvedor evitou a otimização prematura? Não necessariamente. Suponhamos que o programa seja usado para um fim indesejado: suponhamos que ele seja usado por um hacker com más intenções ou para levar a economia para um estado de enorme desigualdade. Talvez então possamos interpretar a citação de Knuth de forma ainda mais ampla do que ele pretendia: mesmo que o desenvolvedor saiba como fazer um programa rodar de forma eficiente, se ele não considerou seus possíveis usos e impactos, a otimização poderá ainda assim ser prematura.

Isso aponta para outro tipo de problema que surge quando os objetivos não são avaliados. Os programadores às vezes descrevem as ferramentas que desenvolvem como de dupla ou múltipla utilização. Frequentemente não existe um objetivo ou propósito fixo para uma tecnologia em particular; ela pode ser usada para diferentes propósitos por diferentes usuários. A expressão se originou em círculos geopolíticos e diplomáticos para distinguir entre propósitos civis e militares de diferentes tecnologias. Por exemplo, os engenheiros que desenvolveram as tecnologias de energia nuclear reconheceram que seu trabalho poderia potencialmente ter usos positivos para propósitos civis em usinas de energia nuclear e usos potencialmente negativos na construção e detonação de armas nucleares. Foi preciso a inventividade científica dos engenheiros para desenvolver a energia nuclear, mas era imperativo que essa tecnologia fosse acompanhada de uma estrutura administrativa que facilitasse usos civis e limitasse usos militares.

A mesma coisa é verdadeira para as invenções digitais dos desenvolvedores do século XXI. Cientistas da computação podem criar uma ferramenta incrível — digamos, o reconhecimento facial — que pode ser otimizada para ter a precisão mais alta possível em identificação de rostos. Em um sentido limitado, a função objetiva aqui é reconhecer um rosto. Mas, quando essa tarefa é bem-sucedida, as implicações derivadas são muitas, e os usos que podem ser feitos da tecnologia cobrem um grande espectro de bom a ruim. O reconhecimento facial pode ser usado para que fotos possam ser marcadas automaticamente, ou para que você possa destravar seu smartphone ao olhar para a câmera. Ou, ainda, ele pode ser instalado em drones para que você vigie seus vizinhos ou para que o governo rastreie protestos pacíficos. Mas terroristas radicais podem criar drones armados que matam com uma nova precisão. Que responsabilidade tem o tecnologista em tentar garantir que a tecnologia seja usada para o bem, e não para o mal?

Essas questões se tornam cada vez mais urgentes nas empresas de tecnologia conforme os engenheiros lidam cada vez mais com as formas inesperadas nas quais seu trabalho pode ser usado. Em 2018, milhares de funcionários do Google assinaram uma carta em protesto contra a decisão dos executivos da companhia de vender tecnologia de inteligência artificial para o exército dos Estados Unidos para ajudá-los a identificar pessoas em imagens de vídeo. "Nós acreditamos", a petição dizia, "que o Google não deveria entrar no negócio da guerra."[12] Nesse caso, pelo menos, o Google decidiu não renovar seu contrato com o governo.

Vale enfatizar que quem quer que faça a escolha do que será otimizado estará efetivamente decidindo que problemas valem a pena resolver. A falta gritante de diversidade racial e de gênero nos quadros de empresas de tecnologia e entre fundadores de start-ups significa que essas escolhas ficam nas mãos de um pequeno grupo de pessoas que não é representativo do mundo de uma forma mais ampla. Não é surpresa que muitas start-ups mostrem um viés em favor da solução de problemas de uma demografia privilegiada. Um grupo mais diverso de tecnologistas e fundadores de start-ups poderia muito bem aplicar o poder da otimização em um conjunto maior de problemas.

O QUE É MENSURÁVEL NEM SEMPRE É SIGNIFICATIVO

Vamos presumir que o tecnologista tenha tratado de forma bem-sucedida o primeiro problema. O foco na otimização foi acompanhado de um escrutínio e uma avaliação independente do objetivo ou da função objetiva. Com algum nível de confiança de que o problema seja digno de ser resolvido, ele vai ao trabalho.

Os profissionais de tecnologia estão sempre procurando métricas quantificáveis. Dados mensuráveis para incluir em um modelo são seu alimento vital, e, assim como um cientista social, um tecnologista precisa identificar medidas concretas, ou "métricas de proxy", para avaliar o progresso. Essa necessidade de métricas quantificáveis produz um viés na direção de medir coisas fáceis de quantificar. Mas métricas simples podem nos afastar mais dos objetivos importantes com os quais realmente nos importamos e que podem exigir métricas complicadas ou extremamente difíceis, talvez impossíveis, de se reduzirem a qualquer medida. E, quando temos métricas de proxy imperfeitas ou ruins, podemos facilmente cair na ilusão de que temos a resolução para um bom objetivo sem realmente fazer qualquer progresso genuíno na direção de uma solução digna.

O problema das métricas de proxy é que os tecnologistas frequentemente substituem o que é significativo pelo que é mensurável. Como diz o ditado, "nem tudo que conta pode ser contado e nem tudo que pode ser contado conta".

Não faltam exemplos desse fenômeno, mas talvez um dos mais ilustrativos seja um episódio da história do Facebook. O vice-presidente de anúncios da plataforma de negócios do Facebook, Andrew Bosworth, revelou em um memorando interno de 2016 que a busca da empresa por um crescimento no número de pessoas em sua plataforma era a única métrica relevante em sua missão maior de dar às pessoas o poder de construir comunidades e unir o mundo. "O estado natural do mundo", ele escreveu, "não é conectado. Não é unificado. É fragmentado por fronteiras, línguas e cada vez mais por produtos diferentes. Não são os melhores produtos que ganham. O que todo mundo usa ganha."[13] Para conquistar sua missão de conectar pessoas, o Facebook simplificou a tarefa para aumentar sua base cada vez mais conectada de usuários. Como Bosworth notou, "a dura verdade é que nós acreditamos tanto em conectar as pessoas, que qualquer coisa que nos permita conectar mais pessoas com mais frequência é *de fato* bom". Ele, então, catalogou as estratégias controversas que o Facebook usou para aumentar a base de usuários: "As práticas questionáveis de importação de contatos. Toda a linguagem sutil que ajuda as pessoas a serem buscáveis pelos amigos. O trabalho que provavelmente teremos que fazer na China algum dia". Ele, então, reconheceu que conectar as pessoas nem sempre seria benéfico: "Talvez custe uma vida expor alguém ao bullying. Talvez alguém morra em um ataque terrorista coordenado com nossas ferramentas". Depois que o memorando foi publicado, Mark Zuckerberg o repudiou e Bosworth pediu desculpas, dizendo que estava apenas sendo provocativo.

Economistas se preocupam há muito tempo com o problema das métricas de proxy, especialmente nas situações em que os funcionários recebem incentivos para alcançar suas metas. Nessas situações, funcionários rapidamente se orientam não na direção do fim válido, mas na direção aproximada. A métrica se torna o objetivo, e os meios justificam o fim. Isso se chama Lei de Goodhart, que afirma que, quando uma medida se torna a meta, ela deixa de ser uma boa medida. Uma sequência comum seria assim: o chefe diz que devemos fazer progressos na direção de um objetivo grande e difícil de ser medido. Os líderes da empresa escolhem as métricas de proxy que parecem ter uma conexão plausível com o objetivo. Os funcionários recebem a tarefa de fazer progressos com essas métricas. Embora eles reconheçam que a métrica de proxy dada seja uma medida útil, mas imperfeita para o objetivo, eles começam a perder de vista as imperfeições da métrica e, portanto, o objetivo também. Logo, a métrica de proxy se torna a única coisa que importa.

O QUE ACONTECE QUANDO VÁRIOS OBJETIVOS VALIOSOS COLIDEM?

Imagine que o objetivo escolhido pelo tecnologista seja válido e que as métricas de proxy para conquistar o objetivo de forma mais eficiente tenham sido cuidadosamente selecionadas e de fato resolvam o problema. Ainda assim devemos nos perguntar: o que acontece se o engenheiro tiver sucesso em otimizar um objetivo enquanto ignora outros valores relevantes afetados por esse sucesso? Essa é a lição da Soylent. Rob Rhinehart desenvolveu um produto que maximiza o objetivo nutricional de se alimentar, mas negligencia os valores associados a comer uma refeição feita de comida de verdade.

Em alguns casos, as tecnologias são desenvolvidas para resolver problemas únicos e isolados, então essa questão nunca surge. Tome, por exemplo, o sucesso retumbante da inteligência artificial aplicada a jogos como damas, xadrez e go, nos quais as máquinas venceram campeões mundiais humanos. São conquistas técnicas impressionantes. E as celebramos porque o propósito dos jogos é simples: vencer. Além de vencer, não existem objetivos conflitantes no xadrez profissional.

Mas em qualquer circunstância que envolva objetivos mais amplos, quando a tecnologia interage com nossas vidas pessoais, sociais e políticas, normalmente buscamos manter vários objetivos equilibrados ao mesmo tempo. O âmbito dos fins válidos é vasto, e, quando se trata de tecnologias que mudam o mundo com implicações em termos de honestidade, privacidade, segurança pessoal, segurança nacional, justiça, autonomia humana, liberdade de expressão e democracia, para citar apenas alguns dos mais importantes, não existe garantia de que todos os valores coincidirão de forma feliz e formarão um grande todo unificado. É muito mais realista presumir que em muitas circunstâncias os valores entrarão em conflito, e, portanto, nossas soluções envolvem uma relação precária de custo-benefício entre valores que competem entre si.

Esse problema é um tipo de "desastre do sucesso". A questão não é que as tecnologias falharam em conquistar algo, mas que seu sucesso na resolução de uma tarefa específica tem consequências amplas para outras coisas com as quais nos importamos. Pense, por exemplo, nos incríveis avanços tecnológicos na agricultura, que aumentaram massivamente a produtividade. A agricultura industrial não apenas transformou as práticas do cultivo de vegetais, mas também tornou possível a disponibilidade ampla e relativamente barata da carne. Quando antes uma galinha era criada por 55 dias antes do abate, agora bastam 35, e estima-se que 50 bilhões de galinhas sejam mortas todo ano — mais de 5 milhões a cada hora de cada dia do ano. Mas o sucesso da agricultura industrial gerou consequências terríveis para o meio ambiente (um aumento enorme da emissão de metano, que contribui para as mudanças climáticas), para a nossa saúde individual (o maior consumo de carne está relacionado a doenças do coração) e para a saúde pública (uma maior probabilidade de transmissão de novos vírus de animais para humanos, o que pode causar uma pandemia).

Os "desastres do sucesso" são frequentes em tecnologias do Vale do Silício também. Facebook, YouTube e Twitter tiveram sucesso ao conectar bilhões de pessoas em uma rede social, mas, agora que eles criaram uma praça pública digital, eles, e não o governo, precisam lidar com os conflitos entre liberdade de expressão, disseminação de informação falsa e discurso de ódio. Os problemas criados por tecnologistas otimizadores não surgem porque as empresas falharam, mas porque elas tiveram um grande sucesso em uma coisa e se tornaram poderosas em consequência disso.

O resumo é que a tecnologia é um amplificador. Ela exige que sejamos *explícitos* a respeito dos valores que queremos promover e como negociamos entre eles, porque esses valores estão programados de alguma maneira nas funções objetivas que são otimizadas. A tecnologia também é um amplificador porque ela pode com frequência permitir que a execução de uma política específica alcance um objetivo de modo muito mais eficiente do que qualquer humano faria. Ela pode fazer com que veículos autônomos dirijam de forma mais segura do que seu vizinho ou pode ser a base para um sistema de recomendação que o mantenha assistindo a vídeos on-line por muito mais tempo do que você pretendia. Mesmo políticas bem-intencionadas podem facilmente se tornar questionáveis quando a tecnologia permite sua automação hipereficiente. Com a tecnologia de GPS e mapeamento atual, seria possível produzir veículos que automaticamente emitissem uma multa de velocidade cada vez que o motorista passasse do limite — e, por fim, impedissem o carro de se mover, emitindo um mandado para a prisão do motorista quando ele ou ela tivesse acumulado multas de velocidade o suficiente. Esse veículo poderia oferecer uma eficiência extrema na fiscalização de leis de trânsito relativas a velocidades seguras. Contudo, essa amplificação da segurança infringiria os valores conflitantes de autonomia (fazer suas próprias escolhas sobre a velocidade na direção e a urgência de determinada viagem) e privacidade (ter nossos hábitos de direção constantemente vigiados).

Não faz muito tempo que cientistas da computação eram hackers em garagens que se encontravam em clubes de computação para mostrar seus últimos feitos de engenharia. Eles eram pessoas com pouco poder político e status social limitado. Houve até mesmo um tempo em que departamentos de ciência da computação tinham dificuldades para atrair alunos. Mas, nos últimos trinta anos, os Davis da programação derrotaram os Golias industriais e se tornaram os novos mestres do universo. As matrículas em aulas de ciência da computação dispararam em quase todo lugar. O motivo é óbvio: programação e ciências de dados são muito valorizadas, e os alunos querem a chance de contribuir para a revolução digital que está transformando profundamente nosso mundo, mudando a experiência humana individual, as conexões sociais, a comunidade e a política em um nível nacional e global. Claro, os salários altos e a oportunidade de enriquecer com uma start-up também ajudam. As listas atuais de bilionários são encabeçadas por CEOs de tecnologia. Poucas pessoas sabem o nome do CEO de uma empresa de investimentos; quase todo mundo conhece os nomes dos fundadores da Microsoft, da Apple, da Amazon, do Facebook e do Google.

Os inovadores e líderes tecnológicos também se tornaram algumas das pessoas mais poderosas do mundo não só ao ficarem muito ricos, mas cada vez mais por meio de sua influência política. Conforme o poder deles cresce, torna-se mais importante que o restante de nós entenda os potenciais problemas que podem surgir. Os problemas são bastante preocupantes quando se revelam em inovações tecnológicas que revolucionaram tantos aspectos das nossas vidas. E são ainda mais preocupantes quando a mentalidade de otimização é direcionada para além de questões de tecnologia, na direção de questões sociais e da vida política. Por que é assim?

Muitos anos atrás, Rob recebeu um convite para um pequeno jantar. Empresários, investidores de risco, pesquisadores de um laboratório tecnológico secreto e dois professores universitários se reuniram na sala de jantar privada de um hotel quatro estrelas no Vale do Silício. O anfitrião — um dos nomes mais proeminentes no campo da tecnologia — agradeceu a todos a presença e nos lembrou de um dos tópicos que tínhamos sido convidados a discutir: "E se um novo Estado fosse criado para maximizar o progresso científico e tecnológico movido por modelos comerciais — como isso seria? Uma utopia? Distopia? O impulso final da evolução humana?".

Um pesquisador do laboratório secreto mergulhou na conversa. Não é uma pergunta hipotética, ele disse. Nós já pensamos nisso! O primeiro pensamento é que devemos encontrar uma ilha e construir isso lá, mas é difícil otimizar descobertas científicas em ilhas. Criar infraestrutura é difícil. Você precisa encontrar um pedaço de terra em outro lugar, e todos os pedaços de terra desejáveis já estão ocupados. Então, o primeiro problema que você encontra é: o que fazer com os nativos? Decidimos que a melhor abordagem é pagar para que eles saiam.

A conversa progrediu com entusiasmo na direção do estabelecimento de um pequeno Estado-nação dedicado ao progresso máximo da ciência e da tecnologia. Rob ergueu a mão para falar: "Eu estou me perguntando: esse Estado seria uma democracia? Qual é a estrutura de governo aqui?". A resposta foi rápida: "Democracia? Não. Para otimizar para a ciência, precisamos de um tecnocrata benevolente no comando. A democracia é lenta demais e ela freia a ciência".

2
O PROBLEMÁTICO CASAMENTO ENTRE HACKERS E INVESTIDORES DE RISCO

Em 1996, no Fórum Econômico Mundial em Davos, na Suíça, John Perry Barlow — compositor do Grateful Dead, ex-criador de gado e cofundador da Electronic Frontier Foundation — escreveu "A Declaration of the Independence of Cyberspace". Reagindo à aprovação nos Estados Unidos do Ato de Telecomunicações de 1996, Barlow se inspirou no espírito tecnolibertário ao escrever: "Governos do Mundo Industrial, seus gigantes cansados de carne e aço, eu venho do ciberespaço, o novo lar da Mente. Em nome do futuro, eu peço a vocês do passado para que nos deixem em paz. Vocês não são bem-vindos entre nós. Vocês não têm soberania onde nos reunimos".[1] Levando as coisas um passo além, ele adotou uma visão utópica das possibilidades oferecidas pelo mundo on-line: "Estamos criando um mundo em que todos podem entrar sem privilégios ou preconceitos por raça, poder econômico, força militar ou lugar de nascimento". As palavras de Barlow foram celebradas pelos hackers da época, incluindo o jovem Aaron Swartz, que ainda nem era adolescente.

Poucas pessoas poderiam ter previsto a clara concentração de poder nas mãos de um pequeno número de empresas privadas de tecnologia que agora, mais de vinte anos depois, decide o conteúdo que vemos, como vemos e que controle temos sobre isso — se é que temos algum. Em 1996, as cinco maiores empresas por capitalização de mercado eram a General Electric, a Royal Dutch Shell, a Coca-Cola, a Nippon Telegraph and Telephone e a ExxonMobil; em 2020, as cinco maiores eram a Microsoft, a Amazon, a Apple, a Alphabet e o Facebook. As noções utópicas da tecnologia como um grande equalizador abriram caminho para histórias distópicas de vazamento de dados, capitalismo da vigilância, algoritmos enviesados e desinformação crescente. Então, como chegamos aqui? Estamos muito longe da internet livre e descentralizada que os pioneiros imaginaram.

Para entender as forças em jogo, precisamos examinar a evolução da indústria de computação pessoal desde suas raízes na contracultura dos anos 1960 até seu papel atual como potência da economia global. Hoje, o ecossistema de alta tecnologia é alimentado por capital — a disponibilidade de dinheiro para investimento em novas empresas —, o que cria oportunidades quase infinitas para a construção de novos negócios que causam uma disruptura na antiga ordem econômica. Nos primórdios do Vale do Silício, o apoio federal impulsionou o desenvolvimento da indústria de semicondutores, que criou a fundação para o desenvolvimento de computadores pessoais. Mas o apoio federal logo foi substituído por capital de risco como força motriz do crescimento do vale. Sand Hill Road, logo atrás de Stanford, é o marco zero para alguns dos nomes mais famosos dos investimentos de risco, com bilhões de dólares prontos para serem investidos na próxima ideia que vai mudar o mundo vinda de um menino de 22 anos do outro lado da rua.

Embora "investimento de risco" possa evocar o mundo engessado das finanças, a indústria de capital de risco que fomenta o Vale do Silício tem decididamente uma mentalidade técnica. Eugene Kleiner, cofundador da lendária empresa de capital de risco Kleiner Perkins, era engenheiro de formação e, depois de cofundar a Fairchild Semiconductor nos anos 1950, passou a ser um dos primeiros investidores da Intel. John Doerr, agora presidente da Kleiner Perkins e um dos primeiros investidores da Amazon, do Google e da Netscape, tem diplomas de engenharia elétrica e começou sua carreira na Intel. Uma figura-chave na formação da bolha pontocom do final dos anos 1990, Doerr afirmou que "nós fomos testemunhas (e nos beneficiamos) da maior criação legal de riqueza no planeta".[2] Percebendo que sua declaração havia colaborado para a mania pontocom e para um sentimento mercenário de que ganhar montanhas de dinheiro era o mais importante, ele mais tarde pediria desculpas.[3]

Investidores de risco trouxeram suas próprias inovações para as empresas que fundaram, e ganhar um monte de dinheiro certamente conta muito. Para alinhar mais diretamente os interesses dos funcionários com os dos empresários e investidores, a inclusão de ações em pacotes de benefícios se tornou padrão para a contratação de engenheiros. Como um empresário e antigo investidor de risco do Vale do Silício disse a um formando de Stanford que ele estava recrutando: "Ninguém nunca ficou rico ganhando salário. Para isso você precisa de ações". Logo ao sair da pós-graduação no final dos anos 1990, Mehran viu isso em primeira mão. Ao ser entrevistado para uma vaga de engenheiro de software em uma pequena start-up, ele terminou o dia se reunindo com um dos fundadores da empresa, um empreendedor em série que começou a entrevista dizendo: "Eu não tenho nenhuma pergunta para você. Mas posso dizer que nós todos vamos ficar ricos para caralho". Ele não estava errado. Menos de dois anos depois, aquela empresa teria uma oferta pública inicial (IPO, na sigla em inglês) e alcançaria um valor de mercado de mais de 10 bilhões de dólares, tornando todos os seus engenheiros antigos milionários — pelo menos no papel e por um pequeno tempo. O crash das pontocom no início dos anos 2000 começaria alguns meses depois.

O potencial de ganhar fortunas com uma IPO futura acrescenta mais lenha na fogueira que alimenta a velocidade alucinante do desenvolvimento tecnológico. Mesmo empresas estabelecidas usaram ações como atração para aumentar suas equipes. Recrutadores da Microsoft, por exemplo, convenciam novos candidatos com projeções do potencial valor futuro de suas ações.

Com engenheiros frequentemente no comando dessas empresas e das firmas que as patrocinam, não é surpresa que a mentalidade de otimização entre em cena com um papel importante no gerenciamento dessas companhias. Em seu livro *Avalie o que importa: como o Google, Bono Vox e a Fundação Gates sacudiram o mundo com os OKRs*, Doerr adotou o princípio de gestão dos objetivos e resultados-chave (OKRs, na sigla em inglês), um conceito originalmente desenvolvido por Andy Grove na Intel e hoje amplamente usado por diversas empresas de tecnologia, incluindo Google, Twitter e Uber. Os OKRS são as métricas que conduzem as avaliações de performance e crescimento corporativo. Como Larry Page notou no prefácio ao livro de Doerr: "Os OKRS nos ajudaram a crescer 10x, várias vezes seguidas".[4] E um aumento na lucratividade do negócio se traduz em preços de ações mais altos e maior riqueza para aqueles que receberam as ações.

Também se traduz em sistemas de recompensas que direcionam os holofotes para o engenheiro que ajuda as empresas a desenvolver suas OKRS. Em 2004, o Google passou a dar o Founders' Award em reconhecimento às equipes que haviam feito contribuições substanciais para a empresa. Um dos primeiros desses prêmios foi dado para uma equipe de dez engenheiros que tinha trabalhado no primeiro sistema de segmentação de anúncios da empresa. O prêmio, apresentado em uma reunião geral da empresa, causou engasgos audíveis quando o valor foi revelado: 10 milhões de dólares a serem divididos entre a equipe.

O casamento entre tecnologia e capital passou a definir a cultura "avance rápido e quebre coisas" do Vale do Silício. A noção contracultural de um ciberespaço livre e descontrolado abriu caminho para o novo mantra do "*blitzscaling*",[5] quando empresas crescem o mais rápido possível para conquistar uma posição dominante no mercado, demonstrar um crescimento vertical para os investidores e bloquear qualquer possível efeito na rede antes que os concorrentes possam responder.

As tendências ao monopólio dos mercados bilaterais que com frequência aparecem na internet servem apenas para reforçar o domínio do "vencedor leva tudo" dos maiores *players* em cada mercado. Diga qual é o maior site de leilões on-line? eBay. O segundo? Quem sabe? Compradores querem ir ao lugar com mais produtos e os vendedores querem ir ao lugar com mais compradores. E, quando os compradores nesses sites são anunciantes, o produto que eles estão comprando é você — ou, mais precisamente, sua atenção. Convenientemente, os pioneiros da tecnologia ficam felizes em inverter a ortodoxia econômica quando serve aos interesses deles. Peter Thiel, fundador de várias empresas de capital de risco, acredita no monopólio, pelo menos nos mercados de tecnologia. "Competição", ele diz, "é para perdedores."[6]

Os engenheiros assumem o comando

A história frequente sobre o Vale do Silício como epicentro da inovação tecnológica remonta a Frederick Terman, um professor de engenharia de Stanford que, depois da Segunda Guerra Mundial, se tornaria diretor do departamento de engenharia e depois reitor da universidade. Terman incentivou tanto os alunos como os professores a trabalhar um tempo na indústria ou até mesmo a abrir suas próprias empresas. Em uma das histórias fundadoras sobre a criação do Vale do Silício, dois de seus mais famosos protegidos, William Hewlett e David Packard, começaram sua empresa homônima em uma garagem com o incentivo de Terman.

A ênfase inicial no empreendedorismo, especialmente o foco em ter pesquisadores e engenheiros como fundadores da empresa em vez de graduados em escolas de negócios, estabeleceu o plano de como a mentalidade dos engenheiros desempenharia um papel fundamental em muitas empresas de tecnologia subsequentes. Enquanto na primeira onda do Vale do Silício as empresas haviam focado em hardware — semicondutores, microprocessadores e computadores pessoais —, com empresas como a Fairchild, a Intel e a Apple, era só uma questão de tempo antes de os softwares — bits etéreos, não átomos físicos — se tornarem a força dominante no crescimento do Vale do Silício.

Avance para 1989, a meio mundo de distância da Califórnia. O discreto cientista britânico Tim Berners-Lee está trabalhando no laboratório do CERN em Genebra, na Suíça, e propõe a criação da World Wide Web como um meio de compartilhar dados de pesquisas entre laboratórios pelo mundo. Em seu discurso ao ganhar o prêmio A. M. Turing de 2016 — considerado o Prêmio Nobel da ciência da computação —, Berners-Lee contou que a ideia para a web tinha a princípio sido recebida com pouco entusiasmo, e ele havia ficado feliz quando seu supervisor na época não cancelou totalmente o projeto.

Uma confluência de eventos transformou um conjunto de protocolos técnicos para postagem de dados de experimentos de física desenvolvidos por Berners-Lee na base para uma das maiores transformações tecnológicas e corporativas das nossas vidas. No início dos anos 1990, muitos provedores privados de serviços de internet estavam tornando a web acessível para milhões, e logo bilhões de pessoas. Muitos de nós se lembram de receber CD-ROMS pelos correios com o nome da America Online (depois rebatizada de AOL) ou da CompuServe. E, em 1995, os últimos vestígios das restrições governamentais ao uso comercial da internet haviam sido eliminados, tornando possível o "boom pontocom". Mais ou menos na mesma época, um par de jovens engenheiros, Marc Andreessen e Eric Bina, estava ocupado trabalhando no browser Mosaic na Universidade de Illinois em Urbana-Champaign. Lançado em 1993, o Mosaic ajudou a levar a web ao conhecimento do público, transformando um recurso para compartilhar dados acadêmicos em algo que as pessoas podiam acessar facilmente. Andreessen pouco depois se tornaria um dos cofundadores da Netscape Communications com Jim Clark, um ex-professor de engenharia de Stanford e fundador da Silicon Graphics. Eles lançariam o navegador Netscape Navigator em dezembro de 1994, levando a web para as massas. Menos de um ano depois do lançamento do Navigator, a Netscape teve sua IPO enormemente bem-sucedida, o que rendeu a Andreessen, aos 24 anos de idade, um valor de mais de 50 milhões de dólares. Alguns meses depois, ele sairia na capa da revista *Time* sentado descalço em um trono ao lado da manchete "Os Geeks de Ouro: Eles inventam. Eles abrem empresas. E o mercado financeiro os tornou milionários em um instante".

Em Nova York durante o mesmo período, um homem de trinta anos chamado Jeff Bezos começou a entender as possibilidades comerciais da internet. Bezos, que tinha se formado em Princeton em 1986 com diplomas em engenharia elétrica e ciência da computação, havia originalmente ido para Wall Street usar suas habilidades analíticas em fundos de investimento quantitativos como o D. E. Shaw & Co., no qual rapidamente subiu à posição de vice-presidente.[7] Refletindo se deveria ficar em seu emprego lucrativo ou dar o salto inicial para começar uma empresa de internet, ele usou um "quadro de minimização do arrependimento": Bezos baseou sua decisão em minimizar o arrependimento futuro que poderia ter em relação à decisão que estava tomando na época. Ele disse que o quadro tornou sua decisão clara. Em 1994, ele saiu da D. E. Shaw e dirigiu pelo país todo até Seattle, onde abriu a Amazon.com. A decisão de fundar a empresa foi essencialmente o resultado de um problema mental de otimização. Como dizem, o resto é história. Bezos se tornaria a pessoa mais rica do planeta em 2018 com uma fortuna pessoal de mais de 150 bilhões de dólares. Ele estava em companhia conhecida: em 2020, oito das dez pessoas mais ricas do mundo haviam conquistado suas fortunas com empresas de tecnologia.

O ECOSSISTEMA DE INVESTIDORES DE RISCO E ENGENHEIROS

Embora engenheiros frequentemente desenvolvam as inovações técnicas que podem servir como as sementes para a formação de empresas que mudam o mundo, o crescimento dessas sementes em empresas frutíferas depende do acesso ao capital, do investimento necessário para contratar mais talentos, comprar equipamentos, ter escritórios e fazer o negócio crescer. Para muitas empresas, investidores de risco — VCs, em inglês — são a fonte desse investimento. Sand Hill Road, uma rua com cerca de nove quilômetros de comprimento, é o lar de mais de quarenta empresas de capital de risco. Em 1972, a Kleiner Perkins Caufield & Byers — agora conhecida como apenas Kleiner Perkins — abriu suas portas como a primeira empresa de VC na Sand Hill. Em 1980, ela contratou John Doerr da Intel, onde ele havia internalizado o conceito de OKRs. Doerr descreveu o conceito como articulado por Grove: "O resultado-chave precisa ser mensurável. Mas no final você pode olhar e dizer sem qualquer discussão: eu fiz isso ou não fiz? Sim? Não? Simples. Nenhum julgamento nisso".[8] Os OKRs podem ser instrumentais para impulsionar a lucratividade de um negócio ao focar métricas como aumentar a taxa de cliques em anúncios, ampliar a quantidade de tempo que os usuários passam em um site e atrair um maior número de usuários para um app. Para start-ups, mostrar crescimento rápido nessas métricas pode ser fundamental para atrair o capital necessário para sobreviver.

Doerr se tornou uma lenda no mundo do VC, investindo 8 milhões de dólares na empresa nascente de Bezos em 1996. Na época, muitas pessoas brincavam que a Amazon.com deveria mudar seu nome para Amazon.*org* porque não era um negócio lucrativo e provavelmente continuaria assim.

Doerr entendeu o potencial de longo prazo e garantiu a posse de mais de 10% da empresa para a Kleiner Perkins, unindo-se ao conselho de administração da Amazon por meio de seu investimento. Ele mais tarde teria o mérito de ser um dos primeiros VCs a investir no Google em 1999, pouco depois da fundação da empresa. Na época, tanto a Kleiner Perkins como a Sequoia Capital — outra gigante na Sand Hill — estavam disputando muito para serem os únicos VCs a investir no Google. Larry Page, o cofundador de 26 anos que havia abandonado o programa de doutorado em ciência da computação de Stanford, deu um ultimato: eles poderiam investir juntos ou desistir do negócio. As empresas se tornaram coinvestidoras. Doerr investiu 11,8 milhões de dólares — sua "maior aposta em dezenove anos como investidor de risco" — para conseguir 12% da empresa e uma cadeira no conselho.[9]

Pouco depois, Doerr chegou ao escritório do Google com o que ele descreveu como um "presente", a apresentação dos OKRs como uma ferramenta de gestão. No relato de Doerr, ele chegou com uma apresentação em que seu "primeiro slide de PowerPoint definia os OKRs: 'uma metodologia de gestão que ajuda a garantir que a empresa foque seus esforços para as mesmas questões importantes por toda a organização".[10] Ele, então, passou a explicar que um "OBJETIVO... é simplesmente O QUE deve ser conquistado, nem mais, nem menos... RESULTADOS-CHAVE avaliam e monitoram COMO chegamos ao objetivo... Mais do que tudo, são mensuráveis e verificáveis".

A equipe executiva do Google abraçou a ideia completamente. Essa é, afinal, uma abordagem de engenharia para gestão. Ela até traz um paralelo com a linguagem da teoria da otimização, na qual um objetivo é uma função cujo valor deve ser otimizado, portanto a ideia de ter resultados mensuráveis para os quais focar os esforços de uma empresa se encaixou na equipe de gestão orientada para engenharia como uma luva.

O uso de OKRs se tornou o padrão pelo qual quase todos no Google eram medidos. Como Doerr escreveu, "o casamento do Google com os OKRs era qualquer coisa menos aleatório. Era uma grande confluência de impedância, uma transcrição genética perfeita para o RNA mensageiro do Google. Os OKRs eram um aparato elástico e movido por dados para uma empresa espontânea que amava dados".[11] A cada trimestre, engenheiros, vendedores, pesquisadores e gerentes de produtos mediam quanto sucesso haviam tido em relação aos OKRs existentes e, então, traçavam planos para os OKRs que focariam no trimestre seguinte. Reuniões gerais relatavam como a organização tinha ido em seus OKRs para toda a empresa. Eles ofereciam uma métrica objetiva, concreta e mensurável de como os indivíduos e a empresa estavam indo.

Doerr é um evangelista dos OKRs — e não apenas no Google. Em seu livro *Avalie o que importa*, ele conta como os OKRs ajudaram diversas empresas e organizações sem fins lucrativos a criar mais transparência em sua cultura, determinar quando correções eram necessárias e garantir objetivos audaciosos. Na verdade, Larry Page dá o crédito do imenso crescimento do Google em parte aos OKRs e escreve no prefácio ao livro de Doerr que "eu acho que funcionou muito bem para nós".

Claro, OKRs não são a única filosofia de gestão entre as grandes empresas de tecnologia, embora seja usada por muitas delas. Mas eles são emblemáticos de quão rapidamente a mentalidade de engenharia de medição e otimização foi além da solução de problemas técnicos. Em vez disso, os engenheiros assumiram o papel de líderes nas empresas, eles mesmos se tornaram investidores de risco e a mentalidade de engenharia subiu para os níveis superiores da administração coorporativa. Examinar o impacto dessa mentalidade é essencial para entender como questões de bem-estar humano e prosperidade social podem — ou não — ser levadas em conta no processo de tomada de decisões das empresas de tecnologia.

A MENTALIDADE DE OTIMIZAÇÃO ENCONTRA O CRESCIMENTO CORPORATIVO

Embora essas ferramentas de gestão como os OKRs, alinhadas a uma mentalidade de otimização, tenham alimentado um enorme crescimento corporativo que levou à criação de bilhões de dólares em valor de mercado, elas também levantam questões importantes: como os objetivos a serem medidos são escolhidos? Que escolhas corporativas e técnicas devem ser feitas na busca por otimizá-los? E até onde essas decisões devem ser levadas?

O uso dos OKRs no YouTube, uma subsidiária do Google, foi explicado pelo vice-presidente de engenharia Cristos Goodrow enquanto contava uma epifania que tinha tido em 2011:

> Como o CEO da Microsoft Satya Nadella apontou: em um mundo em que o poder computacional é quase infinito, "a verdadeira commodity rara é cada vez mais a atenção humana".[12] Quando os usuários passam mais de seu valioso tempo vendo vídeos no YouTube, eles precisam necessariamente ficar mais felizes com esses vídeos. É um círculo virtuoso: mais espectadores satisfeitos (tempo de exibição) geram mais publicidade, que incentiva mais criadores de conteúdo e atrai mais espectadores.
> Nossa verdadeira moeda não eram visualizações ou cliques — era tempo de exibição. A lógica era inegável. O YouTube precisava de outra métrica central.

Para defender essa nova métrica, ele escreveu um e-mail para a equipe executiva do YouTube argumentando que "tempo de exibição e apenas tempo de exibição" deveria ser o objetivo no YouTube.[13] Em essência, Goodrow comparou o tempo de exibição com a felicidade do usuário: se uma pessoa passa horas por dia vendo vídeos no YouTube, isso deve revelar uma preferência por essa atividade. Mas o simples fato de que realizamos atividades não é necessariamente um indicador de que essas atividades — incluindo coisas como lavar louça, cortar a grama ou mesmo fumar — nos façam felizes ou contribuam para nosso bem-estar. Ainda assim, o foco em tempo de exibição acabou se tornando a base para uma das metas mais significativas do YouTube: alcançar um bilhão de horas de exibição por dia até 2016 — um objetivo que eles acabaram ultrapassando.

Para ser justo, Goodrow nota que, ao perseguir essa meta, o YouTube às vezes adotava ações que tinham um impacto negativo no tempo de exibição se a empresa acreditava que a ação era de interesse do usuário: "Por exemplo, nós criamos uma política para parar de recomendar vídeos com clickbait". Mas ele então disse: "Nunca fizemos *nada* sem medir o impacto que teria em tempo de exibição".[14] Mas faltou discutir se é realmente saudável para crianças (ou mesmo para adultos) assistir a uma série infinita de vídeos; se vídeos de teorias da conspiração de terraplanistas deveriam ser recomendados com o mesmo entusiasmo que vídeos mais inofensivos; ou o que a corrida por tempo de exibição pode fazer com o ecossistema de produtores de conteúdo — que são pagos por anunciantes quando seus vídeos são vistos —, que podem passar a criar vídeos mais exagerados para que seu conteúdo se torne o centro do desejado tempo de exibição do usuário.

O próprio Doerr reconheceu que seus sistemas de gestão, como os OKRs, podem ter falhas e escreveu: "Como qualquer sistema de gerenciamento, os OKRs podem ser bem ou mal executados".[15] Ele até estampou um aviso em seu livro, sugerido originalmente por um artigo da Harvard Business School com o irreverente título de "Metas enlouquecidas":[16] "Metas podem causar problemas sistemáticos nas organizações devido a foco estreito, comportamento antiético, aumento dos riscos assumidos, diminuição da cooperação e menor motivação. Tome cuidado quando aplicar metas à sua organização".[17] O que está faltando é um apelo explícito para que comprometimentos morais sejam um objetivo em si mesmos, em vez de apenas uma consideração secundária na busca de um objetivo mais diretamente mensurável. O fato de que pode ser impossível medir claramente o "bem social" de um resultado significa que se torna difícil considerar esse fator na métrica a ser otimizada. É mais fácil apenas presumir que ver mais vídeos deve deixar os usuários mais felizes. Medir tempo de exibição é simples; determinar se os usuários estão realmente mais felizes, mais informados ou politicamente radicalizados não é.

Os OKRs são apenas a manifestação mais recente da mentalidade de otimização nos negócios. São muitos os exemplos de como a corrida para focar a maximização de um objetivo em particular pode levar a resultados piores para coisas com as quais podemos nos importar. Uma das primeiras empresas a fabricar computadores, a Digital Equipment Corporation, com a intenção de melhorar seu atendimento ao cliente, instalou um sistema para monitorar o tempo médio que seus representantes de atendimento ao cliente levavam para atender às ligações da central. O tempo médio de cada ligação ficava à mostra para que o representante visse. Quando o tempo ficava longo demais, os representantes simplesmente atendiam o telefone dizendo: "Nossos sistemas estão fora de serviço no momento, por favor ligue mais tarde". Isso levou a uma diminuição rápida no tempo médio de chamada, que estava sendo medido, e a um aumento na irritação dos clientes, que não estava sendo considerada.

Como Lisa Ordóñez e seus colegas explicaram no artigo "Metas enlouquecidas: os efeitos colaterais sistemáticos do uso excessivo de metas", a confiança exagerada em traçar objetivos pode levar indivíduos e organizações a se tornarem tão focados em metas estreitas, que perdem de vista outras considerações importantes que precisam ser levadas em conta quando produtos são desenvolvidos. Essa visão míope pode, por sua vez, levar a todo tipo de resultados ruins, incluindo riscos excessivos e um aumento no comportamento antiético para que se atenda às exigências do objetivo. Em longo prazo, um foco estreito em metas pode corroer a cultura de uma organização, enquanto interesses mais amplos dão lugar ao simples cumprimento de metas quantitativas específicas. O trabalho dos pesquisadores é repleto de exemplos. Talvez o mais famoso seja a tragédia do Ford Pinto. Para citar Ordóñez e seus colegas:

> O CEO Lee Iacocca anunciou o objetivo específico e desafiador de produzir um novo carro que pesaria "menos de mil quilos e custaria menos de 2 mil dólares", que estaria disponível para compra em 1970. Esse objetivo, alinhado a um prazo apertado, significava que muitos níveis de gestão aceitaram ficar aquém do ideal em verificações de segurança para acelerar o desenvolvimento do carro — o Ford Pinto. Uma verificação de segurança omitida estava relacionada ao tanque de combustível, que ficava no eixo traseiro com menos de 25 centímetros de espaço. Processos posteriores revelaram o que a Ford deveria ter corrigido em seu processo de design: o Pinto podia entrar em ignição com um impacto. Investigações mostraram que, depois que a Ford finalmente descobriu o problema, os executivos continuaram comprometidos com sua meta e, em vez de consertar o design defeituoso, calcularam que os custos dos processos associados aos incêndios em Pintos (que envolveram 53 mortes e muitos feridos) seriam menores do que o custo de consertar o design. Nesse caso, os objetivos específicos

e desafiadores foram satisfeitos (velocidade de chegada ao mercado, eficiência de combustível e custo) sacrificando outros fatores importantes que não foram considerados (segurança, comportamento ético e reputação da empresa).[18]

Se Ordóñez tivesse escrito seu artigo uma década depois, ela poderia facilmente ter incluído mais casos do mundo da tecnologia, por exemplo, se o foco extremo no aumento do tempo de exibição de vídeos poderia deixar pouco espaço para a consideração de impactos políticos, sociais e de saúde em milhões de pessoas grudadas em telas. Isso não quer dizer que as organizações não devam ter metas, mas que o foco na otimização do que é quantificável na visão estreita de uma empresa fixada em crescimento não necessariamente reflete o que é bom para os indivíduos, a sociedade ou o mundo.

O resultado desse foco míope no design do Ford Pinto foi fatal para dezenas de pessoas. O impacto da fixação em um objetivo mal escolhido ou em uma métrica enganosa no mundo tecnológico de hoje, embora frequentemente não seja fatal, tem consequências sociais muito mais amplas. Quando aumentam as taxas de cliques em anúncios mentirosos que questionam a integridade dos resultados eleitorais sem evidências ou que promovem teorias da conspiração a respeito de vacinas, o lucro e o valor de mercado podem aumentar, mas a democracia e o bem-estar de centenas de milhões de pessoas sofrem. Mesmo quando existe uma consequência negativa para a empresa responsável, isso frequentemente dura pouco. Considere que o valor das ações do Facebook não sofreu nenhum dano de longo prazo por causa do escândalo da Cambridge Analytica em 2016. Pelo contrário, só aumentou desde então. Se o mercado recompensa apenas o lucro, qual é o incentivo para proteger a democracia ou outros valores que admiramos?

Caçando unicórnios

Há pouco mais de cinquenta anos, Milton Friedman — ainda seis anos antes de ganhar o Prêmio Nobel de Economia — escreveu um ensaio na *New*

York Times Magazine expressando a visão de que "A responsabilidade social dos negócios é aumentar seus lucros". O argumento seguia a premissa básica de que um negócio está comprometido com seus donos — acionistas, no caso de empresas de capital aberto — e por isso deveria tentar apenas maximizar seu valor. Ele rejeitava explicitamente o papel da responsabilidade social na administração corporativa em parte pela dificuldade de gerar uma avaliação quantificável dessa responsabilidade.[19] Em vez disso, ele defendia o foco único no retorno para os acionistas, afirmando que levar em conta responsabilidades sociais equivale a gastar o dinheiro dos acionistas em interesse social vago e mal definido. Ele concluiu com um trecho de seu livro anterior, *Capitalismo e liberdade*, que é citado com frequência: "Existe uma única responsabilidade social para os negócios — usar seus recursos e se envolver em atividades desenvolvidas para gerar lucro, desde que elas estejam nas regras do jogo, ou seja, engajadas com a competição livre e aberta sem trapaça ou fraude".[20] Para Friedman, não deveria importar para uma empresa se seus clientes passam todo o seu tempo em meio à desinformação em uma rede social ou assistindo a infinitos vídeos on-line. Desde que a empresa esteja promovendo legalmente esse comportamento para maximizar o lucro para seus investidores, ela estará fazendo a coisa certa. Talvez o sociólogo C. Wright Mills tenha caracterizado isso de forma mais dura muito antes do influente artigo de Friedman: "De todos os possíveis valores na sociedade humana, um e apenas um é realmente soberano, realmente universal, realmente sólido e um objetivo realmente e completamente aceitável para o homem americano. Esse objetivo é o dinheiro".[21] É claro que Mills estava descrevendo o papel do dinheiro na vida americana, não o elogiando.

Embora as visões de algumas pessoas no mundo dos VCs talvez não sejam tão extremas quanto as de Friedman, não há dúvida de que os fundos de VC são veículos de investimento para seus sócios limitados (LPs, em inglês), as pessoas ou as organizações que fornecem o capital para esses fundos. Como resultado, os VCs têm um dever fiduciário de dar retorno por esses investimentos, tornando a busca pelo lucro uma motivação primordial.

A maneira como os lucros normalmente são gerados no mundo dos VCs é um bicho esquisito. Como Peter Thiel e Blake Masters afirmaram em seu livro *De zero a um: o que aprender sobre empreendedorismo com o Vale do*

Silício, "o maior segredo no capital de risco é que o melhor investimento em um fundo bem-sucedido equivale ou supera todo o restante do fundo combinado".[22] Em outras palavras, a maior parte do lucro de um fundo vem de uma única empresa — um Google, Facebook ou Uber — cujo valor de mercado supera o de todas as outras empresas do fundo.

É claro que os VCs têm um jargão para esse fenômeno. O objetivo é conseguir lucros fora do normal descobrindo os "unicórnios" futuros — as empresas com valor de mercado de pelo menos 1 bilhão de dólares. É uma tarefa difícil. Uma análise das avaliações de valor das start-ups descobriu que "segue sendo muito raro que uma empresa atinja a marca do unicórnio. Na verdade, o número parece ficar um pouco acima de 1% das empresas".[23] Ou, segundo a análise, 1,28% para ser mais exato. Encontrar esses negócios cria competição entre as empresas de capital de risco, que buscam construir relacionamentos com possíveis empreendedores desde cedo. Isso às vezes leva a intrusões inesperadas no almoço, como Mehran descobriu pouco antes de terminar a pós-graduação. Ele tinha saído com um colega para comer um *dim sum* em um restaurante chinês perto de Sand Hill Road e eles estavam prestes a terminar a refeição quando foram abordados por um homem de terno que nenhum deles reconheceu. Ele educadamente se apresentou e disse: "Eu não pude deixar de ouvir que vocês dois estavam falando a respeito de mecanismos de busca. Se decidirem abrir uma empresa, me liguem". Então ele deslizou seu cartão pela mesa.

Nas últimas décadas do século XX e na primeira parte do século XXI, VCs, muitos deles instalados na Bay Area de São Francisco, assumiram um papel desproporcional na fundação de start-ups, principalmente em biotecnologia e tecnologia da informação. Modelos anteriores para a construção de empresas que dependiam de bolsas do governo ou de dinheiro do próprio negócio, sem muito investimento externo, rapidamente abriram caminho para um influxo de financiamento de risco facilmente disponível. Esse investimento veio com a expectativa de crescimento rápido e mensurável. O número de empresas de VCs aumentou dez vezes entre os anos 1980 e 2000. A própria Stanford entrou no jogo, assumindo a posição de sócia inicial em mais de oitenta empresas fundadas no campus por seus alunos ou professores, incluindo, é claro, aquelas criadas por alunos que abandonavam a faculdade, por exemplo, o Google.[24] Em 2000, o total de investimento de capital de risco passava dos 100 bilhões de dólares, e empresas fundadas por VC formavam 20% das empresas de capital aberto nos Estados Unidos e quase um terço da capitalização total de mercado nos Estados Unidos.[25] Embora a maior parte das empresas que recebem investimentos de VC não dê certo, uma análise constatou que, de todas as empresas de capital aberto fundadas depois de 1979, 43% foram patrocinadas por VCs e somam quase 60% do valor total de mercado.[26]

A raridade de encontrar ou ajudar a desenvolver unicórnios é um forte incentivo para as empresas rapidamente se tornarem líderes em seus setores. Reid Hoffman, o cofundador do LinkedIn e também sócio da empresa de capital de risco Greylock Partners, explicou isso por meio do conceito de *blitzscaling*: "Para priorizar a velocidade, você pode investir menos em segurança, escrever códigos que não sejam escaláveis e esperar que as coisas comecem a quebrar antes que você desenvolva ferramentas de garantia de qualidade e processos. É verdade que todas essas decisões causarão problemas mais tarde, mas você pode não ter um mais tarde se levar tempo demais desenvolvendo o produto".[27] Hoffman não é discípulo de Milton Friedman, no entanto, já que também escreveu:[28] "Nós acreditamos que as responsabilidades de alguém que faz *blitzscaling* vão além de simplesmente maximizar o valor para os acionistas enquanto obedecem à lei; você também é responsável por como as ações dos seus negócios impactam a sociedade de forma mais ampla". Mas pode ser difícil avaliar plenamente o impacto descendente de um negócio se existe um impulso incansável para lançar um produto e gerar lucro. Jack Dorsey reconheceu isso, tuitando (naturalmente) em 2018 que "recentemente nos fizeram uma pergunta simples: poderíamos medir a 'saúde' da conversa no Twitter? Isso pareceu imediatamente tangível, já que se referia ao entendimento de um sistema holístico em vez de só das partes problemáticas. Se você quer melhorar alguma coisa, você precisa ser capaz de medi-la".[29] Ele, então, sugeriu que o Twitter tentasse aceitar o desafio. Mas essa mensagem veio dois anos depois que operadores russos haviam inundado a plataforma com desinformação durante as eleições presidenciais americanas de 2016, abrindo caminho para as campanhas de desinformação locais em 2020.

Em uma das conversas em sala de aula em Stanford, Nicole Wong — que havia sido vice-presidente e segunda conselheira geral no Google antes de entrar no Twitter como diretora legal de produtos, sendo por fim apontada vice-chefe de tecnologia dos Estados Unidos na administração de Obama — discutiu a ênfase em engajamento do usuário nas plataformas on-line como o YouTube. Ela defendeu um movimento de "slow food" na tecnologia, no qual, em vez de valorizar velocidade e engajamento, as plataformas buscassem promover autenticidade, precisão e contexto do conteúdo. Relembrando seu tempo no Google, ela explicou que os problemas com plataformas como o YouTube tinham ficado claros apenas quando eles aumentaram a escala de produção, mas talvez a desaceleração no processo de lançamento de produtos pudesse levar a uma maior reflexão sobre seu potencial impacto e à capacidade de repensar os critérios que podem realmente indicar sucesso.

Embora a noção de uma abordagem mais lenta e mais reflexiva para o desenvolvimento de produtos de tecnologia certamente deva ser considerada, ela contrasta com as expectativas dos investidores em relação às suas empresas: lucros e retornos. "Investidores são uma máquina simples", Michael Siebel, CEO da Y Combinator contou à MIT *Technology Review*.[30] "Eles têm motivações simples e é muito claro que tipo de empresa eles querem ver." O foco em "crescimento rápido" para chegar a uma "saída" — seja uma IPO ou uma aquisição cara por uma empresa ainda maior — é um dos principais objetivos que as empresas de VC priorizam para as companhias nos seus portfólios. Na verdade, muitos VCs usam suas "saídas" de alto valor como uma medida de seu próprio valor. E com bilhões de dólares disponíveis para investimento — a quantidade de dinheiro gerida por firmas de VC cresceu de mais ou menos de 170 bilhões de dólares em 2005 para 444 bilhões de dólares em 2019[31] — não é de se espantar que a ênfase na velocidade da execução, nas métricas para medir resultados e nos lucros finais para os investidores leve a um ciclo em que o lema "avançar rápido e quebrar coisas" possa ser adotado com pouca reflexão até que seja tarde demais.

Também vale notar que, enquanto os patrocínios no mundo dos VCs continuam a crescer, a forma como esse dinheiro é distribuído com frequência reflete uma visão estreita do que é um empreendedor de sucesso. John Doerr, falando na National Venture Capital Association em 2008, notavelmente descreveu que ser um homem nerd "se destaca mais que qualquer outro fator de sucesso que eu vi nos maiores empreendedores do mundo. Se você olhar para [o fundador da Amazon, Jeff] Bezos, ou [o fundador do Netscape, Marc] Andreessen, [o cofundador do Yahoo] David Filo, ou os fundadores do Google, todos eles parecem ser brancos, homens, nerds que abandonaram Harvard ou Stanford, sem nenhuma vida social".[32] Mas buscar padrões assim em quem deve ser financiado também leva a desigualdades na forma como os empreendedores podem ser avaliados pelos VCs que estão recebendo suas propostas.

De fato, os dados revelam desigualdades gritantes de patrocínio por gênero e raça dos fundadores. A CrunchBase, um conhecido provedor de informações sobre start-ups que produz uma análise anual da distribuição de investimentos de risco, relatou que apenas 2,3%[33] dos financiamentos foram para start-ups lideradas por mulheres em 2020, um declínio de 2,8% em relação ao ano anterior. Para contextualizar, outro relatório da CrunchBase afirmou que "20% das start-ups globais que tiveram a primeira rodada de financiamento em 2019 [têm] uma fundadora mulher".[34] Disparidades parecidas podem ser vistas em relação à raça. Entre 2015 e 2020, apenas 2,4% do total de investimento de capital de risco foram para empresários negros ou latinos, embora os dados do censo americano de 2019 relatem que 18,5% da população dos Estados Unidos é hispânica ou latina e 13,4% da população é negra ou afro-americana.[35] A distribuição desigual de investimentos de risco cria desigualdade para quem é financiado para desenvolver tecnologias e, por sua vez, para quem escolhe o que deve ser otimizado e para quem.

A NOVA GERAÇÃO DE INVESTIDORES DE RISCO

No mundo da tecnologia, um engenheiro bem-sucedido é também um potencial futuro investidor de risco, e essa identidade dupla cresceu significativamente nos últimos anos. Em Stanford, os VCs exibem suas novas empresas no gramado ao lado do Edifício Gates de Ciência da Computação enquanto distribuem chá gelado e chapéus para recrutar os alunos que saem das aulas, e estudantes de engenharia abordam vcs em competições de planos de negócios organizadas por alunos. Apesar de oferecer financiamento para que alunos de graduação abandonem o curso para abrir uma empresa, Peter Thiel, como outros vcs, com frequência dá aulas no campus. As fronteiras porosas entre o talento técnico e as firmas que o patrocinam criaram um motor de crescimento sem precedentes. De acordo com um estudo publicado por Stanford em 2011, se as empresas abertas por formandos de Stanford, frequentemente financiadas por outros formandos de Stanford, fossem sua própria nação independente, ela seria a décima maior economia do mundo.[36] Isso também cria um olhar voltado para dentro e um sistema de autorreforço cujos valores se tornam cada vez mais distantes do mundo do lado de fora.

Para muitos engenheiros que se viram ricos depois do boom das empresas pontocom no final dos anos 1990, o próximo passo era se tornar investidor-anjo ou investidor de risco. Da mesma forma que os engenheiros de hardware dos anos 1970 e 1980 provocaram uma mudança no financiamento de risco de Wall Street e do mundo financeiro da Costa Leste para Sand Hill Road e o mundo de software da Costa Oeste, muitos dos engenheiros que surfaram na primeira onda das pontocom acabaram na posição de financiar a rodada seguinte de empresas de tecnologia. Marc Andreessen trocaria os jeans que ele usou na capa da *Time* por um blazer e fundaria a empresa de capital de risco Andreessen Horowitz com seu antigo colega Ben Horowitz em 2009. A firma deles se tornaria uma investidora do Twitter, Instagram, Facebook, Pinterest, Lyft e Airbnb.

Em uma matéria de 2011 do *The Wall Street Journal*, frequentemente citada, "Por que o software está comendo o mundo", Andreessen explicou como as necessidades de capital das empresas de tecnologia mudaram:

> Nos bastidores, ferramentas para programação de software e serviços baseados na internet tornaram fácil lançar novas start-ups globais baseadas em software em muitas indústrias — sem a necessidade de investir em novas infraestruturas e treinar novos funcionários. Em 2000, quando meu sócio Ben Horowitz era CEO da primeira empresa de computação na nuvem, a Loudcloud, o custo de um cliente rodar um aplicativo de internet básico era de aproximadamente

150 mil dólares por mês. Rodar o mesmo aplicativo na nuvem da Amazon de hoje custa cerca de 1.500 dólares por mês.[37]

Assim, as necessidades de capital drasticamente reduzidas das empresas de software permitiram que a mentalidade da otimização desenvolvesse novos modelos para a criação de empreendimentos de risco.

Uma ideia-chave ao aplicar a otimização a problemas complexos é a noção de otimizar a partir de diversos pontos de partida. Traduzido para o mundo das start-ups, isso significa que, se você financiar apenas um pequeno número de empresas, suas chances de encontrar um eventual unicórnio serão limitadas. Mas, se você financiar um grande número de empresas, você terá mais oportunidades de fazer um gol. Cada investimento dá um novo ponto de partida para seu processo de otimização do lucro. Essa noção é apoiada ainda pela observação de um investidor de risco, Dave McClure, de que "a maior parte dos investimentos fracassa, alguns dão certo e muito poucos têm sucesso para além dos nossos sonhos mais loucos".[38] A conclusão dele é que, "se unicórnios surgem em apenas 1% a 2% do tempo, a lógica diz que o portfólio deve incluir um mínimo de 50 a mais de 100 empresas para que possa haver uma chance razoável de se capturarem essas criaturas míticas e fugidias".[39]

Uma das firmas de capital de risco mais conhecidas por perceber o potencial de aumentar intensamente o número de investimentos em start-ups é a Y Combinator, fundada em 2005. O nome da empresa vem da teoria da computação e se refere à função que gera outras funções. De fato, o objetivo da Y Combinator é criar outras empresas. Dado seu nome tecnológico, talvez não seja surpresa que três dos quatro fundadores da empresa tenham doutorado em ciência da computação. Eles fizeram sua fortuna inicial abrindo e vendendo uma empresa anterior, a Viaweb, para o Yahoo! em 1998 por 50 milhões de dólares.

A Y Combinator — YC, para simplificar — é com frequência chamada de "aceleradora" de start-ups, já que ela não apenas investe em empresas muito novas, mas ajuda a reunir pequenos grupos de empresários em "levas" para criar esses empreendimentos e auxiliá-los no processo de obtenção de um investimento adicional. Seu acordo-padrão é investir 125 mil dólares em troca de 7% da empresa, considerando o fato de que os custos de infraestrutura para empresas de internet despencaram nos últimos anos.

A YC cultiva a mentalidade da "start-up enxuta" na qual existe o incentivo para construir um produto mínimo viável, disponibilizá-lo para potenciais usuários para descobrir o que repercute e então modificá-lo rapidamente para experimentar novas possibilidades caso as ideias iniciais não ganhem tração. Em essência, eles aplicam o processo de otimização para descobrir ideias e características de produtos que os consumidores considerariam usar. Mostrar certa adoção antecipada pelo usuário — o desejado potencial de "produto que se encaixa no mercado" —, por sua vez, maximiza a possibilidade de desenvolver algo que anime os potenciais investidores a apostar na empresa e oferecer o capital para ajudá-la a levar o produto inicial ao nível seguinte e (com ainda mais financiamento) ao nível depois desse.

Aos dezenove anos, Aaron Swartz era membro da primeira leva de empreendedores da YC, em 2005. Ele abandonou Stanford para se dedicar à Infogami, a empresa que ele formou em sua participação no programa. Incapaz de conseguir investimento suficiente para continuar com a Infogami como um projeto único, ele foi convencido pelos executivos da YC a fundir sua frágil empresa com outra start-up, o que gerou o Reddit e rendeu a Swartz o título de "cofundador do Reddit" no caminho.

Como a maior parte das firmas de capital de risco, a YC tem atitudes ativas para promover o sucesso das empresas em seu portfólio. Duas vezes por ano eles organizam o "Demo Day", quando empreendedores apresentam as start-ups em que vêm trabalhando durante os últimos meses para uma série de investidores de risco e investidores-anjo — com frequência engenheiros, que depois de obter "saídas" lucrativas de empresas anteriores têm contas bancárias pessoais polpudas com as quais podem fazer investimentos em novos empreendimentos. Nos últimos anos, cada Demo Day incluiu mais de cem start-ups apresentando-se para cerca de mil frequentadores, muitos dos quais se candidatam para ir a esse evento exclusivo para convidados. Os resultados para as empresas que se apresentam são consideráveis. A YC relata que "cada leva de empresas da YC arrecada cerca de 250 milhões de dólares de capital inicial nas semanas seguintes ao Demo Day".[40] Com duas levas por ano, isso é cerca de meio bilhão de dólares de capital por ano indo para as start-ups de apenas uma organização. Como a YC observou recentemente em seu site, "desde 2005, a Y Combinator financiou mais de 2 mil start-ups. Nossas empresas têm um valor combinado de mais de 100 bilhões de dólares"[41], e incluem nomes de empresas da *gig economy* como a DoorDash, a Instacart e o Airbnb, além da empresa de carros autônomos Cruise. O programa da YC é tão competitivo, que só o fato de ser aceito nele com frequência é algo ostentado como um símbolo de sucesso pelos potenciais empreendedores, mesmo que sua ideia de start-up acabe se tornando um fracasso. Sem querer ficar de fora da ação, em 2011 Andreessen Horowitz criou um fundo à parte para investir 50 mil em cada start-up aceita pelo programa da YC.[42] É claro que ter vários pontos de entrada para otimizar pode gerar belos lucros.

Apesar do que os executivos de algumas grandes empresas de tecnologia possam afirmar para os legisladores no Capitólio sobre sua capacidade de equilibrar os lucros enquanto ainda conquistam outros valores sociais, o cenário emergente das empresas de tecnologia pede maior controle para que se garanta que todos os participantes estejam aderindo aos valores que a sociedade quer promover. Hoje, o foco pode estar em chamar Mark Zuckerberg para depor no Congresso, ou mesmo em aprovar ações antitruste contra as maiores empresas, mas existem literalmente centenas de potenciais Zuckerbergs na fila para desenvolver o próximo produto revolucionário, disruptivo, otimizador e com potenciais danos sociais. Não é só uma questão de identificar os problemas com os mais famosos empresários. Tampouco é uma questão de identificar as empresas problemáticas cujas consequências sociais danosas devem ser controladas. Nós precisamos ter clareza a respeito dos valores com os quais nos importamos para entender como criar regras para muitas outras empresas amanhã.

Empresas de tecnologia transformam o poder de mercado em poder político

As empresas de tecnologia agora estão empenhadas em transformar seu capital de mercado em capital político. Em resposta aos pedidos cada vez maiores por regulamentação, as empresas estão reagindo por meio de lobby, de ações de relações públicas para mudar a opinião do público e de engajamento direto com legisladores para influenciar as leis. Os engenheiros não apenas se tornaram investidores, eles agora estão tentando criar as regras de como são, ou não, regulados. É uma mudança incrível desde os primórdios dos hackers contraculturais — pessoas que talvez conversassem on-line com John Perry Barlow a respeito do Grateful Dead no Whole Earth 'Lectronic Link (WELL) — para os que hoje buscam influenciar a arena política para o benefício financeiro de suas empresas.

Em 2008, a Assembleia Geral de Illinois aprovou o Ato de Privacidade de Informação Biométrica (BIPA, sigla em inglês), uma legislação revolucionária que limita o recolhimento e o uso de dados biométricos, como digitais e geometria facial (que pode ser inferida a partir de fotografias). A lei exige que as empresas que coletam esses dados biométricos obtenham consentimento escrito de seus usuários. E as multas por descumprimento são altas: elas vão de 1 mil a 5 mil dólares por pessoa por violações.

Em 2015, o Facebook foi processado sob essa lei com base no uso de tecnologia de reconhecimento facial para identificar o rosto dos usuários em fotos. Enquanto brigava nos tribunais, nos quais o potencial de bilhões de dólares em multas o ameaçava, o Facebook também foi acusado de tentar acabar com a legislação em si. O senador Terry Link, que tinha apresentado a legislação original do BIPA, propôs uma emenda que removeria a informação derivada de fotografias dos tipos de dados para os quais o BIPA exigia consentimento. A emenda teria eliminado a base do processo contra o Facebook. Mas, ao enfrentar uma reação dura de grupos de defesa da privacidade e mesmo do procurador-geral do estado, a emenda finalmente foi retirada. Os advogados da acusação no caso alegaram que "o Facebook e diversas outras empresas do Vale do Silício têm feito lobby para essa mudança".[43] O Facebook negou a acusação de lobby, mas registros públicos mostram que ele fez contribuições para diversos apoiadores da emenda.[44]

No fim, o processo seguiu em frente, e no início de 2020 o Facebook fechou um acordo de 550 milhões de dólares. Pode parecer uma soma notável, mas, na verdade, é um bom desconto quando comparado à pena máxima de 47 bilhões de dólares que eles poderiam ter de enfrentar.[45] O juiz do caso concordava com isso e perguntou: "São 550 milhões de dólares. É bastante. Mas a pergunta é: é mesmo bastante?".[46] Em resposta às preocupações do juiz, o Facebook aumentou o acordo para 650 milhões de dólares e mudou sua configuração de reconhecimento facial para algo que precisa ser ativado nos sistemas do mundo todo. Em fevereiro de 2021, o acordo foi finalmente aprovado. É claro que o juiz estava certo em questionar se a multa era realmente alta. O lucro do Facebook só nos três primeiros meses de 2020 foi de mais de 17 bilhões de dólares. Ele poderia facilmente pagar a multa e seguir como sempre, sem falar na continuação do lobby e das contribuições de campanha.

O poder de mercado dos grandes *players* pode se traduzir em influência e espaços significativos na esfera política. Quando as empresas são ameaçadas com a aprovação de novas regulamentações, elas aprendem a usar sua influência e seu dinheiro para resistir à regulamentação e moldar as políticas. Alvaro Bedoya, diretor-executivo do Centro de Privacidade e Tecnologia da Universidade de Georgetown, disse a um repórter durante o caso BIPA que a abordagem do Facebook foi: "Se você nos processa, isso não se aplica a nós; se você disser que se aplica a nós, vamos tentar mudar a lei".[47] Não é de se espantar que em setembro de 2019 Zuckerberg tenha ido a Washington, D.C., para uma reunião a portas fechadas com legisladores. Um relato da *Axios* citava um representante do Facebook dizendo: "Mark estará em Washington para se encontrar com políticos e conversar a respeito de regulações futuras para a internet. Não há nenhum evento público programado".[48] Reuniões particulares como essa, que excluem o discurso público e têm pouca supervisão, permitem que os executivos das empresas pressionem os legisladores a buscar políticas favoráveis aos seus negócios ou argumentem que suas empresas são capazes de se "autorregulamentar", o que tornaria novas regulamentações desnecessárias.

É uma gestão racional alocar seus recursos de forma a maximizar o impacto no lucro de seu negócio, e isso pode incluir o poder político conquistado por lobby. Em 2019 e 2020, o Facebook e a Amazon gastaram mais em lobby federal do que qualquer outra empresa,[49] superando até mesmo firmas de defesa como a Lockheed Martin. Como o deputado David N. Cicilline, de Rhode Island, explicou, "essas empresas, pelo fato de serem tão grandes, têm um poder econômico tremendo e um poder político tremendo. E elas estão gastando centenas de milhões de dólares para tentar proteger o *status quo*".[50] As empresas de tecnologia também estão gastando milhões em lobby com os reguladores europeus para combater seus esforços a fim de limitar a publicidade digital, contribuindo para o que alguns chamam de "washingtonização de Bruxelas".[51] Essas ações de lobby provavelmente não vão diminuir tão cedo, mesmo que essas empresas caiam sob um escrutínio antitruste mais amplo.

Um dos *fronts* de batalha recentes na busca das empresas de tecnologia por influência na regulamentação foram os esforços da Califórnia para reconhecer trabalhadores da *gig economy* — motoristas de Uber e Lyft e entregadores de empresas como a DoorDash, por exemplo — como funcionários em vez de terceirizados. Em 2019, a Câmara dos Deputados da Califórnia aprovou o Projeto de Lei 5 (AB 5, em inglês) com o objetivo de reclassificar milhares de trabalhadores independentes como funcionários, garantindo assim diversos benefícios a eles, como salário-mínimo, seguro-desemprego e licença médica. A lei foi um caso clássico de governo tentando conter uma externalidade negativa criada por uma empresa que busca lucro. A deputada Lorena Gonzalez, uma das autoras da lei, descreveu sua motivação: "Como legisladores, não vamos permitir com a consciência tranquila que empresas sejam livres para continuar a repassar os custos de seus negócios para os contribuintes e trabalhadores".[52] Oferecer esses benefícios custaria a empresas como Uber e Lyft milhões de dólares. A resposta delas foi imediata. Primeiro, tentaram obter uma liminar contra a nova lei, o que adiaria sua data de início. Isso foi negado. Então, as empresas ameaçaram encerrar suas operações no estado. Enquanto isso, trabalhavam em um referendo, a Proposição 22, que definia "motoristas de transporte por aplicativo (caronas) e de entregas como trabalhadores independentes e [a adoção de] políticas trabalhistas e de salário específicas para motoristas e empresas baseadas em app", o que efetivamente as liberaria das exigências da AB 5.[53] Um consórcio de empresas de tecnologia que incluía Uber, Lyft e DoorDash arrecadou mais de 200 milhões de dólares para que a Proposição 22 fosse votada e para elogiá-la para o eleitorado, o que incluía alertas em smartphones para milhões de usuários, incentivando-os a votar na proposta.[54] O texto da proposta também apresentava um termo que impedia o Legislativo de criar emendas a essas disposições a menos que alcançasse uma maioria de sete oitavos, uma tarefa quase impossível.

Em 3 de novembro de 2020, os cidadãos da Califórnia votaram a favor da Proposição 22 com uma margem de quase vinte pontos. A votação não apenas arrasou o AB 5 na Califórnia, mas enviou uma mensagem clara para os outros estados que tentavam oferecer mais direitos para os trabalhadores terceirizados da *gig economy*: eles encontrariam campanhas de lobby muito bem financiadas e provavelmente acabariam falhando. Embora seja difícil saber todas as razões que levaram os eleitores a aprovar a medida, as ações de publicidade muito bem financiadas das empresas cujos interesses estavam em jogo foram indiscutíveis. E sua habilidade para contatar não apenas os motoristas e os entregadores que trabalhavam para eles, mas também os usuários de seus aplicativos, deu-lhes um meio direto de comunicação — e influência — com as pessoas que seriam mais diretamente impactadas pela aprovação da proposta. Era uma propaganda política praticamente gratuita a cada vez que um usuário abria o aplicativo no celular. Como o professor da Universidade de Nova York Arun Sundararajan afirmou para o *The Verge*, "eu duvido que o eleitor médio tenha pesado os prós e os contras da lei trabalhista em torno do AB 5 em oposição aos da nova iniciativa. Eles têm sentimentos positivos em relação às plataformas [de tecnologia], não querem uma disruptura em algo de que dependem, e portanto eles votaram a favor das plataformas".[55] De fato, com o Lyft afirmando que "mais de 90% dos empregos de motoristas por aplicativo poderiam desaparecer" se a Proposição 22 não fosse aprovada, é provável que tanto os motoristas como um número muito maior de pessoas que dependem do aplicativo para corridas votassem a favor da proposta sem necessariamente ler todos os detalhes da legislação, muito menos dedicando tempo para analisar suas implicações.[56]

O cenário da legislação e das iniciativas de referendo que impactam as empresas de tecnologia só vai continuar a crescer. A batalha sobre a neutralidade da rede, em que muitos consumidores compartilham da posição assumida por Netflix, Google, Facebook e Amazon de que os provedores de internet não deveriam poder cobrar taxas diferentes para acesso a certos serviços, agora abriu caminho para que o governo federal considere adotar ações antitruste contra muitas dessas mesmas empresas, com frequência com a bênção dos consumidores. Como a presidente da Câmara dos Estados Unidos, Nancy Pelosi, afirmou: "O poder econômico concentrado de forma ilimitada na mão de poucos é algo perigoso para a democracia — especialmente quando as plataformas digitais controlam conteúdo. A era da autorregulamentação acabou".[57] Isso ainda está em aberto. As empresas de tecnologia não vão aceitar uma regulamentação sem brigar. Um resultado é claro: estamos em uma terra diferente daquela a que John Perry Barlow achou que chegaríamos.

3
A CORRIDA DO TUDO OU NADA ENTRE DISRUPTURA E DEMOCRACIA

Anos atrás, em outro jantar no Vale do Silício, Reid Hoffman falou abertamente e ofereceu sua perspectiva sobre a crescente indignação pública contra as empresas de tecnologia. Se você é CEO de uma empresa de tecnologia, ele disse, sua única preocupação são seus concorrentes. As cinco maiores empresas da indústria de tecnologia — Google, Facebook, Apple, Microsoft e Amazon — estão em uma corrida uma contra a outra por talentos, e cada uma delas acredita que pode ser extinta pela outra em um piscar de olhos. Quando o Facebook se mudou para um novo campus corporativo, Mark Zuckerberg deixou na entrada a placa da ocupante anterior, Sun Microsystems, como um lembrete aos funcionários do quão rápido uma empresa dominante pode ser deixada para trás.

Mesmo que a posição de mercado de uma empresa pareça segura, as grandes empresas de tecnologia da China estão crescendo enlouquecidamente. Como o antigo CEO da Intel Andy Grove disse no título de seu livro, por uma boa razão: *Só os paranoicos sobrevivem*. Em um mundo marcado por esse profundo sentimento de insegurança, Reid sugere, a ameaça de regulamentação do governo é secundária. O objetivo de qualquer CEO, ele explicou, é inovar constantemente.

Embora Hoffman acredite no papel importante que o governo pode desempenhar, um número surpreendente de colegas do setor de tecnologia discorda disso. O casamento entre a mentalidade da otimização e a busca pelo lucro é acompanhado por uma abordagem inegavelmente libertária da política e do papel do governo no mercado. A inovação desenfreada pode gerar dificuldades para que o governo, focado nas leis que atendam às demandas e necessidades dos cidadãos, acompanhe seu desenvolvimento. De seu jeito tipicamente contrário, Peter Thiel disse: "Uma das coisas notáveis ao falar com as pessoas que trabalham com política em D.C. é que é muito difícil dizer o que qualquer uma delas realmente faz".[1] Ele argumenta que a culpa da desaceleração na inovação tecnológica na verdade é do governo — e esse é um risco que ele acredita que precisamos evitar.

Isso não é só um estereótipo do Vale do Silício. Essa tendência libertária podia ser vista na Declaração de Independência do Ciberespaço feita por John Perry Barlow em 1996 e nas raízes contraculturais de muitos entusiastas da computação dos anos 1970 e 1980. Hoje em dia, porém, ela é dominante. Um estudo recente de Stanford mapeou sistematicamente atitudes libertárias dos novos líderes tecnológicos — uma mistura peculiar de visões socialmente progressistas e economicamente conservadoras —, que se mostraram ainda mais hostis à regulamentação do que eram os milionários tradicionais. Os pesquisadores concluíram que essa adoção de visões libertárias se manifesta cedo, mesmo entre os graduandos em ciência da computação.[2]

Talvez esse desprezo pelo governo intervencionista seja merecido. Afinal, políticos e legisladores com frequência não têm o conhecimento necessário das tecnologias emergentes para fazer boas escolhas regulatórias. Bill Foster, físico e um dos poucos membros do Congresso com doutorado, notou em 2012 que apenas 4% dos membros do Congresso tinham formação técnica. "A maior parte dos membros do Congresso não entende o suficiente sobre ciência e tecnologia para saber que perguntas fazer", disse o ex-deputado Rush Holt, de Nova Jersey, "e, portanto, eles não sabem as respostas que estão perdendo."[3] Além disso, os potenciais efeitos das novas tecnologias são tão incertos que é razoável se perguntar se os reguladores deveriam simplesmente reagir aos desenvolvimentos em vez de restringir proativamente a mudança tecnológica. Por fim, se esses aspectos não são suficientes para sabotar o argumento em favor de um papel ativo do governo, os líderes de tecnologia têm a tendência de dizer algo parecido com: "Se o governo americano ficar no caminho então... China". O bicho-papão da dominância chinesa na tecnologia é suficiente para acovardar muitos defensores de uma supervisão regulatória mais ativa.

Onde essa visão antigovernamental deixa o restante de nós? Porque, se dermos um passo para trás, regulamentação é apenas uma palavra carregada para uma coisa importante: ações realizadas por aqueles que elegemos para transformar nossos valores compartilhados (e reconciliar nossas diferenças) em regras que sirvam ao interesse comum. Então, quando os engenheiros e os investidores de risco criticam a regulamentação do governo, eles estão na verdade rejeitando o papel das instituições democráticas de estabelecer regras para um jogo justo, facilitando a cooperação que beneficie todos e nos ajudando a lidar com (potenciais) efeitos negativos das novas tecnologias.

Se as políticas democráticas não têm um papel a desempenhar, qual é a alternativa preferida dos tecnologistas? Talvez a obsessão de Mark Zuckerberg por imperadores romanos (suas duas filhas se chamam Maxima e August, e ele passou parte de sua lua de mel em Roma tirando fotos de esculturas do imperador Augusto) nos ofereça uma pista.[4] Como acontece com Platão, existe uma fé quase a-histórica em uma nova geração de reis filósofos — desta vez, uma tecnocracia governada não por filósofos, mas por tecnologistas motivados pelas coisas certas, que têm intenções puras e podem projetar desenvolvimentos sociais magníficos se todo mundo sair do caminho deles.

A questão é se essa é uma forma de governo que estamos dispostos a aceitar. Se não, estamos preparados para abrir mão de outras coisas, como o desenvolvimento tecnológico irrestrito, para garantir a supervisão democrática dessas inovações?

INOVAÇÃO *VERSUS* REGULAMENTAÇÃO NÃO É ALGO NOVO

Em 25 de março de 1911, na cidade de Nova York, uma fábrica de roupas da Triangle Waist Company pegou fogo e resultou na morte de 146 trabalhadores, um dos acidentes industriais mais fatais da história americana. Como descrito em detalhes sórdidos pelos jornais da época, as condições precárias da fábrica, incluindo portas e janelas trancadas e escadas de incêndio inadequadas, fizeram com que os trabalhadores ficassem presos dentro da fábrica enquanto ela queimava. As vítimas, 123 das quais eram mulheres e meninas, sucumbiram ao fogo ou à inalação de fumaça, ou saltaram para a morte de uma das janelas do prédio de dez andares. Para ativistas trabalhistas como Frances Perkins, que depois se tornou a primeira mulher a ter uma posição no governo ao servir como ministra do Trabalho do presidente Franklin D. Roosevelt, o incêndio foi a prova de que "algo precisa ser feito". Mais de 100 mil pessoas compareceram ao funeral das vítimas — uma procissão que marcou um momento decisivo na campanha pelos direitos dos trabalhadores.

Até esse ponto, os esforços para melhorar a segurança no local de trabalho tinham tido pouco progresso. A Europa e a América do Norte estavam em meio a uma revolução industrial — com a emergência da produção mecanizada organizada em diversas formas —, e as fábricas dickensianas da indústria de vestuário eram um dos melhores exemplos disso. As novas máquinas eram mais eficientes do que o trabalhador humano sozinho, e, quando as máquinas podiam ser operadas por imigrantes mal pagos, os donos das fábricas tinham ganhos enormes de produtividade e lucro. Entre 1870 e 1900, o emprego em fábricas têxteis dobrou, o investimento de capital triplicou e Nova York passou a dominar a indústria, produzindo mais de 40% das roupas do país.[5] Embora o período também tenha visto a fundação do Sindicato Internacional dos Trabalhadores de Moda Feminina (ILGWU, sigla em inglês) em 1900, protestos e greves eram casos isolados que raramente atraíam muita atenção pública. Com as fábricas cheias de jovens mulheres imigrantes precisando desesperadamente de trabalho, as preocupações dos trabalhadores ficaram em segundo plano em relação aos interesses comerciais dos proprietários e dos consumidores, que ficaram maravilhados com a eficiência e se refestelaram em um período de crescimento extraordinário, preços mais baixos e maior diversidade nas roupas disponíveis para a crescente classe média dos Estados Unidos.

O incêndio trouxe uma nova urgência à luta dos trabalhadores industriais. O *New York Times* e o *World* atribuíram a culpa claramente às atitudes de uma empresa negligente e indiferente e se uniram a um coro de jornais ativistas que já defendiam causas progressistas. Eles pediram ação do governo para prevenir que tragédias como essas acontecessem de novo, colocando pressão em políticos como o governador de Nova York, John Dix, que anteriormente dissera que não poderia tomar nenhuma providência em resposta ao incêndio.

Os sindicatos transformaram indignação em poder político e, em 1912, haviam organizado mais de 90% dos trabalhadores da indústria de vestuário de Nova York. Os políticos começaram a reconhecer que uma estratégia de "esperar pra ver" em relação aos direitos trabalhistas não seria suficiente e passaram a pedir investigações e processos conforme a pressão aumentava. Mais de uma década depois que o ILGWU começou a mobilizar os trabalhadores da indústria de vestuário, a Câmara dos Deputados do estado de Nova York estabeleceu a Comissão Investigativa Fabril, com Frances Perkins como diretora. A comissão ganhou "poderes amplos de averiguação de riscos de incêndio, além de outras condições que afetam adversamente o bem-estar dos trabalhadores".[6]

Uma onda de legislação progressista para direitos trabalhistas veio logo em seguida. A comissão garantiu a aprovação de 36 leis estaduais em Nova York em apenas três anos, incluindo medidas de prevenção de incêndio e limitação de horas de trabalho e de trabalho infantil. Além do foco nas condições de trabalho, o conceito de indenização dos trabalhadores decolou; apenas em 1911, onze estados aprovaram medidas de indenização de trabalhadores, e em 1948 todos os estados garantiam o benefício. Décadas depois do surgimento das fábricas de roupas, infelizmente foi preciso uma tragédia para que os legisladores finalmente tomassem uma atitude para tratar das condições perigosas desse trabalho. Quando as consequências sociais da atividade industrial se tornam intoleráveis, o governo age.

Com frequência se diz que o livre mercado é o motor mais poderoso de inovação e progresso humano que o mundo já viu. A ideia contém bastante verdade; mercados descentralizados conduzidos por empreendedores e empresas privadas têm sido os motores do crescimento econômico. Ainda assim, não existe um mercado completamente livre de regras e regulamentações. Para começar, os investimentos públicos em universidades, assim como na indústria, são cruciais para a descoberta científica e a inovação tecnológica, incluindo os tijolos básicos da tecnologia moderna, como microchips e a internet. E a operação saudável de um mercado dinâmico depende de o governo criar e fiscalizar as regras de um jogo justo, como leis de propriedade intelectual e patentes, leis antitruste e direitos do consumidor.

No entanto, os mercados funcionam melhor quando lhes é deixado um espaço amplo pelo governo. Isso cria um dilema complicado. Por um lado, os políticos relutam em atrapalhar o caminho do progresso, e as empresas que se beneficiam de um mercado sem restrições estão determinadas a evitar que o governo diminua o ritmo da mudança. Por outro, as democracias têm objetivos como proteger direitos individuais e garantir segurança básica e estabilidade coletiva que vão além do crescimento econômico. Nossos representantes eleitos precisam descobrir como alcançar esses objetivos sem sacrificar os benefícios do livre mercado — ou comprometer a base de apoio político que os mantém no poder.

O resultado é uma dança previsível entre profissionais de tecnologia que fazem novas descobertas, empresários, reguladores e cidadãos comuns. A coreografia começa quando a engenhosidade humana e o capital privado geram avanços tecnológicos extraordinários que levam a benefícios econômicos de larga escala. Novas empresas, experimentando com novas tecnologias, proliferam. Com o tempo, os efeitos das novas tecnologias reverberam pela sociedade, o mercado se consolida e as pessoas percebem que as inovações lhes criaram uma série de problemas, frequentemente consequências negativas ou poder de mercado concentrado, o que coloca outros valores em risco. Sob pressão, os governos, então, tentam regulamentar essas novas tecnologias ou indústrias de forma a minimizar esses danos, mas muitas regulamentações inibem a inovação ou se tornam rapidamente desatualizadas, diminuindo assim sua eficiência. Esse ciclo demonstra quão desafiadora é a tarefa dos reguladores: os avanços tecnológicos muitas vezes são cientificamente complexos; as ramificações sociais são difíceis de prever até que, devido a um escândalo ou desastre, os danos fiquem óbvios; um progresso significativo é difícil de ser alcançado politicamente, e ajustar as regulamentações é desafiador depois que já foram adotadas.

O mesmo enredo se repetiu várias vezes na história do relacionamento entre o governo e as empresas de telecomunicações. Tome o telégrafo — o sistema de mensagem de ponto a ponto inventado no século XIX. O primeiro telégrafo de uso comercial foi construído em 1839 na Grã-Bretanha, e na década de 1850 a indústria americana já era altamente competitiva com diversos provedores servindo rotas idênticas. Embora fosse caro construir telégrafos, vinte empresas já haviam instalado mais de 37 mil quilômetros de cabos em 1852.[7] Mas os lucros desse novo negócio eram pequenos, especialmente porque a falta de integração do sistema significava que os provedores precisavam seguir investindo em infraestrutura para aumentar sua base de clientes. A consequência foi um período de consolidação nos Estados Unidos durante o qual a Western Union emergiu como monopólio no oferecimento de telegrafia de longa distância no final da década de 1860. Embora o governo federal tenha dado hesitantes passos para restringir o poder da Western Union, a legislação tinha um efeito prático limitado, e o governo não mostrava nenhuma disposição para ações mais agressivas que controlassem o domínio da empresa.

De acordo com um acadêmico de direito da Universidade Columbia, Tim Wu, durante a segunda metade do século XIX, a Western Union "foi capaz de cobrar preços de monopólio, apoiar um monopólio de notícias (a Associated Press) e discriminar clientes desfavorecidos".[8] Esse poder de mercado se traduziu em poder político conforme a empresa usava o acesso à sua rede de notícias como isca para moldar o comportamento de políticos. Foi apenas em 1910 que o Congresso finalmente agiu com firmeza, declarando que empresas de telegrafia e telefone eram o que os economistas hoje chamam de monopólios naturais, com a obrigação de oferecer seus serviços a um preço razoável para todos os clientes sem discriminação. Quase cinquenta anos depois que problemas como o poder de mercado da Western Union começaram a emergir, os legisladores finalmente entraram no jogo. As medidas de "fornecedor comum" que o Congresso adotou no início do século XX para prevenir a discriminação injusta — regras que evitavam que as principais empresas no transporte de mercadorias, pessoas e informações explorassem essa posição de poder — seguem sendo a base para as regulamentações telefônicas hoje, embora muito no modo como nos comunicamos uns com os outros tenha mudado nesse meio-tempo.

Contudo, mesmo com uma grande vitória legislativa, quando as tecnologias mudaram o governo teve dificuldades para se manter atualizado em relação aos novos desenvolvimentos.[9] Na década de 1910, depois que o telefone substituiu totalmente o telégrafo, a AT&T conquistou uma posição dominante no mercado de longa distância ao adquirir empresas de telefonia local, consolidar sua posição e negar interconexão aos seus concorrentes. A ameaça de uma ação antitruste pelo governo federal em 1913 levou a AT&T a concordar que empresas locais se conectassem ao sistema de longa distância. Mas, com seu poder econômico e político, a empresa desenvolveu soluções alternativas, e a fiscalização era frouxa. O poder e os lucros da AT&T cresceram, e os consumidores se tornaram reféns de um monopólio basicamente não regulado no oferecimento de serviços telefônicos. Demorou quase duas décadas para que o governo federal realizasse uma remodelação regulatória significativa: o Ato de Comunicações de 1934. A legislação estabeleceu a Comissão Federal de Comunicações (FCC, em inglês), um novo órgão do governo com a responsabilidade de exercer o papel de regulador federal tanto do rádio como da telefonia interestadual. Em sua essência, a nova legislação garantia que as empresas locais pudessem acessar conexões interestaduais e competir com provedores locais de serviços.

Durante as décadas seguintes, o ritmo das mudanças tecnológicas aumentou, enquanto a estrutura regulatória se manteve. A introdução da tecnologia de micro-ondas abriu caminho para novos concorrentes no mercado de longa distância — um mercado especialmente vulnerável porque o governo permitia que a AT&T cobrasse preços altos por ligações de longa distância para subsidiar o acesso universal. Serviços a cabo surgiram, mas, como o cabo ainda não entrava na jurisdição da FCC, o serviço se tornou sujeito a uma combinação confusa de regulamentações e normas locais. Com o alto custo das redes físicas do sistema a cabo, preocupações com o poder de mercado surgiram nessa área também. Nas décadas de 1980 e 1990, o mercado de comunicações estava sendo inundado com ainda mais alternativas, incluindo a transmissão direta por satélite e modelos futuristas, como os dados de "alta velocidade". A abordagem regulatória do governo, projetada para a época de Thomas Edison e a telefonia de longa distância dos anos 1930, estava amplamente desatualizada.

A corrida entre inovação e democracia é real. As tecnologias avançam rápido. É difícil prever seus efeitos, especialmente conforme elas desorganizam mercados existentes ou criam indústrias completamente novas. Criar um consenso político em torno de quais problemas precisam ser resolvidos e como resolvê-los não é fácil. E, quando o consenso é conquistado, a adaptação é difícil.

Diante dessa dança, é claro que nossa coreografia tradicional da regulamentação tem limites. Nas palavras do economista ganhador do Nobel Paul M. Romer, "encontrar boas regras não é um evento único".[10] Nossas regras precisam evoluir rapidamente conforme as novas tecnologias chegam. Elas precisam responder aos aumentos de escala. E elas precisam ser robustas para as ações oportunistas de indivíduos e empresas que vão tentar miná-las. Romer chama isso de Lei de Myron, em homenagem a outro economista ganhador do Nobel, Myron Scholes, que um dia comentou em um seminário que, "de forma assintótica, qualquer código finito de taxas coleta um lucro zero".[11] Com isso ele quis dizer que pessoas espertas vão achar uma forma de escapar de qualquer coisa fixa. O resumo é que nossas regras precisam ser tão dinâmicas quanto as tecnologias que elas devem regular.

O governo é cúmplice na ausência de regulamentação

O resultado que temos hoje nos Estados Unidos — um setor de tecnologia majoritariamente não regulado com poder de mercado crescente e danoso para indivíduos e a sociedade de uma forma impossível de ser ignorada — não é apenas consequência do fato de que a inovação tende a ultrapassar a regulamentação eficiente; ele também reflete escolhas deliberadas de políticos eleitos democraticamente nos anos 1990.

O governo Clinton se apresentou como muito avançado quando se tratava de tecnologias do futuro. Dois jovens políticos do Sul, Bill Clinton e Al Gore, viam seu momento no governo como uma mudança de geração, que exigia a reforma do Partido Democrata e o alinhamento com a revolução na comunicação de informação que começava a acontecer. Gore, em especial, era um defensor do que ele chamava de a "superestrada da informação". Antes de se tornar vice-presidente em 1992, ele foi o principal arquiteto do Ato de Comunicação e Computação de Alta Performance de 1991, que direcionou 600 milhões de dólares em financiamentos para pesquisa de computação e colaboração entre a academia e a indústria. Entre outras conquistas, a legislação criou a base para o trabalho de Marc Andreessen e outros na Universidade de Illinois que resultou no navegador Mosaic. Em 1994, o governo Clinton-Gore[12] criou o primeiro site da Casa Branca, levando ao mundo uma presença on-line para o governo federal nos primórdios do desenvolvimento da World Wide Web, antes de muitas outras empresas e universidades (no final de 1994, havia menos de 10 mil sites em todo o mundo).[13] Com um olho no futuro digital, Clinton e Gore anteciparam a explosão em serviços de informação e acreditavam que o capital privado e os livres mercados eram os principais veículos para conduzir a inovação por esse novo espaço.

Eles buscaram uma série de políticas consistentes com essa visão. O controle da internet foi mantido em mãos privadas em vez de empoderar o governo. Eles desregulamentaram empresas de telefonia móvel e conduziram leilões de espectro para apoiar o crescimento de empresas de comunicação sem fio que competiriam com os provedores tradicionais. Além disso, supervisionaram a aprovação do Ato de Telecomunicações de 1996, um divisor de águas na administração da internet que criou a base para o poderoso e problemático setor de tecnologia que confrontamos hoje.

No centro do Ato de Telecomunicações, estava uma distinção entre serviços de *telecomunicações* e serviços de *informação*. Essa distinção faz pouco sentido hoje, já que telefones, televisão e internet são basicamente indistinguíveis uns dos outros. Os poderosos smartphones nos nossos bolsos contêm todas essas funções e muitas outras. Mas, na época, o governo estava gerenciando um sistema antigo de empresas telefônicas enquanto procurava acelerar tecnologias futuristas de comunicação como banda larga e internet, que ainda estavam em sua infância. Portanto, a distinção entre os dois serviços não poderia ter sido mais importante. O antigo sistema de telefonia continuava sob as regras de "fornecedor comum" adotadas em 1910. Embora tenham sido tomadas medidas para promover a concorrência nos mercados telefônicos, o sistema ainda operava sob a supervisão do governo, dados o grau de poder de mercado e a necessidade de acesso universal e preços regulados.

Contudo, os legisladores adotaram um enquadramento totalmente diferente para a nova fronteira chamada serviços de informação. Na época, o setor tinha nomes importantes como a America Online e a CompuServe — empresas que deram a muitos de nós nossas primeiras janelas para a internet —, assim como redes privadas de dados ligando computadores e fax. Logo o setor cresceria para incluir também cabo e banda larga. Buscando acelerar o progresso até a superestrada da informação, o governo Clinton excluiu serviços de informação da tradicional regulamentação de fornecedor comum. Na verdade, o Ato de Telecomunicações foi um convite aberto para que os investidores e as empresas mergulhassem. O presidente da FCC na época, Reed Hundt, liderou a implementação pró-concorrência e a desregulamentação da lei, uma abordagem para a emergente indústria da internet, que permaneceria. Seu sucessor na FCC, William Kennard, disse em 1999: "Eu quero criar um *oásis da regulamentação* no mundo da banda larga, para que qualquer empresa, usando qualquer tecnologia, tenha incentivos para usar a banda larga em um ambiente não regulamentado ou significativamente desregulamentado" (ênfase do autor).[14] É como se Kennard tivesse adotado alegremente as palavras de John Perry Barlow. Com garantias da principal agência reguladora do governo federal de que sua missão era dedicada à concorrência privada e à desregulamentação, uma corrida do ouro ao estilo Velho Oeste começou no Vale do Silício. Uma medida de quão rápido o mercado privado engatou a marcha é que, apenas dez meses depois de o Ato de Telecomunicações ser assinado, o presidente do Sistema de Reserva Federal dos EUA (FED, na sigla em inglês), Alan Greenspan, alertou pela primeira vez a respeito da "exuberância irracional" do mercado de ações.

A decisão de permitir que inovadores da internet operassem fora do quadro de regulamentação das utilidades públicas que controlavam as empresas de telefonia foi o acelerador que nos trouxe mais rapidamente ao momento presente. Os serviços de telefonia, cabo e dados são frequentemente unidos, e as distinções entre eles não são mais relevantes. Mas essa abordagem também deixou sem resposta questões críticas que voltaram para nos assombrar hoje em dia, especialmente quando focamos menos o acesso e mais o que acontece com o conteúdo que atravessa nossas redes de comunicação. Por exemplo, os provedores e as plataformas de internet deveriam tratar todo conteúdo igualmente ao decidir qual tráfego se move em que velocidade, assim como as empresas de telefonia são forçadas a fazer sob as regras antigas? Ou eles podem tomar decisões com base no que gostam ou não gostam, suas preferências refletindo critérios editoriais, preocupação com lucros ou alguma outra motivação? O que está em jogo é uma aposta alta. Essas questões, agrupadas sob o título de "neutralidade da rede", são afinal questões a respeito de como vamos gerenciar a concentração e o poder de mercado. A batalha sobre a neutralidade de rede é, em última instância, uma luta que decide se seu provedor de internet tem direito de acelerar ou frear o conteúdo passando por sua rede para poder ganhar mais dinheiro ou favorecer serviços específicos.

De forma similar, agora encaramos questões complicadas e muito importantes sobre uma famosa medida chamada Seção 230 do Ato de Decência nas Comunicações, que foi anexado ao Ato de Telecomunicações de 1996. Com algumas exceções, a Seção 230 imuniza sites e provedores de internet de responsabilidade legal relacionada a qualquer conteúdo postado por usuários. Enquanto jornais e programas de televisão são criadores de conteúdo e, portanto, responsáveis pelo que imprimem ou transmitem, os provedores de internet e empresas de redes sociais podem distribuir conteúdo gerado pelos usuários sem responsabilidade legal, mesmo quando esse conteúdo é odioso, acusatório, falso ou vulgar.

As pessoas que elaboravam as políticas dos anos 1990 não poderiam ter previsto que a inundação de investimento privado que elas permitiram geraria inovações tão extraordinárias e uma extrema concentração de mercado. Um relatório recente da New America Foundation sobre o custo de conexão à internet demonstra a falta de concorrência entre provedores de internet hoje. Não apenas os Estados Unidos ficaram atrás de outros países desenvolvidos em penetração de banda larga e velocidade de internet, como também os americanos pagam mais caro.[15] Em 2020, os americanos pagaram uma média de 68,38 dólares por mês por banda larga, enquanto os preços na França (30,97 dólares), no Reino Unido (39,48 dólares) e na Coreia do Sul (32,05 dólares) são significativamente mais baixos. O fato de que outros países fazem um trabalho melhor ao entregar serviços de qualidade a preços baixos significa que o problema não é apenas uma questão dos altos custos de infraestrutura em tecnologia da comunicação, mas um reflexo das escolhas políticas dos Estados Unidos.

Por exemplo, a versão francesa das regras de fornecedor comum exige que os provedores de serviço dominantes aluguem o "último quilômetro" de suas redes para que concorrentes tenham a chance de alcançar o consumidor diretamente. Mas, nos Estados Unidos, um lindo oásis da regulamentação, as empresas de serviço da informação estão livres dessa obrigação. Em vez de uma intensa competição de mercado e preços baixos, existe uma concentração ainda maior na telecomunicação, com as operadoras expulsando seus concorrentes ou simplesmente comprando novas e promissoras start-ups.

Não é surpresa que as empresas dominantes tenham transformado seu poder de mercado em poder político também, fazendo lobby para preservar os elementos principais do Ato de Telecomunicações e buscando prevenir medidas antitruste significativas. Em 2020, com as ações antitruste contra as grandes empresas de tecnologia finalmente implementadas, o grau de coordenação para evitar a regulamentação se tornou aparente. Em apenas um exemplo, um processo do governo revelou a extensão da parceria entre Google e Facebook, Apple, Microsoft e Amazon para impedir a legislação e proteger seu principal negócio de anúncios. Portanto, essa não é só uma história de tecnologia.[16] Os políticos são cúmplices da concentração de mercado que confrontamos hoje, seja na telecomunicação, em que o serviço é instável e os preços são altos, ou em qualquer outro domínio — Amazon no e-commerce, Google em buscas, Facebook em redes sociais — no qual o provedor esteja obtendo um lucro recorde e engolindo os concorrentes.

Tom Wheeler, diretor da FCC durante o governo Obama, observou secamente que as empresas de tecnologia enfrentam um dilema identificado pela primeira vez por Oscar Wilde: "Só existem duas tragédias na vida: uma é não conseguir o que se quer, e a outra é conseguir".[17] As empresas tomaram conta de Washington, posicionaram-se de forma a obter enormes recompensas particulares com o crescimento da internet e, ao mesmo tempo, evitaram qualquer uma das regulamentações de interesse público que geralmente controlam o espaço de comunicações. Mas, com a crescente preocupação a respeito das consequências negativas da tecnologia e do grau extraordinário de poder de mercado dessas indústrias, a era na qual as empresas de redes e plataformas criavam suas próprias regras está chegando ao fim. A ficção de que a inovação simplesmente ultrapassa a democracia não é mais sustentável. A democracia compartilha essa culpa, e precisamos descobrir como melhorar.

O destino dos reis filósofos de Platão

Durante o verão de 2020, em meio à pandemia de covid-19, um evento sem precedentes aconteceu em Washington: em um espetáculo virtual, legisladores questionaram os CEOs das quatro maiores empresas de tecnologia — Amazon, Apple, Facebook e Google — a respeito de acusações de que haviam abusado de seu extraordinário poder de mercado. O deputado David Cicilline, presidente do subcomitê de Legislação Antitruste, Comercial e Administrativa da Câmara dos Deputados, não mediu palavras ao descrever as questões em jogo: "Quando leis [antitruste] foram escritas, os monopolistas eram homens chamados Rockefeller e Carnegie", ele disse.[18] "Hoje, os homens se chamam Zuckerberg, Cook, Pichai e Bezos. Mais uma vez, o controle que têm do mercado permite a eles fazer o que for preciso para esmagar negócios independentes e expandir seu próprio poder. Isso precisa terminar."

Foi a primeira vez que os quatro CEOs apareceram juntos e foi a primeira vez que Bezos se apresentou ao Congresso. Isso por si só já é chocante, dado que a Amazon controla quase 40% de todo o mercado de e-commerce e as preocupações com seu comportamento anticompetitivo vêm sendo enunciadas há anos.[19] O painel de inquisidores havia feito a lição de casa, diferentemente de audiências anteriores, quando representantes eleitos revelaram falta de entendimento sobre as operações básicas das empresas. Dessa vez, eles estavam armados com acusações de descumprimento da lei, apoiados por testemunhos de informantes e e-mails internos das empresas. Os questionadores demonstraram um entendimento bem-informado dos modelos de negócios fundamentais das empresas, além de uma disposição a pressionar por novas formas de regulamentação.

Pode-se imaginar que os CEOs reuniram os melhores executivos que tinham no topo da empresa para descobrir como rebater as críticas recebidas. Jeff Bezos, da Amazon, e Sundar Pichai, CEO do Google, partiram para uma abordagem pessoal — iniciando com suas próprias histórias inspiradoras de como eles vieram de origens humildes. O CEO da Apple, Tim Cook, continuou seu esforço para diferenciar a Apple das outras empresas, afirmando que não tem "uma fatia dominante do mercado em nenhum dos mercados em que fazemos negócios".[20]

Mark Zuckerberg, do Facebook, pegou talvez a linha mais interessante ao defender o enorme poder de mercado da sua empresa: "O Facebook é uma empresa de sucesso agora, mas chegamos aqui da forma americana: começamos do nada e oferecemos produtos melhores que as pessoas achavam valiosos".[21] Zuckerberg realçou que o Facebook tinha ganhado seu lugar dominante no mercado e não deveria ser punido por seu histórico de inovação de sucesso. Sugerindo que o Facebook continua a encarar um cenário competitivo, ele argumentou que fusões e aquisições são simplesmente uma parte da estratégia do Facebook para oferecer o melhor para seus clientes e que o tamanho do Facebook permite que ele transforme novos produtos em serviços extremamente valiosos. Mark questionou o foco no poder de mercado dizendo: "Da maneira que eu entendo nossas leis, empresas não são ruins só porque são grandes".

Enquanto os CEOs e os legisladores brigavam em um vai e vem on-line, era impossível deixar de notar as duas visões de mundo em conflito. Uma delas afirma que a tecnologia é fonte de enorme progresso, uma força para o bem no mundo e uma potência econômica, tecnológica e geopolítica, e que, mais do que qualquer coisa, o poder de mercado dessas empresas reflete seu sucesso ao entregar produtos e serviços de alta qualidade para os consumidores. Dessa perspectiva, se os governos ficam no caminho, o risco é perturbar um círculo virtuoso de competição e inovação. A outra visão sustenta que os efeitos das redes e a ausência de supervisão regulatória são responsáveis por uma porção significativa do sucesso de mercado da empresa. E o que é bom para as empresas pode já não ser bom para nós. Como um comentarista afirmou, talvez estejamos percebendo que "é possível amar os serviços do Facebook e do Google e questionar se os benefícios justificam os danos".[22] Isso aponta para a questão principal que encaramos hoje: por intermédio das nossas instituições democráticas, encarregadas de representar os interesses de todos os cidadãos, podemos preservar o que é bom na tecnologia enquanto eliminamos ou mitigamos os danos?

Quem está na melhor posição para tomar essas decisões? Devemos confiar nos tecnologistas, que argumentam que seu poder de mercado não é um problema, mas, na verdade, uma vantagem que impulsiona a inovação? Talvez, como especialistas em tecnologia, eles estejam em uma posição melhor que o típico político de Washington com pouco conhecimento técnico para saber que tipo de cenário regulatório é melhor para a inovação. Os políticos deveriam apenas sair do caminho. É um argumento totalmente razoável que ecoa uma tradição muito longa de pensamento político.

A democracia tem raízes profundas na Grécia Antiga. Mas os maiores filósofos do mundo antigo não eram proponentes da democracia. Platão, cujos diálogos formam a base da filosofia ocidental, desenvolveu um modelo para uma sociedade ideal em *A República* no qual confia o governo a um pequeno grupo de especialistas habilidosos. Em suas aulas na Academia, a primeira instituição de educação superior no mundo ocidental, ele celebrava a lei do mais sábio, defendendo a atribuição dos poderes aos reis filósofos iluminados — aqueles com "o maior conhecimento dos princípios que são os meios do bom governo".[23] Ele alertava que a liberdade abriria caminho para a tirania, já que a cidade "intoxicada por beber demais do vinho não diluído [da liberdade] desdenharia de leis escritas e não escritas".[24] A democracia, o governo do povo, ele sentia, era uma forma degenerada de organização política. Diante dessa imagem horrível da vida em uma democracia, não é de se espantar que seus alunos ficassem tomados pela ideia de confiar a guarda da sociedade aos poucos sábios, capazes e inteligentes. O mais famoso desses alunos, Aristóteles, rejeitou muito da filosofia de Platão, mas também pensava que a democracia era uma forma depravada de governo.

Ao longo de gerações, os filósofos têm lutado com a tensão entre dar voz e poder de decisão aos cidadãos, o que parece muito atraente, e o reconhecimento de que especialistas de várias formas estão frequentemente mais bem preparados para fazer bons julgamentos em nome da sociedade. As pessoas se preocupam que os cidadãos possam ser influenciados de forma indevida por paixões momentâneas, abraçar o partidarismo e cair sob o jugo de demagogos — ideias antes abstratas que se tornaram muito reais como características da decadência atual da democracia. O economista Bryan Caplan resumiu o problema central em uma frase memorável, mas perturbadora: "Na minha visão, a democracia falha *porque* ela faz o que os eleitores querem".[25]

Em um livro recente com um título provocativo, *Contra a democracia*, o filósofo Jason Brennan tentou ressuscitar a visão de governo de Platão pedindo a substituição da democracia por uma epistocracia, ou governo de especialistas.[26] O autor não é gentil em sua abordagem sobre os cidadãos, referindo-se a eles como "hobbits" (aqueles que não têm conhecimento de política) e "hooligans" (aqueles que apoiam raivosamente um lado, independentemente das evidências). Uma sociedade melhor, ele argumenta, seria uma sociedade em que colocaríamos "vulcanos" — como o sr. Spock, de *Jornada nas Estrelas* — no comando. Pessoas que abordam questões políticas desafiadoras racionalmente e com base em evidências. Pessoas que conseguem identificar e resolver problemas. Pessoas que podem entregar os melhores resultados para a sociedade. Pessoas que vão, digamos, maximizar o progresso da ciência. As pessoas que são, em uma palavra, otimizadoras.

É possível entender por que essa visão de um governo feito por especialistas pode ser tão atraente para os profissionais de tecnologia, considerando o conhecimento único e especializado ao qual eles têm acesso. Como muito poucos cidadãos ou políticos sequer entendem como nossas tecnologias cotidianas funcionam, a hipótese de uma epistocracia — ou tecnocracia — com as tecnologias emergentes parece forte. E pode ser exatamente do que precisamos para navegar as "paixões" das massas que se fixam em eventuais violações de privacidade ou vídeos adulterados virais que correm o risco de distrair nossa atenção coletiva dos benefícios que a tecnologia proporcionou. As democracias representativas, com seus líderes que não sabem de nada, deveriam ficar de lado.

Mas a ideia de deixar especialistas governarem apresenta sérios problemas. O primeiro é determinar quem seriam os especialistas. Quando Platão imaginou um conjunto de reis filósofos, ele tinha em mente aqueles que tinham treinamento especial, compreendiam a verdade e tinham habilidade no governo com os meios para equilibrar os interesses de grupos por todo o

Estado. Quando Aristóteles descreveu as melhores formas de governo, ele focava particularmente em dar poderes aos governantes que trabalhariam pelo bem comum em vez de por seus próprios interesses. O que significa ter habilidades particulares de governo? Pelo menos nas variantes modernas dessa questão, a ideia de um governo de especialistas tem sido a de privilegiar uma mentalidade específica — a mentalidade científica —, que envolve analisar fatos, desenvolver recomendações e fazer escolhas desapaixonadas consistentes com as evidências.

Quando os tecnologistas pensam no governo de especialistas, eles têm outra coisa em mente: ou eles dariam poderes aos próprios tecnologistas, com seu conhecimento privilegiado do que é necessário fazer, como legisladores, para que a inovação prospere, ou suas tendências libertárias os levariam a privilegiar o "oásis da regulamentação" de Kennard, ou seja, o melhor governo é aquele que menos governa, deixando as empresas de tecnologia livres para fazer investimentos e desenvolver produtos sem outras preocupações. Mas o tipo de especialidade que os tecnologistas têm é muito diferente da que Platão visualizou. Os tecnologistas não possuem uma habilidade única de governar, pesar valores contraditórios ou examinar evidências. Sua especialidade é projetar e desenvolver tecnologias. O que eles trazem para o governo de especialistas é, na verdade, um conjunto de valores mascarado de especialidade — valores que emergem do casamento da mentalidade de otimização com a busca pelo lucro.

O segundo problema é de legitimidade. Para que o governo funcione, as pessoas precisam aceitar as decisões daqueles que governam. E a legitimidade não é conquistada apenas como resultado da eficiência do funcionamento de um governo. As pessoas querem se envolver no processo de tomada de decisão. Elas querem visibilidade no processo de como as decisões são tomadas. Elas querem ser capazes de questionar decisões se as acharem inaceitáveis. Elas querem que o governo responda aos cidadãos, leve em conta seus interesses igualmente e escutem suas vozes. Nesses pontos, o governo de especialistas claramente falha.

Um terceiro problema é a forma pela qual o governo de especialistas entrincheira os detentores atuais do poder e da influência, porque, uma vez que está posta uma estrutura que privilegia as visões de um grupo educado, influente e talvez especialista, aqueles que se beneficiam do arranjo têm todos os incentivos para manter seu status. Se os tecnologistas escreverem as regras — sejam como políticos especialistas ou como empresas sem responsabilidade em um oásis da regulamentação —, não deveremos ficar surpresos se os resultados sociais forem aqueles que beneficiem os tecnologistas à custa de todos os demais.

Não existem respostas certas para as questões que estamos enfrentando. Só existem respostas melhores e piores. As respostas que escolhemos refletirão não apenas o que os fatos e as evidências dizem, mas também o que valorizamos. Nas palavras do especialista em relações internacionais Tom Nichols, um defensor apaixonado pela especialização em nossa vida pública, "especialistas só podem oferecer alternativas. Eles não podem, contudo, fazer escolhas de *valores*... Os eleitores devem se engajar nessas questões e decidir o que valorizam mais e, portanto, o que querem que seja feito".[27]

O QUE É BOM PARA AS EMPRESAS PODE NÃO SER BOM PARA UMA SOCIEDADE SAUDÁVEL

Então a pergunta é: nós queremos que as tecnologias, e, portanto, os tecnologistas, nos governem? Ou queremos, por meio das instituições democráticas, governar a tecnologia? Quando se trata de regulamentação da tecnologia, o que a democracia tem para oferecer? É uma pergunta importante a ser feita, especialmente em um momento em que a democracia, essa celebrada invenção ateniense, parece estar em decadência.

As estantes de qualquer livraria alimentam nossa ansiedade coletiva com títulos como *Como as democracias morrem*, *Como a democracia chega ao fim*, *Surviving Autocracy* [Sobrevivendo à autocracia] e *Sobre a tirania* vendendo mais que seus concorrentes. A mobilização social de 2020, que se seguiu ao assassinato de George Floyd e aos de muitos outros americanos negros nas mãos da polícia, fez emergirem preocupações antigas que questionam se comunidades não brancas podem esperar um tratamento igual aos olhos da lei. A resposta desastrosa de alguns governos à pandemia de covid-19 também parece inseparável das falhas das instituições democráticas, com Estados Unidos, Brasil e Índia liderando o número de mortes por covid-19 no mundo — e as democracias europeias também não se saem muito bem. Mesmo o grupo das pessoas jovens, o mais associado à defesa da liberdade, está se virando contra a democracia. Um estudo[28] descobriu que 46% dos americanos entre 18 e 29 anos prefeririam ser governados por especialistas do que por representantes eleitos. Outro estudo revelou que um quarto dos *millennials* concorda que "escolher líderes por meio de eleições livres *não é importante*" (grifo do autor).[29]

Argumentos a favor da democracia vêm em duas formas. A primeira enfatiza o valor de procedimentos particulares para se tomarem decisões. Se você acredita que todas as pessoas têm os mesmos direitos e liberdades básicas e que elas devem ser tratadas igualmente, deve haver uma forma de tomar decisões que incorpore diversos pontos de vista. É óbvio que as democracias, apesar de sua retórica retumbante sobre liberdade e igualdade de cidadania, contêm há muito tempo hierarquias ou castas. Muitas das maiores democracias do mundo incorporam discriminação em questões de gênero, raça e classe social em seu cerne, apesar do trabalho de gerações que vêm buscando maior igualdade. No entanto, os entusiastas da democracia institucional, como o filósofo inglês do século XIX John Stuart Mill, veem a democracia como o sistema mais bem equipado para enfrentar os desafios e superar a desigualdade. O motivo é que as democracias se baseiam na capacidade de resposta aos interesses de todas as pessoas. Nas palavras de Mill: "Não há dificuldade em mostrar que a forma ideal de governo é aquela na qual a soberania está investida inteiramente na comunidade agregada".[30] Isso será especialmente verdade se reconhecermos, como a professora de Harvard Danielle Allen nos desafia a fazer, que a liberdade e a igualdade são inseparáveis uma da outra como parte da construção de uma cultura democrática.[31]

Outros vão ainda mais longe ao celebrar as maneiras pelas quais a democracia prioriza a deliberação e o debate públicos. Joshua Cohen, proeminente filósofo político que saiu da academia para o mundo da tecnologia e agora trabalha na Apple University, observou que a democracia vai além de permitir que as pessoas promovam suas opiniões individuais. A diversidade de interesses e valores é um ponto de partida da política. Se você der liberdade às pessoas, elas escolherão viver de maneiras diferentes, com comprometimentos diferentes, levando a divergências razoáveis sobre o melhor modo de viver. Mill chamou isso de "experimentos de vida" e considerava essa diversidade um dos principais benefícios da liberdade. No entanto, se pudermos discordar razoavelmente sobre a melhor maneira de viver a vida individual, como encontraremos um denominador comum para vivermos juntos em uma única comunidade? Para Cohen, no debate de questões políticas, "é preciso, em vez disso, encontrar razões que sejam convincentes para os outros, reconhecendo-os como iguais, cientes de que têm comprometimentos alternativos razoáveis e conhecendo o tipo de comprometimento que são inclinados a ter".[32] Sob essa perspectiva, o próprio processo de deliberação é valioso, pois cria as condições para persuadir os outros sobre nossos pontos de vista e estabelecer a possibilidade de um comprometimento compartilhado com as instituições que coletivamente nos governam.

A outra visão é que a democracia supera a alternativa de um regime não democrático não porque seja um processo especialmente justo, mas porque ela gera resultados melhores, incluindo inovação e crescimento econômico. Uma sociedade democrática que garante a liberdade individual e leva em conta o interesse de todas as pessoas igualmente confia não no conhecimento especializado de seus governantes, mas na sabedoria coletiva de seu povo. As instituições democráticas nos permitem recolher e agregar o conhecimento de nossos cidadãos. O fluxo livre de ideias e debates é central para esse argumento, porque sem liberdade o avanço da ciência não seria possível. Mill argumenta que os indivíduos precisam ser capazes de desafiar o *status quo* e testar novas ideias se quisermos que as inovações se consolidem.

Uma anedota a respeito da visita do presidente russo Dmitry Medvedev a Stanford em 2010 demonstra esse ponto. Enquanto fazia um tour pelo Vale do Silício, Medvedev queria entender o que faz a economia da inovação funcionar. Proximidade a uma universidade de primeira classe? Acesso a capital de risco? A infraestrutura física da região? Embora todos fossem aspectos que um autocrata russo poderia replicar, foi dito a Medvedev que o sucesso da região estava ligado às pessoas que era capaz de atrair. E, claro, que um dos problemas da Rússia é que muitos dos melhores e mais brilhantes cientistas russos preferem a liberdade do Vale do Silício ao ambiente opressivo de Moscou. Mill capturou bem o valor da liberdade quando escreveu: "A prosperidade geral atinge maior elevação e difunde-se mais amplamente na proporção do volume e da variedade das energias pessoais interessadas em promovê-la".[33]

A democracia também pode ser uma melhor condutora do crescimento econômico porque ela protege melhor os interesses econômicos dos detentores do capital e dos inovadores. Se o governo é bom para alguma coisa, deveria ao menos oferecer regras justas e estáveis de cooperação social e concorrência, além de incentivos para investimentos que vão facilitar o crescimento de economias diversificadas e complexas. Sem crescimento econômico, gerar e difundir a prosperidade é difícil, e torna-se mais complicado encontrar os recursos necessários para educação, saúde e seguridade social. Um problema dos autocratas é que eles tendem a ver a economia de seus países como um cofrinho pessoal, extraindo dela o que precisam para sustentar seu governo e enriquecer a si mesmos e suas famílias. Embora seja indubitavelmente verdade que algumas das histórias mais atraentes de crescimento econômico do último século tenham acontecido sob governos autocráticos — pense em China, Indonésia e Chile —, a maior parte dos governos não democráticos se tornou um desastre de desenvolvimento, como Coreia do Norte, Zaire e Zimbábue.

Ainda assim, as virtudes abstratas da democracia são difíceis de serem combinadas com algumas realidades duras que surgem repetidas vezes quando se trata de regulamentar a tecnologia: a ignorância técnica dos políticos eleitos que dificilmente têm credibilidade para oferecer supervisão ou contemplar regulamentação; desacordos profundos a respeito do que valorizamos e como escolhas devem ser feitas, seja em relação a privacidade de dados, liberdade de expressão e moderação de conteúdo, seja em automação e no futuro do trabalho; a consideração lenta e minuciosa da legislação que parece gerar medidas contraditórias — para que todo mundo possa ter seu nome em alguma lei — sem trazer progresso significativo, especialmente em um ambiente político altamente polarizado; e o forte viés do *status quo* nas instituições democráticas, o que significa que mudar políticas é algo lento e atravancado, o que torna difícil para os reguladores responderem de forma flexível e se adaptarem aos novos desenvolvimentos da tecnologia.

A questão de quanto poder pode ser colocado nas mãos dos políticos quando se trata de tecnologia tem consequências reais para todos nós. Por exemplo, quando catorze pessoas foram mortas em um ataque terrorista em San Bernardino, na Califórnia, em 2015, um debate que corria há anos pelos corredores do governo explodiu aos olhos do público: o governo deveria ter autoridade para acessar os dados pessoais contidos em um celular, nesse caso um iPhone, usado pelo suposto agressor? Depois do ataque, ficou óbvio por que o acesso a essa informação particular teria sido enormemente útil para a polícia e as autoridades federais. Mas as empresas de tecnologia tinham uma visão diferente: a privacidade, eles argumentaram, é um valor de primeira ordem, e as empresas deveriam poder desenvolver tecnologia — por exemplo, criptografia — para garantir que ninguém, nem mesmo o governo com um mandado, pudesse acessar informações pessoais. Jeremy viu esses debates se desenrolarem ao longo dos anos no governo, no qual a Sala de Crise da Casa Branca era um espelho das discordâncias maiores da sociedade, com os tecnologistas elogiando a criptografia e os responsáveis pelas políticas de segurança nacional confusos com o fato de que os tecnologistas não pareciam se importar com proteger americanos de terroristas. E aqui estamos, ainda debatendo essas questões. Os próximos capítulos traçam diversos domínios nos quais questões exatamente iguais a essa — em que existem muitos valores concorrentes — estão atordoando nosso sistema. E no mundo em que realmente vivemos, no qual muitas instituições democráticas estão polarizadas e paralisadas, os riscos de que mais supervisão democrática da tecnologia vá estrangular a inovação não deve ser ignorado, e a realidade é que os tecnologistas podem simplesmente ultrapassar as leis.

DEMOCRACIA COMO REDE DE PROTEÇÃO

A democracia oferece a promessa de liberdade, igualdade, justiça e deliberação, mas seus ideais familiares e atrativos também podem, na prática, ser lentos, desinformados e, finalmente, restritivos. Se as decisões que confrontamos ao regulamentar a tecnologia não têm respostas óbvias — e a maioria não tem, já que pessoas razoáveis podem discordar sobre quanta liberdade de expressão é boa e quais decisões devem ficar fora das mãos de robôs —, a ideia de que construímos um tipo de visão compartilhada e definitiva a respeito de como todas as coisas boas e os valores contraditórios podem ser reconciliados é fantasiosa, especialmente em um mundo no qual novas tecnologias surgem tão rapidamente. Então, dado o histórico, por que deveríamos continuar a procurar os políticos eleitos para regulamentarem a tecnologia?

Parte da resposta depende de quão preocupado você está com as consequências da abordagem de não interferência em relação a essas novas tecnologias. O apego do Vale do Silício ao lema "avance rápido e quebre coisas" causou efeitos reais na privacidade que temos, na natureza do trabalho e naquilo a que estamos expostos na esfera pública digital. Nós chamamos esses efeitos de externalidades — os efeitos colaterais da mudança tecnológica e da inovação —, e cabe ao governo, se ele puder se organizar, lidar com as consequências.

Nossa visão é que essas consequências são muito mais significativas do que os desenvolvedores dessas tecnologias às vezes preveem. Nós tampouco deveríamos esperar até que tenhamos experimentado as consequências inesperadas para começarmos a pensar de verdade em como elas podem ser abordadas ou mitigadas. Podemos fazer melhor do que nos atermos a uma cultura movida pelo erro, na qual esperamos que o governo reaja só quando as coisas dão terrivelmente errado.

Se Winston Churchill estava certo quando disse que a democracia não é nada além da "pior forma de governo exceto por todas as outras formas", vale focar a tarefa mínima, mas fundamental, na qual a democracia parece ser excelente: evitar resultados catastróficos e buscar estabilidade e resiliência a choques imprevistos. Pois, mesmo que não consigamos concordar exatamente sobre em que tipo de sociedade queremos viver, normalmente podemos chegar a um consenso a respeito dos piores resultados que queremos evitar, como impor sofrimento a indivíduos, ser cruel com populações desfavorecidas e criar cidadãos de segunda classe.

Amartya Sen, economista de Harvard e ganhador do Nobel, oferece uma demonstração contemporânea do valor da democracia como uma rede de proteção que salvaguarda as sociedades de resultados ruins. Ele chamou a atenção para a observação notável de que nenhum país democrático experimentou uma grande fome.[34] Esse é um fenômeno intrigante se pensarmos que grandes fomes são eventos naturais, causados por mudanças climáticas. Sen mostrou que, na verdade, elas são desastres políticos causados pelo homem, falhas do governo ao organizar e distribuir comida suficiente para partes do país sujeitas a eventos climáticos extremos. Aqui, as virtudes da democracia ficam claras porque, para Sen, o valor real da democracia é o fato de que líderes eleitos devem, de alguma forma, ser receptivos e responsáveis para com seus cidadãos. Se você está morrendo de fome, você vai fazer sua voz ser ouvida, ou outros farão isso por você. E, em um mundo onde nada é mais básico do que o acesso à alimentação, políticos sabem que o fracasso contra a fome é suficiente para que sejam derrotados nas urnas. Então, eles trabalham mais duro — e mais duro do que aqueles em regimes não democráticos — para evitar o pior cenário. A democracia, na verdade, é um tipo de tecnologia feita pelo homem que elimina a fome.

As respostas frequentemente incompetentes dos governos democráticos, incluindo dos Estados Unidos, à pandemia de covid-19 podem fazer você questionar a conclusão de Sen. Mas, como vimos em debates sobre a resposta à covid-19 durante as eleições americanas, o cenário político era uma batalha de valores contraditórios — priorizar a economia ou a saúde pública, proteger apenas os mais vulneráveis ou reduzir a exposição de todos os americanos —, e os políticos estavam competindo por eleitores baseados nessas visões alternativas.

A ideia de que a democracia pode nos ajudar a evitar os piores resultados tem uma longa história no pensamento político. Talvez seu maior proponente seja o filósofo austríaco do século xx Karl Popper, que ficou frustrado com a "confusão duradoura" que Platão havia criado na filosofia política. Ao focar a questão "Quem deve governar?", Platão apostou suas fichas em uma resposta — o melhor, o mais sábio, aquele que domina a arte de governar — que favorecia sua visão de mundo preferida. Mas quem argumentaria qualquer outra coisa? — Popper perguntou. Quem defenderia um governo do pior?

A abordagem correta, na visão de Popper, é se preparar desde o início para a possibilidade de um governo ruim e perguntar: "Como podemos organizar nossas instituições políticas de forma que governantes ruins ou incompetentes não possam causar muitos danos?".[35] Isso transfere nossa atenção do ato de encontrar os melhores e mais especializados líderes para o ato de criar regras e instituições que nos permitam afastar líderes ruins e recompensar líderes bons quando os temos. O resumo é que precisamos de boas leis, não apenas de bons governantes. E boas leis não são um ponto fixo, uma vez que são deduzidas; elas precisam se adaptar a condições sociais e econômicas mutáveis, incluindo inovações tecnológicas. E então as democracias, que recebem bem um conflito de interesses contraditórios e permitem revisitar e revisar questões políticas, vão responder atualizando suas leis quando fica óbvio que as condições atuais causam danos; quando as pessoas sofrem sem necessidade ou de forma injusta; quando um incêndio em uma fábrica nos acorda para problemas que vêm borbulhando há muito tempo.

Assim, cabe a todos nós — os cidadãos — trabalharmos o sistema para conseguirmos os resultados que queremos. Em termos simples, Popper disse: "É errado culpar a democracia pelas deficiências políticas de um Estado democrático. Deveríamos, em vez disso, culpar a nós mesmos, ou seja, os cidadãos de um Estado democrático".[36]

Isso importa para a regulamentação da tecnologia porque é uma crítica profunda à noção de engenharia social utópica — a ideia de que podemos organizar nossas políticas para chegarmos ao melhor resultado para a sociedade. Isso não é apenas irreal, mas também perigoso, porque cria um caminho direto para a ditadura.

Precisamos de um modelo alternativo para o que queremos de nossos políticos — não uma engenharia social utópica, como Platão imaginou, mas uma "engenharia social fragmentada", nas palavras de Popper. Ou, nas palavras de outra filósofa famosa do século XX, Judith Shklar, queremos uma sociedade democrática que rejeite "um *summum bonum* pelo qual todos os políticos devem lutar", mas que comece por "um *summum malum* que todos conhecemos e evitaríamos se pudéssemos".[37] Sem um modelo de onde queremos terminar — porque isso é impossível de ser alcançado —, devemos focar para identificar e mitigar os danos e os sofrimentos que queremos evitar. Nessa tarefa, as democracias em geral foram excelentes: evitar fomes massivas, prevenir a guerra nuclear e eliminar a pobreza extrema e o sofrimento.

Essa é uma visão bem minimalista de para que serve a democracia e não é nada pelo que se desculpar. Como a fome, os efeitos da tecnologia na sociedade são um desastre causado pelo homem: nós criamos as tecnologias, fazemos as regras, e o que acontece no final é resultado de nossas escolhas coletivas.

Tom Wheeler, ex-presidente da FCC, relacionou o momento presente à era progressista com a qual abrimos este capítulo: "Em um momento de rápida mudança tecnológica", ele escreveu, "capitalistas inovadores tomaram a iniciativa de criar regras para regular a forma como suas atividades impactam o restante de nós". Mas então ele continuou: "Esse estabelecimento de regras por interesse próprio foi enfim confrontado por um interesse público coletivo, expresso democraticamente, de criar novas regras que protejam o bem comum".[38]

Nosso desafio é determinar o que esse bem comum implica e como podemos usar nossa democracia para alcançá-lo. Isso exige um foco nas tecnologias do futuro e nas oportunidades diante de nós para mapearmos um caminho diferente a seguir.

Parte ii
Desagregando as tecnologias

O que o gênio inventivo da humanidade nos deu nos últimos cem anos poderia ter tornado a vida humana livre de preocupações e feliz se o desenvolvimento do poder organizador do homem tivesse sido capaz de acompanhar seus avanços técnicos... Como foi, as conquistas compradas com dificuldades da era da máquina nas mãos da nossa geração são tão perigosas quanto uma lâmina na mão de uma criança de três anos.

Albert Einstein, para *The Nation*, 1932[1]

4
AS DECISÕES POR ALGORITMO PODEM SER JUSTAS?

Em 1998, na esteira de algumas novas aquisições e uma IPO modesta, o CEO da Amazon, Jeff Bezos, decidiu articular os valores centrais da empresa. Ele identificou cinco, incluindo *"alto nível de talento"*.[1] Embora a empresa ainda estivesse começando, ele sabia que atrair uma equipe de alta performance seria essencial para alcançar sua visão grandiosa de uma loja de tudo, algo que excedia de longe a identidade que a empresa tinha na época como "a maior livraria on-line do mundo". Nas duas décadas e meia desde então, a Amazon superou todas as expectativas. Ela entrou em incontáveis novos mercados, transformou a experiência dos clientes com compras on-line e se tornou a segunda empresa de capital aberto dos Estados Unidos a ser avaliada em mais de 1 trilhão de dólares. Conforme seu valor explodia, o mesmo acontecia com sua força de trabalho, passando de 614 funcionários em 1998 para uma força de trabalho global em turnos integral e parcial de mais de 750 mil pessoas hoje. Em um dia qualquer, a empresa contrata uma média de 337 pessoas e tem quase 30 mil vagas abertas.

À luz dessa expansão, uma questão óbvia surgiu: ainda é possível que a Amazon mantenha o alto nível de talento que Bezos projetou nos primeiros anos da empresa? A chefe de RH da Amazon, Beth Galetti, acredita que sim — e que a mesma inovação que proporcionou a ascensão meteórica da empresa também pode conduzir sua abordagem ambiciosa ao talento. "Se vamos contratar dezenas de milhares — ou agora centenas de milhares — de pessoas por ano", ela disse, "não podemos viver com um processo manual e transações manuais."[2]

Foi nesse espírito que, em 2014, a Amazon começou a direcionar parte de seu poder de força técnica para trabalhar em um novo desafio: recrutar e contratar os melhores talentos. Os engenheiros da empresa imaginaram uma nova ferramenta que poderia usar algoritmos para identificar os candidatos mais promissores. Com poderosas técnicas de aprendizado de máquina que eles esperavam que identificasse o melhor dos melhores, planejavam treinar o novo sistema usando os dez anos anteriores de currículos que a empresa havia recebido, assim como outros dados internos que poderiam tornar o modelo mais preciso. Com o tempo, o sistema aprenderia a reconhecer as qualidades, habilidades, credenciais e experiências que tornam os candidatos bem-sucedidos na Amazon. Os candidatos ganhariam uma pontuação entre uma e cinco estrelas com base em seu potencial, assim como os consumidores avaliam os produtos na plataforma do vendedor.

A promessa dessa ferramenta era clara, e seu propósito, atraente. Se a Amazon conseguisse melhorar drasticamente seu processo de contratação por meio de ferramentas automatizadas inteligentes, poderia aumentar a eficiência de suas operações de recrutamento e confirmar seu antigo compromisso com "um alto nível de talento", tudo isso enquanto a empresa mantém um crescimento extraordinário em seu negócio principal. Além disso, uma análise humana de dezenas de milhares de currículos por ano custa caro, e, assim como a Amazon busca economizar no preço para os consumidores, o uso de algoritmos de RH poderia cortar custos de forma significativa. De acordo com uma fonte na empresa, "todo mundo queria esse Santo Graal. Eles literalmente queriam que fosse um motor no qual eu coloco cem currículos e ele cospe os melhores cinco e nós contratamos esses".[3]

Além dos ganhos de eficiência, passar de um processo movido pelo julgamento humano para um movido por algoritmos e dados oferecia à Amazon uma possibilidade animadora: desenvolver um sistema de recrutamento livre do viés humano — ou pelo menos melhorar as decisões cheias de vieses dos humanos. Durante anos, pesquisadores mostraram que a discriminação racial e de gênero tinha um papel rotineiro nas contratações e que humanos que tomam decisões são assombrados por uma série de outros preconceitos, tanto conscientes como inconscientes. Quando currículos idênticos circularam entre potenciais empresas contratantes com nomes diferentes (por exemplo: um nome que soava muito afro-americano ou um nome que soava muito branco), os resultados mostravam consistentemente uma discriminação significativa com base na raça imaginada, com os nomes brancos recebendo 50% mais chamadas para entrevistas.[4] Ao desenvolver uma nova ferramenta de contratação do zero, a Amazon poderia desferir um golpe em nome da justiça social ao se libertar dos preconceitos históricos que os humanos acumulam em suas experiências vividas. Ela poderia fazer decisões de contratação mais precisas, mais eficientes e mais objetivas — uma conquista que seria significativa em qualquer momento, especialmente quando Galetti se preparava para triplicar a força de trabalho da empresa mais uma vez.

Mas, quando os recrutadores começaram a olhar para as recomendações geradas pelo novo sistema, algo parecia errado. As pontuações pareciam ter um estranho viés contra mulheres e uma forte preferência por homens. Quando a equipe examinou as descobertas mais de perto, eles perceberam que o algoritmo não havia aprendido padrões neutros para prever o sucesso futuro de um candidato, mas estava amplificando a preferência por candidatos do sexo masculino que havia aprendido com o histórico de contratação da empresa. Na verdade, o algoritmo penalizava currículos que incluíam a palavra "mulher" em qualquer lugar que fosse, anotando tudo, desde "capitã do time de futebol feminino" até "mulheres nos negócios", e dava notas baixas para candidatas que viessem de universidades só para mulheres.[5] Os engenheiros não eram sexistas. Eles não tinham deliberadamente inserido esse viés ou ativamente programado um "algoritmo sexista". Mas o preconceito de gênero havia aparecido. A equipe tentou ajustar o código para neutralizar o viés, mas eles não conseguiam livrar a ferramenta de uma potencial discriminação. Depois de anos de esforços, a Amazon decidiu abandonar totalmente sua visão da ferramenta e dissolver a equipe responsável por ela.

O caso da Amazon é revelador e desperta questões específicas que devemos fazer sobre o surgimento de ferramentas automatizadas para a tomada de decisões: se uma das empresas mais poderosas do mundo não consegue desenvolver um algoritmo livre de viés, alguém consegue? Quando as novas tecnologias são usadas para ajudar ou substituir a tomada de decisão por humanos, que padrões de objetividade devemos impor para suas substituições automatizadas? Quem deve ser responsável pelas decisões preocupantes tomadas ou informadas por um algoritmo? E quem deve decidir usar ou não essas novas ferramentas, em primeiro lugar?

Bem-vindo à era das máquinas que aprendem

Modelos algorítmicos de tomada de decisão são desenvolvidos usando aprendizado de máquina, que é essencialmente o processo de encontrar padrões em dados. Quer determinar quem deve ser entrevistado para um emprego? Primeiro, consiga muitos dados em forma de currículos de candidatos que já foram entrevistados e note quais foram contratados e quais não foram. Então, alimente os dados em um algoritmo de aprendizado de máquina, que usa a otimização para encontrar os padrões — por exemplo, determinar frases importantes nos currículos — que melhor distinguem aqueles que foram contratados dos que não foram. Ao determinar esses padrões — um processo chamado de "treinamento" —, o algoritmo produz um modelo que pode, então, ser usado para a tomada de decisões. O modelo aprendeu esses padrões de distinção a partir dos dados ao tentar otimizar alguns critérios, como a precisão de previsão — ou seja, com que frequência ele tomaria a decisão correta de contratação com base nos currículos de candidatos anteriores que recebeu. Ao treinar um modelo de aprendizado de máquina, o algoritmo pode fazer ajustes que o levam a cometer cada vez menos erros. O ponto crítico é que a escolha de qual critério deve ser otimizado é feita pelo programador, que poderia escolher, por exemplo, simplesmente fazer o algoritmo filtrar currículos de candidatos claramente desqualificados ou induzir o algoritmo a tentar tomar decisões mais sutis de quem deve ser contratado.

Esses ajustes no modelo podem incluir a alteração de como certas frases ou palavras encontradas nos currículos devem ser ponderadas como indicadores de empregabilidade. Por exemplo, se estamos tentando treinar um modelo para filtrar candidatos para gerente de produto, o modelo pode aprender que o termo "MBA" ou, mais especificamente, "Wharton" ou "Harvard Business School" deve ter um peso alto, enquanto o termo "motorista de caminhão" deve ter um peso baixo ou negativo. Em modelos mais complexos, o algoritmo pode procurar combinações de palavras e frases que sejam ainda mais significativas quando estão juntas, como encontrar os termos "fundador", "financiamento" e "milhões" reunidos no mesmo currículo.

Quando o modelo alcança uma taxa de precisão aceitável ao fazer suas previsões, ele está pronto para ser usado. Apresente um novo currículo para o modelo e ele fará uma previsão e potencialmente oferecerá uma pontuação de confiança para saber se determinada pessoa deve ou não ser contratada. Pegue a lista de pessoas que o algoritmo diz que devem ser contratadas, ordene-as pela pontuação de confiança do algoritmo e — *voilà* — você tem uma forma algorítmica de decidir quem deve ser entrevistado ou receber uma oferta de emprego, evitando totalmente as entrevistas com humanos, como algumas empresas vêm fazendo agora.

É claro que os programadores podem acrescentar restrições ao modelo. Digamos que eles não queiram que o modelo conclua nada sobre os termos "homem" ou "mulher" — como em "time de futebol masculino" ou "clube de mulheres engenheiras" — porque querem evitar viés de gênero. Isso pode parecer bastante razoável. Mas alguns termos como "beisebol" ou "softbol", que o modelo ainda pode considerar, estão altamente correlacionados ao gênero do candidato e podem levar o modelo a tomar decisões que exibam viés de gênero. Foi nesse tipo de situação que a Amazon se viu com sua ferramenta de triagem de currículos.

Além disso, conforme os candidatos ficam sabendo que ferramentas automatizadas são usadas para filtrar seus currículos, não existe limite para as formas de manipular o sistema. Digamos que você seja um candidato e saiba que seu currículo será analisado por uma máquina. Você pode enviar uma cópia eletrônica com texto extra em fonte branca em um fundo branco no final da página. Como o texto é branco, ele está invisível para qualquer humano que o leia on-line ou imprima uma cópia. Mas a ferramenta automatizada de triagem de currículos vai escanear e processar todos os termos como se eles aparecessem em tinta preta em uma página branca. O texto "extra" pode incluir apenas qualquer frase que você ache que poderá lhe dar vantagem para a vaga a que estiver se candidatando, ou toda a lista de atributos desejados ou exigidos de um candidato no anúncio da vaga. Para se destacar ainda mais, por que não acrescentar o nome de uma série de universidades de prestígio: Harvard, Oxford, Berkeley, ou sinalizar algo de sua posição social ao incluir atividades extracurriculares como "clube de hipismo" e "time de squash"? Se você acha que isso soa absurdo, pense de novo. Esses são exemplos compartilhados conosco por alunos e ex-alunos. Esse tipo de manipulação acontece há anos entre os especialistas de tecnologia, e provavelmente isso só irá se agravar conforme as ferramentas de decisão por algoritmo se tornam mais amplamente usadas.

Declarações de que o aprendizado de máquina está tornando os computadores mais "inteligentes" do que os humanos são comuns na mídia hoje. Nem sempre foi assim. Na verdade, o aprendizado de máquina como campo acadêmico existe desde os anos 1950, quando um pesquisador chamado Arthur Samuel programou pela primeira vez um computador para se sair melhor no jogo de damas conforme jogasse mais partidas e observasse quais ações levavam a vitórias *versus* derrotas. O computador rapidamente se tornou bom o suficiente no jogo para vencer seu programador. Mas foi só nos últimos anos que essa tecnologia, frequentemente chamada pelo termo mais geral de "inteligência artificial", ganhou atenção do público. Então, por que um campo que existe há mais de meio século de repente se tornou o queridinho de empresas de tecnologia e da mídia?

Três coisas aconteceram na última década que levaram o aprendizado de máquina dos laboratórios acadêmicos até o ponto em que o presidente russo Vladimir Putin declarou: "Quem se tornar o líder [em inteligência artificial] vai se tornar o governante do mundo". Primeiro, os computadores ficaram mais rápidos. Muito, muito mais rápidos. E eles foram conectados "na nuvem", então, em vez de ter de fazer computação em uma única máquina, milhares de computadores poderiam ser orquestrados para resolver problemas enormes em uma sinfonia computacional. Segundo, a quantidade de dados digitais disponíveis cresceu enormemente. Conforme mais pessoas faziam compras on-line, clicavam em anúncios, curtiam os posts dos amigos nas redes sociais, postavam fotos de família, acessavam resultados de exames médicos e seguiam alegremente pela internet, elas deixavam um rastro de dados que é um verdadeiro tesouro que pode ser usado para aprender a respeito de seus interesses, comportamentos, preferências e muito mais. Terceiro, os pesquisadores que trabalham no aprendizado de máquina desenvolveram algoritmos muito mais poderosos que poderiam usar os enormes aumentos no poder computacional e nos dados para construir modelos muito mais precisos — e muito mais complicados — para fazer previsões de tudo, desde que filme alguém poderia gostar até se essa pessoa pode ter um problema de saúde mental. Treine um algoritmo de aprendizado fornecendo imagens que contêm rostos *versus* imagens que não contêm e você poderá criar um modelo que identifique rostos em qualquer imagem nova. Treine um algoritmo de aprendizado usando como entrada imagens de raios X nas quais regiões cancerosas *versus* não cancerosas foram identificadas por médicos especialistas e você poderá construir um modelo com o potencial de prever se o câncer está presente em um novo raio X. As possibilidades são infinitas.

Outro fator nesses avanços foi o desenvolvimento de novas técnicas engenhosas que possibilitaram reunir volumes ainda maiores de dados para alimentar os algoritmos de aprendizado de máquina. Os métodos tradicionais de aprendizado de máquina usados para distinguir candidatos fortes de fracos, por exemplo, exigiam que cada currículo usado para treinar o modelo fosse marcado por um humano para informar se a pessoa havia sido contratada ou não para determinado emprego. De forma similar, o reconhecimento facial exigia supervisão humana que indicasse se e onde um rosto existia em cada imagem. Os dados rotulados dessa forma são chamados de dados "supervisionados", já que exigem supervisão humana para marcar os dados com um rótulo que o modelo é treinado para prever. É claro que existem milhões de currículos disponíveis on-line que ninguém rotulou e bilhões de fotos de família em álbuns on-line e em redes sociais que não foram marcados.

Os pesquisadores acabaram descobrindo formas eficientes de usar o potencial desses dados não rotulados — ou "não supervisionados". O truque é construir um modelo com uma quantidade pequena de dados supervisionados disponíveis e, então, usar o modelo para prever rótulos em um amplo volume de dados não supervisionados. Munido de uma nova leva de dados rotulados, os programadores repetem o processo várias vezes, permitindo assim que rotulem ainda mais dados antes não rotulados. Comece de novo com oceanos de pontos de dados não rotulados que estão na internet ou foram coletados por empresas como Google e Facebook, que rastreiam quase tudo o que fazemos on-line. Milhares de computadores, então, processam tudo isso em alta velocidade. Uma revolução na capacidade foi iniciada, e ela vem aumentando até hoje.

É claro que, conforme o estoque de dados rotulados aumenta desse jeito, também é possível que o modelo dê horrivelmente errado, já que uma previsão errada no início do processo será incorporada a previsões posteriores. Um desenvolvedor de software afro-americano, Jacky Alciné, por exemplo, postou em 2015 no Twitter que o aplicativo de fotos do Google havia rotulado fotos dele e de sua namorada como "gorilas".[6] Um engenheiro rapidamente emitiu um pedido público de desculpas e prometeu corrigir o problema, respondendo no Twitter: "Puta merda… isso é 100% não OK".[7] Mas o dano já havia sido feito, e consertar o problema não era tarefa fácil. Por muitos anos depois disso, a solução do Google foi eliminar todos os gorilas e chimpanzés de seu banco de imagens. O aprendizado de máquina tem um grande potencial tanto para resolver problemas complicados como para cometer erros desastrosos.[8]

Chegamos muito longe desde os anos 1950, quando uma máquina aprendeu a jogar damas pela primeira vez. Um computador com a capacidade de vencer um jogador amador de damas nem sequer chama a atenção hoje. Mas um computador com a capacidade de diagnosticar um câncer melhor do que um médico treinado — uma evolução que efetivamente aconteceu nos últimos anos — ganha as manchetes. De muitas formas, a ascensão do aprendizado de máquina é um resultado inevitável da velocidade cada vez maior dos computadores e da passagem de tantas atividades humanas para o domínio digital. Faz perfeito sentido que essa tecnologia, combinada com a mentalidade de otimização, tenha desenvolvido novas formas para a humanidade melhorar os processos de tomada de decisões propensos a erros de pessoas inconsistentes ou com preconceitos. É claro que uma grande preocupação é que os dados com os quais os algoritmos são treinados frequentemente vêm dessas mesmas pessoas com preconceitos, inconsistentes e propensas a erros. Se os currículos dados a um algoritmo de aprendizado de máquina são marcados com "contratar" ou "não contratar" por humanos, o algoritmo aprende alegremente os padrões da tomada de decisão *humana* — falhos ou não — que geraram esses dados.

Seria natural perguntar como modelos de aprendizado de máquina podem ser produzidos para se saírem *melhor* que os humanos tomando decisões se tudo o que eles estão tentando fazer é imitar as decisões humanas. A resposta é que em muitos campos existem dados disponíveis que não envolvem julgamento humano. Considere a decisão de conceder fiança a um réu esperando julgamento no sistema criminal. O objetivo não é só fazer com que o algoritmo imite as decisões de juízes humanos, que estudos mostram que podem ser altamente variáveis e propensas a erros. Em vez disso, os dados usados para treinar o algoritmo incluem réus que foram soltos sob fiança e se compareceram posteriormente para o julgamento ou não (ou, talvez, se cometeram outro crime enquanto estavam soltos sob fiança). O algoritmo assim aprende quais características dos réus — com base em seus antecedentes criminais, na acusação atual e em uma série de outros fatores, como se estão empregados, casados, têm filhos e outros — podem tornar provável que eles compareçam ou não a seus julgamentos. Nenhum julgamento humano é necessário ou, talvez mais importante, desejado.

Além disso, algoritmos criados dessa forma fornecem resultados uniformes. Se um tribunal em Nova York e outro no Alasca usarem a mesma ferramenta algorítmica, ambos terão a mesma pontuação de risco. Essa é uma ótima forma de eliminar viés humano de decisões importantes não apenas na justiça criminal, mas em muitas áreas diferentes, como quem deve receber uma hipoteca ou que procedimentos médicos devem ser aprovados para um paciente.

Desenvolvendo algoritmos justos

Se o experimento fracassado da Amazon tivesse sido um exemplo isolado de um algoritmo que deu errado, não haveria motivo para preocupação. Mas os problemas com a ferramenta de contratação da Amazon não são os únicos.

Precisamos prestar atenção a essas falhas porque algoritmos operam em muitas partes diferentes das nossas vidas de maneiras que nem percebemos. Além da contratação em empresas, algoritmos ajudam a determinar nossas vidas amorosas quando usamos um serviço de namoro on-line, o cuidado médico que recebemos (ou não) e o preço que pagamos por ele; se somos qualificados para um empréstimo; se somos elegíveis para auxílio-moradia ou seguro social; o que assistimos on-line; e o que aprendemos na escola. Eles oferecem alertas precoces para problemas de saúde mental; identificam potencial fraude tributária; ajudam a decidir se um réu irá para a cadeia ou sairá sob fiança; determinam a duração de sentenças criminais e se alguém está apto para a liberdade condicional. Essas estão entre as áreas importantes da vida de qualquer pessoa: amor, trabalho, saúde, educação, finanças e oportunidades. Algoritmos também estão por trás dos anúncios direcionados que vemos on-line, e a reação a eles é o que impulsiona o modelo de negócios de muitas empresas de tecnologia. Mesmo quando os algoritmos estão funcionando bem, precisamos considerar uma série de questões importantes que vão além das questões técnicas de sua precisão.

Se imagine na pele de Eric Loomis, um homem de 34 anos do Wisconsin que em fevereiro de 2013 foi pego dirigindo um carro roubado que tinha sido usado em um tiroteio. Ele se declarou culpado de ter fugido da prisão e operado um veículo sem o consentimento do proprietário. Nenhum dos crimes exigia a prisão. Em sua sentença, no entanto, o juiz usou uma análise de risco gerada por algoritmo chamada COMPAS que indicou que Loomis tinha grandes chances de reincidir.[9] O juiz rejeitou o pedido de liberdade condicional de Loomis e lhe deu uma sentença de seis anos de prisão. Nem o juiz nem os advogados, e dificilmente Loomis, entendiam como o COMPAS funcionava. Eles receberam apenas o resultado do algoritmo: uma pontuação de risco. A Northpointe, a empresa que produzia a tecnologia e a havia vendido ao estado do Wisconsin, recusou-se a divulgar o modelo do algoritmo, tratando-o como propriedade intelectual.[10] Quando os advogados de Loomis tentaram apelar da sentença, eles exigiram uma explicação para a pontuação de risco que ele havia recebido, uma explicação que ninguém podia oferecer.[11] Então, Loomis processou o Wisconsin por violar seus direitos ao devido processo legal que, ele acreditava, deveria lhe dar a chance de questionar qualquer evidência usada contra ele no tribunal. A Suprema Corte do Wisconsin rejeitou o recurso, colocando Loomis e outros réus do Wisconsin em um cenário kafkiano de ver negada uma explicação para algo tão importante quanto se eles seriam ou não mandados para a cadeia. Assim como a ferramenta algorítmica de contratação da Amazon viola nosso senso de justiça, o mesmo acontece com a análise de risco do COMPAS.

Hoje é mais importante do que nunca que engenheiros desenvolvam algoritmos justos e, melhor ainda, tornem nosso mundo mais justo. Alguns notaram o problema e criaram uma nova linha de pesquisa acadêmica dedicada ao assunto. Um site hiperconfiante, chamado Spliddit, oferece o que ele chama de "soluções comprovadamente justas" para problemas como compartilhar pagamentos de aluguel, dar crédito para tarefas de grupo, dividir propriedade entre herdeiros e dividir tarefas em turnos de trabalho entre um grupo de pessoas. O empreendimento sem fins lucrativos anuncia "métodos que oferecem garantias inquestionáveis de justiça". Enterrada mais fundo no site, está a explicação do criador: "Quando nós dizemos que garantimos uma propriedade de justiça, estamos declarando um fato matemático". Esses cientistas da computação parecem acreditar que a justiça pode ser reduzida a uma fórmula matemática. Se ao menos alcançar a justiça fosse tão simples!

Um grupo separado de acadêmicos chegou a uma conclusão diferente. Eles testemunharam problemas com a decisão por algoritmos e criaram a FACCT/ML, um acrônimo para Fairness, Accountability and Transparency in Machine Learning [Justiça, Responsabilidade e Transparência em Aprendizado de Máquina]. Seu objetivo declarado é ajudar a garantir que as decisões algorítmicas não criem impactos discriminatórios ou injustos em diferentes perfis demográficos, como raça, sexo, religião e outros.

Poderia parecer ser um projeto promissor. Mas um problema mais profundo se apresenta imediatamente: como definir justiça. Para enfatizar esse ponto, uma apresentação na conferência anual do grupo em 2018 ofereceu 21 definições diferentes de justiça, cada uma implicando uma formulação matemática diferente do conceito.[12] Uma definição afirmava que os algoritmos deveriam ser cegos para gênero — nenhuma identificação de gênero deveria ser usada como entrada — para que se conseguisse justiça em relação a gênero. Outra exigia que o algoritmo usasse gênero como entrada para superar o viés histórico contra mulheres. Outra definição ainda observava que justiça implica que a porcentagem de erros cometidos por um modelo de programação para mulheres deveria ser a mesma que para homens. Então, se um modelo é usado para triagem de currículos, a porcentagem de mulheres rotuladas incorretamente como "não contratar" deve ser a mesma porcentagem de previsões incorretas para homens. Outros pesquisadores mostraram que várias especificações de justiça são incompatíveis, porque tentar maximizar uma versão pode levar à redução da outra.[13] O resumo é que justiça não é algo facilmente compreendido como uma coisa universal sobre a qual todos concordamos. Em vez disso, devemos prestar atenção no que justiça significa em contextos sociais específicos.

A maior parte das pessoas pensa que existe uma compreensão comum das palavras "justo" e "injusto". Ainda assim, a justiça resiste a definições simples. Considere o seguinte exemplo: um distrito escolar está tentando decidir como financiar suas escolas para educar melhor todas as crianças. Alguém diz que a justiça exige tratar todas as crianças da mesma forma. Por essa definição, todas as crianças deveriam receber uma quantidade idêntica do financiamento. Oferecer um financiamento desigual — gastar mais por aluno, por exemplo, com meninos, crianças brancas, aquelas que são religiosas ou as que nasceram no país — seria discriminar meninas, minorias, agnósticos e imigrantes. E isso seria injusto.

Então alguém aponta que algumas das crianças que frequentam a escola têm necessidades especiais de aprendizagem. Algumas crianças são disléxicas, outras têm deficiência auditiva ou visual. Outras têm dificuldades cognitivas ou físicas. Para dar a essas crianças os serviços especiais de educação de que elas precisam para aprender, especialmente se o objetivo é que elas tenham uma oportunidade de aprendizagem comparável à de crianças que não são cegas ou surdas, vai custar mais dinheiro. Professores especialmente treinados precisarão ser contratados, equipamentos especiais precisarão ser comprados, acomodações em sala de aula terão de ser feitas. Então, não é justo gastar mais dinheiro por aluno no caso de crianças com necessidades especiais?

Qual é a resposta? A justiça exige o mesmo tratamento ou um tratamento diferente? Ambas as visões de justiça têm um mérito razoável.

Essas discordâncias sobre justiça são uma parte rotineira de nossas vidas pessoais também. Como pai, você tenta tratar seus filhos de forma justa. Mas o que isso significa na prática? Se você quer dar a cada filho a chance de aprender um instrumento musical, e um filho quer tocar violão, e o outro, piano, vai parecer injusto quando você perceber que um piano é muito mais caro que um violão? Você dá aos seus filhos mesadas iguais ou diferentes? Talvez importe a idade deles, mas, quando você dá presentes em dinheiro para seus filhos adultos, você dá quantias iguais ou diferentes? Não é óbvio o que a justiça exige em cada caso.

Para complicar as coisas ainda mais, a justiça é uma ideia que aplicamos tanto a indivíduos como a grupos. Quando pensamos em um algoritmo de contratação, podemos interpretar a justiça como uma propriedade de indivíduos para que todos os candidatos com habilidades e experiências idênticas obtenham a mesma pontuação quando forem analisados pelo algoritmo. Também podemos entender a justiça como uma propriedade de grupos para que a porcentagem de integrantes de grupos minoritários marcados como contratáveis seja a mesma do grupo majoritário. Ambas as concepções de justiça parecem importantes e razoáveis. Mas não podemos facilmente adotar ambas ao mesmo tempo quando desenvolvemos algoritmos.

Portanto, a justiça no desenvolvimento dos algoritmos não é algo fácil de definir ou implementar. É contextual e depende de nosso entendimento social coletivo das circunstâncias envolvidas.

Apesar disso, nem tudo está perdido. A justiça pode não ser reduzida de forma consistente à matemática e pode variar um pouco de acordo com diferentes contextos sociais, mas isso não significa que seja subjetiva. Ainda podemos nos orientar e usar esse ideal filosófico. Na verdade, é inevitável que façamos isso, já que a justiça parece estar programada evolutivamente nas interações humanas. Sente-se a uma mesa com crianças da pré-escola e ofereça a elas alguns adesivos ou doces. Se você der mais a algumas do que a outras, as crianças, especialmente as que receberam menos, vão reclamar. As que recebem mais podem não ceder, mas elas vão reconhecer a injustiça. Estudos em muitos países diferentes mostram que crianças, mesmo as de apenas doze meses, têm uma compreensão de justiça e exibem raiva quando são tratadas de forma diferente por seus pares, pais ou pesquisadores. Elas demonstram uma forte aversão a resultados desiguais e vão ameaçar ou punir aqueles que se recusam a compartilhar de uma forma justa.

E há o resultado impressionantemente consistente do que os pesquisadores chamam de jogo do ultimato. Testado em dezenas de países com participantes muito variados, o jogo do ultimato é tão simples que você pode experimentá-lo com seus amigos. Uma pessoa, o proponente, recebe uma soma em dinheiro, digamos cem dólares, e lhe é dito para compartilhar esse dinheiro como quiser — 50/50, 55/45, 100/0 — com uma segunda pessoa, o receptor. O receptor tem poder de veto e pode aceitar ou rejeitar o negócio que é proposto. Se ele aceitar, ambos vão embora com a divisão proposta. Se ele rejeitar, nenhum ganha nada. O proponente precisa descobrir qual parcela de dinheiro precisa oferecer para que o receptor concorde. Uma ideia comum na economia é que é racional para o receptor aceitar qualquer oferta, já que ir embora com alguma coisa, mesmo um dólar, é sempre melhor do que sair sem nada. Mas os receptores em toda parte tendem a rejeitar ofertas desiguais e quase sempre rejeitam ofertas profundamente desiguais, sacrificando um ganho material para si mesmos para punir o proponente que demonstra injustiça. A conclusão mais aceita desses estudos é que os humanos têm um instinto de tratamento justo profundamente enraizado.

Mesmo outras espécies parecem ter um forte padrão de justiça. Um famoso estudo feito por Sarah Brosnan e Frans de Waal usou macacos-prego para testar a ideia.[14] Dois macacos ficaram em jaulas adjacentes e um cuidador ofereceu a eles um pedaço de comida em troca de uma tarefa simples. Quando o cuidador ofereceu pepinos aos dois macacos em troca da tarefa, os macacos aceitaram alegremente e comeram os pepinos. Mas, quando o cuidador ofereceu para um macaco uma uva — um alimento muito mais doce e preferível — e ao outro um pepino, o macaco em desvantagem se rebelou, batendo contra a gaiola e atirando o pepino no cuidador. Os primatas, Brosnan e De Waal concluíram, são programados para resistir a certos tipos de tratamento desigual.

Quando pensamos em decisões por algoritmo, é útil distinguir entre dois tipos de justiça: substantiva e processual. A justiça substantiva se foca no resultado de uma decisão. A justiça processual se foca no processo que gera o resultado. Se o processo é considerado justo, não precisamos nos preocupar com o resultado. Algoritmos justos envolvem tanto considerações substantivas como processuais.

Para a justiça, a questão mais importante é determinar o que conta como uma consideração moralmente relevante no processo de tomada de decisão. A definição mais antiga de justiça, que remonta a Aristóteles, é que justiça significa tratar casos parecidos de forma parecida e casos diferentes de forma diferente. É óbvio que a cor do seu cabelo é moralmente irrelevante quando se trata de saber se um algoritmo deveria recomendar sua contratação, se uma pontuação de risco na justiça criminal deve recomendar que você seja preso ou solto sob fiança, ou se um distrito escolar deve oferecer financiamentos idênticos aos alunos. Esses são casos fáceis. E gênero, raça e religião? Essas características são moralmente relevantes ou irrelevantes quando pensamos em questões importantes como contratação, justiça criminal e oportunidade educacional? Para responder a essa pergunta, podemos consultar teorias de justiça para termos uma resposta, ou a lei, ou nossa consciência moral. Além disso, nossos entendimentos evoluem com o tempo e podem ser diferentes de um contexto social para outro. A constituição dos Estados Unidos começou contando escravos como três quintos de uma pessoa branca e excluindo mulheres. Diferenças entre negros e brancos e entre mulheres e homens eram vistas como moralmente salientes; longas lutas sociais foram necessárias para derrubar essas diferenças na lei e ainda estão em andamento quando se trata de diferenças na mente dos cidadãos comuns. Hoje nos Estados Unidos, raça é o que os advogados chamam de uma "classificação suspeita", uma característica das pessoas que pode gerar tratamento discriminatório. Decidir se essa característica é moralmente relevante ou irrelevante é o que torna a justiça um ideal difícil.

Essa dificuldade é o que dá à justiça processual seu apelo. Como o que conta como um resultado substancialmente justo é discutível, talvez um foco em processos justos possa nos ajudar. Você precisa dividir um bolo de aniversário de forma justa e dar a cada pessoa uma fatia igual? A abordagem justa é dar a faca a uma pessoa para dividir o bolo e fazê-la escolher por último. Mas essa justiça aparente não elimina totalmente a necessidade de tomarmos decisões baseadas na justiça substantiva. Uma pessoa de dieta pode preferir um pedaço menor de bolo; alguém que não comeu nada o dia todo pode querer um pedaço maior. Se essas são considerações relevantes, apenas um processo justo não funcionará.

Focar a justiça processual, contudo, pode iluminar considerações especialmente importantes quando se trata de pensar sobre a justiça de qualquer processo de tomada de decisão, incluindo os processos por algoritmo. O falecido filósofo John Rawls desenvolveu uma teoria da justiça que ele chamava de "justiça como equidade", na qual um processo justo de tomada de decisão não permitiria que os poderosos tirassem vantagem dos fracos, que o rico dominasse o pobre, ou que um grupo majoritário vencesse no voto um grupo minoritário. Para captar essa mentalidade, ele sugeriu que decisões que impactam a sociedade deveriam ser tomadas por trás de um "véu de ignorância", sob o qual os responsáveis pela decisão não teriam conhecimento de sua própria situação pessoal ou status socioeconômico. Assim, eles não teriam motivação para tomar decisões que beneficiassem seus próprios interesses pessoais (sobre os quais não teriam conhecimento). Em vez disso, seu único objetivo seria tomar decisões que beneficiassem a sociedade de forma geral, prestando atenção especial às pessoas que podem ser mais adversamente afetadas pela decisão, já que eles podem ser uma delas sem saber.

Quando se trata de algoritmos, o véu de ignorância de Rawls e sua ênfase em um procedimento justo podem ser úteis. Se você está sujeito a algum procedimento decisório por algoritmos, digamos, a decisão se você merece receber tratamento médico, ou se você vai ser recomendado para contratação dentre milhares de candidatos, o que você gostaria de saber sobre o modelo algorítmico para lhe dar a confiança de que você está sendo tratado com justiça? Você gostaria de saber que o modelo não foi treinado com dados repletos de vieses humanos sobre coisas irrelevantes. Você gostaria de entender como o modelo funciona — quais fatores ele leva em consideração e quais ignora. Você gostaria de ter alguma garantia de que os programadores do algoritmo não consultaram apenas a própria intuição a respeito do que conta como moralmente relevante ou irrelevante, mas que estão programando com um entendimento social mais amplo em mente. Ao se deparar com a caixa-preta das decisões de um algoritmo avançado de aprendizado de máquina, cujo resultado não pode ser facilmente explicado nem pelos programadores, você teria dúvidas sobre a justiça. E você mereceria respostas.

Algoritmos em julgamento

O avanço das decisões por algoritmo está rapidamente ultrapassando nossa capacidade de concordar sobre o que queremos que esses sistemas alcancem. O algoritmo de contratação da Amazon é apenas a ponta do iceberg no mundo dos negócios. E o entusiasmo por algoritmos não é limitado ao setor privado. Governos estão entrando no jogo, inclusive em áreas que você poderia pensar que estão totalmente fora dos limites das máquinas, como alocar serviços sociais críticos, retirar uma criança de um lar e o que ensinar às crianças na escola. Em cada caso, alguém precisa tomar uma decisão a respeito do que o algoritmo deve otimizar e como a justiça deve ser conquistada — e essas decisões são praticamente invisíveis.

É no domínio da justiça criminal que os debates sobre justiça são contestados com mais fervor. Tome a Califórnia como exemplo. Em agosto de 2018, com grande aclamação, o governador Jerry Brown sancionou uma lei para uma reforma completa do sistema de fiança do estado. A lei eliminava a fiança em espécie em um esforço de garantir, nas palavras do governador Brown, que "ricos e pobres sejam tratados com justiça".[15] Sob a nova lei, as cortes locais precisariam decidir se os detidos e acusados de algum crime deveriam ser mantidos sob custódia ou aguardariam o julgamento em liberdade. Para casos de infrações violentas, o padrão seria a soltura em até doze horas. Mas, em outros casos, a decisão seria baseada em um algoritmo criado pelos tribunais de cada jurisdição para avaliar a probabilidade de cada réu comparecer à sua audiência, a seriedade do crime e a probabilidade de reincidência.

As pessoas por trás da legislação estavam motivadas pela injustiça do antigo sistema de fianças em espécie. É fácil entender o argumento; ela resultava em uma discriminação sistemática contra os pobres e menos favorecidos. A decisão de deter alguém antes do julgamento deveria presumivelmente ser feita com base no risco que a pessoa representa à comunidade, e não em sua capacidade de pagar uma fiança. A deputada Lorena Gonzalez explicou da seguinte forma: "Milhares de agressores sexuais, estupradores e assassinos são soltos simplesmente porque têm dinheiro, [e ainda assim] nós estaríamos mais seguros mantendo esse sistema?".[16] O coautor da lei, o senador Robert Hertzberg, a chamou de "uma transformação da valorização da riqueza pessoal para a proteção da segurança pública".

Os entusiastas da medida também estavam movidos pela evidência de que uma abordagem algorítmica na prisão preventiva é na verdade melhor do que uma abordagem que depende de juízes para tomar essas decisões, já que reduz o número de crimes cometidos por aqueles que aguardam julgamento enquanto diminui o número de pessoas encarceradas antes da condenação. Mas como sabemos disso? Um cientista da computação na Universidade Cornell, Jon Kleinberg, e seus colegas examinaram mais de um milhão de processos judiciais relacionados a títulos em um esforço para comparar a eficiência das previsões do algoritmo com as decisões de juízes humanos reais.[17] O que eles descobriram reforçaria a angústia de qualquer pessoa a respeito da falibilidade do julgamento humano. Se as decisões fossem tomadas usando predições algorítmicas, a taxa de crimes cometidos por réus soltos seria reduzida em 25%, sem que mais ninguém fosse preso. Na verdade, para manter o índice atual de crimes cometidos por réus soltos, 42% menos pessoas poderiam estar presas. Em outras palavras, poderíamos aumentar enormemente o bem-estar de algumas pessoas ao não as mandar para a cadeia no estágio de fiança de um processo criminal, sem qualquer risco adicional para a seguridade social. É uma proposta em que todos saem ganhando e que pesa bastante em favor do algoritmo em oposição à tomada de decisão por humanos. Kleinberg e seus colegas argumentam que os juízes tendem a soltar muitas das pessoas que o algoritmo identifica como de risco especialmente alto, e os juízes mais rígidos tendem a manter pessoas na cadeia independentemente de seu nível de risco. A melhor estimativa deles é que, com 12 milhões de pessoas presas todos os anos nos Estados Unidos, a população carcerária poderia ser reduzida em centenas de milhares se uma ferramenta algorítmica fosse usada. E ajuda o fato de que isso é incrivelmente barato de se implementar. Como mágica, simplesmente requer bons dados administrativos, boa manutenção de registros judiciários e um pouco de análise estatística! E, diferentemente de um juiz, o algoritmo nunca se cansa e trabalha no meio da noite tão bem quanto depois de uma xícara de café pela manhã. Na verdade, o argumento contra decisões humanas na justiça criminal fica cada vez mais forte. Um estudo recente mostrou que juízes têm muito menos chance de julgar favoravelmente um caso de imigração quando está quente.[18] Tudo isso pode ser somado a evidências mais gerais sobre a tomada de decisões por humanos, que pode depender de coisas moralmente irrelevantes como se seu time de futebol ganhou no fim de semana (isso torna você mais propenso a reeleger quem está no cargo!).

Contudo, uma ideia que parece inquestionável na teoria encontrou obstáculos significativos. Diversos grupos importantes de liberdades civis retiraram seu apoio à legislação no último minuto devido a preocupações de que as reformas perpetuariam as discriminações em vez de diminuí-las. A ACLU expressou preocupação pelo fato de a lei proposta "não ser um modelo de justiça preventiva e equidade racial",[19] enquanto o líder de uma organização local de advocacia, a Silicon Valley De-Bug, atacou os legisladores por terem tomado "nosso grito pelo fim da fiança em dinheiro e [usá-lo] contra nós para ameaçar, criminalizar e encarcerar ainda mais nossas pessoas queridas".[20] Em uma aliança improvável, alguns ativistas de direitos civis deram as mãos aos 3 mil agentes de fiança do estado para protestar contra a nova legislação. Uma coalizão chamada Californianos contra o Esquema Inconsequente de Fiança foi formada e reuniu mais de 575 mil assinaturas em apenas setenta dias para que a proposta fosse votada em um referendo em novembro de 2020. Em meio a um massacre de publicidade, com defensores atacando a injustiça da fiança em dinheiro e críticos mencionando o espectro do viés racial em algoritmos, os cidadãos foram às urnas e rejeitaram de forma decisiva a nova lei. A fiança em dinheiro permanecerá existindo, e as pontuações de risco por algoritmo estão na geladeira, pelo menos na Califórnia.

Os críticos tinham um argumento. Embora decidir a prisão preventiva via pontuação de risco por algoritmo seja *melhor* de acordo com alguns critérios, existe muito debate se seria *mais justo*. Uma investigação muito divulgada da ProPublica a respeito da prisão preventiva no condado de Broward, na Flórida, concluiu que o algoritmo usado nesse contexto era "muito pouco confiável" — pouco melhor que tirar na moeda em alguns casos.[21] O algoritmo era usado para prever se os réus provavelmente cometeriam outro crime — algo chamado de reincidência — se fossem soltos antes do julgamento. Na superfície, o algoritmo parecia tratar réus brancos e negros de forma semelhante, prevendo corretamente se um réu iria reincidir 59% das vezes para réus brancos e 63% das vezes para réus negros. Seria até possível concluir que o algoritmo era enviesado contra réus brancos. Mas uma investigação mais profunda e perturbadora das previsões do algoritmo descobriu evidências de disparidades raciais significativas contra negros. Réus negros que não teriam cometido outro crime foram rotulados equivocadamente como futuros criminosos a uma taxa que era quase o dobro da dos réus brancos (45% dos negros contra 23% dos brancos). Ademais, réus brancos que teriam cometido outro crime foram rotulados equivocadamente como de baixo risco com 70% mais frequência do que réus negros. Os resultados da investigação da ProPublica levaram a um intenso debate acadêmico, incluindo se a ProPublica havia usado medidas estatísticas apropriadas e uma definição relevante de justiça (o que foi questionado pela Northpointe e outras), ou se haviam sido feitas acusações fortes demais em face de outras evidências atenuantes. O debate continua, mas a narrativa da decisão por algoritmo racialmente tendenciosa já ganhou força.

Estudos subsequentes reforçaram as preocupações. No Kentucky, antes da introdução sistemática da decisão por algoritmos, réus brancos e negros eram soltos sem fiança mais ou menos na mesma proporção. Contudo, depois que a assembleia legislativa do Kentucky passou uma lei em 2011 que exigia que os juízes consultassem um algoritmo ao tomar suas decisões, eles começaram a oferecer liberdade sem fiança para réus brancos com muito mais frequência do que para réus negros.[22] Resultados como esse focam nossa mente nos detalhes: que tipos de dados são usados para treinar ferramentas algorítmicas, como os modelos são construídos, como os juízes interpretam o resultado, e assim por diante. Essas preocupações agora são consideradas tão significativas que a Suprema Corte do Wisconsin determinou, em resposta ao caso Eric Loomis, que advertências sejam anexadas às pontuações de risco do algoritmo, alertando os juízes para certas "limitações e cuidados".[23]

A reforma da fiança na Califórnia deixou muitos detalhes para serem resolvidos nos bastidores. Teria ficado a cargo de cada um dos 58 condados do estado desenvolver a própria ferramenta algorítmica para a tomada de decisões. Cada condado, sob a supervisão da Suprema Corte estadual, teria decidido que dados usar, que modelo construir e como introduzir as pontuações de risco no processo judicial. O condado poderia desenvolver um algoritmo ele mesmo ou comprar uma ferramenta algorítmica de uma empresa.

Essa nova abordagem também não teria sido plenamente avaliada até 2023, quatro anos depois de sua implementação, com os detalhes da auditoria a serem decididos posteriormente. Embora os resultados da eleição de 2020 possam ter esfriado essas questões na Califórnia por enquanto, mudanças similares precisarão ser abordadas em outros campos conforme o uso da decisão por algoritmos continuar avançando.

De fato, a maior parte de nós não enfrentará a decisão por algoritmos no sistema de justiça criminal, embora encontremos os algoritmos em muitos outros aspectos da nossa vida cotidiana. Mas aqueles que irão enfrentá-la estão entre os mais vulneráveis da sociedade — e com frequência são vítimas de injustiças históricas e desigualdades sistêmicas. Cathy O'Neil,[24] uma ex-professora de matemática que virou cientista de dados, enfatiza isso em seu livro fundamental *Algoritmos de destruição em massa*, no qual ela escreveu que modelos de tomada de decisão por algoritmo "tendem a punir os pobres e oprimidos em nossa sociedade enquanto tornam os ricos mais ricos". Ela observa esse fenômeno no sistema de justiça criminal, além de em muitos outros domínios, como pontuação de crédito, admissões em universidades e decisões de emprego. Ruha Benjamin, professora de Princeton, ficou famosa ao se referir a essa dinâmica como "Novo Jim Code",* enfatizando como modelos algorítmicos reforçam hierarquias raciais existentes.[25]

Se vamos abraçar um futuro com mais decisões automatizadas, ele precisará ser um futuro em que todos nós tenhamos confiança. Como podemos conquistar a promessa da decisão por algoritmos e ao mesmo tempo proteger o compromisso da sociedade com a justiça?

UMA NOVA ERA DE RESPONSABILIDADE ALGORÍTMICA

Um primeiro passo pode ser garantir que acertamos nas ferramentas. A primeira decisão-chave que o designer de modelos algorítmicos encontra é que

---

* Trocadilho com as leis "Jim Crow", que determinavam a segregação racial no Sul dos Estados Unidos. (N. T.)

resultado prever. No caso da Amazon, coube a Beth Galetti e sua equipe definir o que significava ser um funcionário "bem-sucedido" na empresa. Não é nada óbvio definir sucesso nesse contexto. Para algumas categorias de emprego, pode-se medir sucesso em termos de eficiência ou de qualidade do código de computador que um funcionário escreve, mas isso não faria sentido se a pessoa estivesse sendo contratada como gerente de produto ou executiva sênior. Pode-se observar se os funcionários recebem boas avaliações de performance e são promovidos, mas isso pode estar apenas vagamente relacionado à real performance no trabalho, e não à avaliação que o entrevistador faz de um candidato. Laszlo Bock, ex-vice-presidente de operações de pessoal do Google, lembra-se de um estudo interno da empresa no qual ele examinou dezenas de milhares de entrevistas e estabeleceu quem havia conduzido cada uma e a pontuação que o candidato havia ganhado e, finalmente, como aquele candidato havia ido no trabalho. "Nós encontramos zero relação", ele disse.[26]

No setor público, fica ainda menos claro como definir o resultado ideal. Vamos voltar para o sistema de justiça criminal. Um algoritmo deveria ser otimizado para reduzir a probabilidade de um indivíduo não comparecer à sua audiência? Para reduzir a probabilidade de o indivíduo cometer um crime antes do julgamento? Ou para minimizar a possibilidade de o indivíduo cometer qualquer crime no futuro? A otimização para esses cenários distintos terá ramificações diferentes em relação a quem tem sua fiança negada. Se a Califórnia deixar para cada condado desenvolver seu próprio algoritmo, isso praticamente garantirá um tratamento desigual dos réus em cada condado. E pouca orientação foi dada sobre como essas decisões deveriam ser tomadas — se pelas autoridades do Judiciário, representantes eleitos ou mesmo pelos próprios cidadãos. A história da Califórnia aponta o caminho para o primeiro elemento de uma boa ferramenta: ela precisa ter um resultado claro, bem mensurado e que as pessoas aceitem como um objetivo legítimo.

Uma vez que um resultado é selecionado, precisamos saber que o modelo é preciso e válido. Mas no mundo real precisão nas previsões não é suficiente. Devemos saber o quão preciso é o modelo em comparação à melhor alternativa disponível. No caso da Amazon, gostaríamos de saber se o algoritmo faz um trabalho melhor na identificação de talentos do que o processo tradicional de entrevistas. No sistema de justiça criminal, o corolário é a capacidade dos juízes de identificar os réus que correm mais risco de driblar a fiança ou cometer outro crime antes do julgamento.

Um modelo é considerado válido se suas previsões mapeiam razoavelmente bem os resultados que efetivamente observamos no mundo. O desafio é que o que é uma previsão precisa em um contexto não tem nenhuma garantia de se deslocar bem para outros contextos. Se alguém está tentando desenvolver um modelo que preveja a probabilidade de sucesso de uma possível contratação em um centro de atendimento da Amazon, pode não fazer sentido usar um modelo treinado com dados de funcionários da sede da Amazon. Se alguém está tentando desenvolver um modelo para prever a probabilidade de um réu cometer um crime enquanto está solto sob fiança nos Estados Unidos em 2019, pode não fazer sentido usar um modelo construído com dados da Suécia ou mesmo de um conjunto diferente de americanos, como indivíduos com mais de 45 anos morando em estados que fazem fronteira com o Canadá. Outro fator é a qualidade imperfeita dos dados. Essa é uma questão muito difícil no contexto da previsão de reincidência porque nós não conseguimos saber, para determinado indivíduo, se ele realmente cometeu um crime; tudo o que sabemos é que o indivíduo foi preso ou condenado por cometer um crime. Portanto, o segundo requisito de uma boa ferramenta é que ela seja precisa e válida.

Acertar a ferramenta também significa estar atento ao risco de vieses. Na prática, a questão do viés não pode ser facilmente separada da precisão e da validade: o viés nas previsões pode ser resultado de qualidade imperfeita dos dados, variáveis ruins, problemas de amostragem e outros fatores. Por exemplo, no caso da Amazon, se promoções anteriores favoreceram funcionários que se davam bem em um ambiente masculino, pode-se observar um baixo índice de entrevistas com mulheres, mesmo que o modelo não levasse o gênero explicitamente em conta. De forma similar, no contexto da justiça criminal, as variáveis que medem as características de bairros, como renda ou se os amigos foram presos, estão intimamente associadas à raça e assim geram resultados sistematicamente diferentes para grupos raciais diferentes, mesmo que raça não seja explicitamente incluída no modelo. A única estratégia realista para os engenheiros que lidam com viés é medir sistematicamente e agir para atenuar o viés e ser explícito sobre a concepção de justiça para a qual estão otimizando.

O ELEMENTO HUMANO EM DECISÕES ALGORÍTMICAS

Acertar as ferramentas não é suficiente; nós também devemos prestar atenção em como elas interagem com os seres humanos — de preferência antes de implantá-las em larga escala, como a Califórnia propôs fazer. Porque, se seres humanos ignoram as recomendações dos algoritmos ou são capazes de manipular sistemas automatizados, não chegaremos aos resultados incríveis que os cientistas da computação previram que alcançaríamos quando estavam em seus laboratórios.

A precisão de uma ferramenta não está necessariamente relacionada à sua eficiência no mundo, porque a autoridade final na tomada de decisão na maior parte dos contextos ainda é um ser humano. Então, para entender a eficiência precisamos observar como os seres humanos interagem com as previsões algorítmicas. Uma estratégia seria realizar algum tipo de experimento, idealmente um estudo controlado randomizado; por exemplo, identificar um conjunto de condados e aleatoriamente determinar que metade deverá tomar decisões de fiança via previsões de algoritmo (grupo de tratamento) e a outra metade deverá confiar nas decisões de juízes (grupo de controle). Com um número suficiente de condados, seria possível medir a probabilidade de indivíduos comparecerem às audiências e a taxa de crimes cometidos pelos réus nos dois grupos. Se você observar um maior comparecimento a audiências e taxas menores de criminalidade pelos réus no grupo de tratamento, terá uma boa evidência da eficácia da ferramenta.

Pode-se naturalmente pensar que os legisladores da Califórnia teriam desejado que um experimento fosse feito antes de adotar a ferramenta de decisões por algoritmo no estado, mas na verdade eles foram em frente sem isso. Embora esses experimentos estejam em andamento, no momento em que este livro foi escrito nenhum havia sido concluído ainda. Então, as decisões por algoritmo, pelo menos no sistema judicial, vêm aumentando rapidamente, mesmo na ausência de evidências sistemáticas de sua eficiência. A decisão de usar algoritmos, especialmente quando vestida na linguagem da inteligência artificial, é com frequência tratada como uma poção mágica por seus entusiastas mais ingênuos. Isso não é nada mais que uma ilusão.

Mesmo na ausência de um experimento podemos perceber uma etapa óbvia em que as coisas podem dar errado: o ponto em que um humano tomando decisões recebe uma recomendação de algoritmo e deve decidir o que fazer. Alguns observadores se preocupam com a tendência dos humanos a aceitar sem questionar a precisão de uma decisão automatizada, algo conhecido como viés de automação.[27] A realidade, no entanto, é que os seres humanos com frequência ignoram decisões recomendadas, fazendo-o de forma a prejudicar sistematicamente alguns grupos, e não outros. Lembre-se da determinação do Kentucky para que pontuações de risco feitas por algoritmo fossem incorporadas nas decisões judiciais, o que levou a taxas mais altas de liberdade provisória para réus brancos em relação a negros. Isso pode ser resultado do fato de os juízes seguirem a abordagem recomendada em taxas iguais para brancos e negros e de o algoritmo realmente capturar níveis diferentes de risco. Mas outro estudo descobriu que os juízes têm mais chance de ignorar o julgamento recomendado em casos de réus negros do que de brancos, mesmo quando os réus compartilham uma avaliação de baixo risco.[28] É preocupante que esses efeitos tenham sido especialmente concentrados em condados predominantemente brancos. Isso sugere não apenas que os juízes não confiavam no sistema (na verdade, eles rejeitavam as recomendações dois terços das vezes), mas que eles interagiam com a recomendação de forma que reforçava alguns de seus próprios vieses.

Mesmo que os juízes aceitassem totalmente as ferramentas automatizadas de tomada de decisão, na prática elas poderiam não ser tão eficientes no mundo real quanto previsto no laboratório. Talvez a principal razão seja que seres humanos respondem de formas previsíveis e imprevisíveis a mudanças em seu ambiente. Previsivelmente, se um algoritmo automatizado determina que o currículo de alguém foi selecionado para uma entrevista, aqueles que sabem como o algoritmo funciona podem manipular o sistema ao oferecer conselhos para futuros candidatos, talvez até mesmo por um preço. Funcionários da Amazon que querem que seus amigos e colegas sejam contratados pela empresa podem desenvolver formas de contornar as ferramentas de triagem de currículos, talvez incentivando seus candidatos favoritos por meio de redes pessoais, o que tornaria a ferramenta menos eficaz em geral. De forma similar, no sistema de justiça criminal pode haver incentivos para os réus que relatam (ou escondem) informações, o que pode permitir que eles tirem vantagem da ferramenta automatizada de decisões. Um advogado pode aconselhar os réus sobre o que compartilhar ou não com a polícia quando são detidos para evitar uma prisão preventiva.

Em um contexto totalmente diferente, a Academia da Força Aérea dos Estados Unidos fez experiências com um algoritmo que combinava alunos de primeiro ano com grupos de estudos.[29] Isso foi feito porque um algoritmo de aprendizado de máquina havia detectado a partir de dados históricos que alunos de baixa performance iam melhor quando combinados com alunos de alta performance em um grupo de estudos. No entanto, quando a informação foi posta em prática, panelinhas rapidamente se formaram: cadetes de alta e baixa performances não queriam estar perto uns dos outros, e os alunos de baixa performance ficaram para trás. O algoritmo parecia deixar escapar o fato de que um esforço estratégico para otimizar os grupos exporia as diferenças de uma forma que sabotava o valor de misturar os grupos.

Esses exemplos revelam a importância de descobrir se uma ferramenta funciona antes de usá-la em larga escala, uma espécie de princípio para evitar danos na tomada algorítmica de decisões. Ainda assim, mesmo que o estudo sistemático de como os humanos tratam as recomendações algorítmicas ainda esteja em sua infância, ele não freou nem um pouco os entusiastas.

Como controlar algoritmos

Dado que a justiça é algo sobre o qual devemos concordar mutuamente, como devemos controlar o uso de ferramentas algorítmicas para a tomada de decisões, seja no setor público, seja no privado? Neste momento, a maior parte das pessoas nem sabe quando uma ferramenta automatizada está sendo usada para tomar decisões que impactam suas vidas. Isso importa porque é natural perceber como injusto um processo de tomada de decisões que não é compreensível. E qualquer percepção de injustiça, especialmente em relação às decisões tomadas por instituições do setor público, é uma ameaça significativa à legitimidade.

As democracias ao redor do mundo estão introduzindo medidas para controlar como os algoritmos para a tomada de decisões automatizada são usados. O governo canadense está na dianteira e adotou uma avaliação nacional de impacto algorítmico. Determinações similares foram incluídas em novas diretivas europeias. E, nos Estados Unidos, alguns anos atrás, um membro popular da Câmara de Vereadores de Nova York decidiu encarar essas questões. James Vacca, que cumpria seu último mandato, havia ficado preocupado com o fato de que muitas decisões públicas estivessem sendo tomadas com base em sistemas opacos de algoritmos.[30] Por exemplo, quando ele reclamou para a cidade que não havia policiais suficientes em várias delegacias de seu distrito, o Departamento de Polícia de Nova York respondeu que tinha uma fórmula para determinar como a força deveria ser alocada pela cidade. E, quando um pai foi até ele preocupado com o filho que tinha ido parar na sexta opção de escola pública, Vacca não pôde fazer nada além de mencionar o misterioso algoritmo de distribuição escolar da Secretaria de Educação.

Por um lado, Vacca estava entusiasmado com o fato de Nova York estar na vanguarda do uso de dados para melhorar a prestação de serviços municipais. Mas também estava profundamente preocupado com aqueles que recebiam essas decisões e nem sequer sabiam como elas estavam sendo tomadas ou como poderiam questioná-las se lhes parecessem erradas. Vacca propôs uma legislação para determinar que agências municipais publicassem o código-fonte de todos os algoritmos e permitissem ao público testá-los por si mesmo ao enviar seus dados e conferir os resultados. Durante uma audiência do comitê em 2017, ele enquadrou sua lei como a chave para a democracia na era digital: "Na nossa cidade nem sempre está claro quando e por que as agências usam algoritmos, e, quando elas o fazem, com frequência não está claro em que suposições foram baseados e que dados estão considerando... Quando instituições governamentais utilizam algoritmos obscuros, nossos princípios de responsabilidade democrática são prejudicados".

A proposta de Vacca foi a primeira do tipo nos Estados Unidos. Conforme a proposta avançava no comitê, a complexidade da tarefa se tornava aparente. Quanta transparência em torno dos algoritmos seria a quantidade certa? Como a cidade poderia se proteger contra o risco de que os algoritmos fossem manipulados se o código-fonte estivesse disponível? Quem seria o responsável por testar o código-fonte e avaliar sua qualidade? De forma impressionante, ele descobriu que os altos funcionários do gabinete de análise de dados da prefeitura não podiam oferecer respostas para as questões que ele e seus colegas estavam levantando sobre certos algoritmos. A realidade era que mesmo as autoridades eleitas eram incapazes de conseguir informação sobre os algoritmos que estavam tomando decisões críticas a respeito das vidas dos nova-iorquinos.

Por fim, a determinação de Vacca foi substituída por uma força-tarefa diluída para examinar como as decisões automatizadas estavam sendo usadas. Depois de dois anos de trabalho, a força-tarefa publicou suas recomendações finais. Uma coalizão de organizações sem fins lucrativos locais e grupos de liberdades civis publicou seu próprio "relatório sombra" junto com as descobertas da prefeitura, forçando esta a ir ainda mais longe e argumentando que a liderança de Nova York na questão da responsabilidade de algoritmos teria "uma influência enorme em debates atuais sobre políticas globais".[31]

Juntos, esses relatórios apontavam para três ingredientes-chave no controle da decisão por algoritmos. O primeiro era a transparência. Pense nisso como o equivalente da exigência de informações em embalagens de alimentos. As pessoas precisam saber quando sistemas de decisão automatizados estão sendo usados para resoluções que as afetam diretamente. Além de saber *que* um algoritmo está sendo usado, as pessoas devem entender *como* as previsões por algoritmo estão sendo usadas e ter a capacidade de acessar políticas relevantes e informações técnicas que revelem como o algoritmo foi desenvolvido, como funciona na prática e como ele foi avaliado em termos de impacto.

Não podemos ser ingênuos sobre o valor da divulgação por si só, no entanto. Para muitos algoritmos, o código em si não será muito revelador quando se tratar de resoluções específicas, e não é realista confiar em membros do público — ou mesmo grupos de liberdades civis e fiscais do governo — para policiar totalmente os detalhes de ferramentas automatizadas. Mas, como Jon Kleinberg e seus colegas argumentaram, com a divulgação apropriada, as potenciais discriminações em sistemas algorítmicos ficarão ainda mais visíveis do que comportamentos discriminatórios por seres humanos, talvez permitindo maior progresso na direção da igualdade e da justiça.[32]

Portanto, o segundo ingrediente-chave é a auditabilidade. Sempre que possível, algoritmos devem ser testados e validados de forma independente, com os resultados tornados públicos, o que inclui verificações explícitas de vieses. No setor privado, um comprometimento com a auditabilidade é muito mais difícil de se conseguir; os próprios algoritmos podem estar protegidos, e, a menos que existam acusações de efeitos discriminatórios, as empresas provavelmente não estão sob nenhuma obrigação legal de tornar suas ferramentas de decisão disponíveis para auditoria pública. Contudo, quando se trata de instituições do setor público, as decisões de capacitar, permitir e patrocinar órgãos de supervisão independentes é óbvia. Não se pode simplesmente confiar que os cidadãos farão a checagem, e o processo em Nova York tornou claro que nem as autoridades da cidade nem membros eleitos do Legislativo estão bem-posicionados para esse trabalho. É preciso alguém especializado, e organizar e implantar essa experiência será um dos custos associados ao aproveitamento dos ganhos de eficiência desses sistemas.

O ingrediente final é um compromisso com um processo equitativo. Indivíduos e grupos precisam saber quando podem contestar decisões informadas por uma ferramenta automatizada, assim como o procedimento para isso e o tempo de resposta depois que uma reclamação é feita. Mais uma vez, isso é particularmente importante para instituições públicas como tribunais, escolas, delegacias, escritórios de assistência social e coleta de impostos. Mas é natural pensar que empresas que usam essas ferramentas precisarão desenvolver mecanismos de um processo equitativo também (por exemplo, no caso de determinações de empréstimos ou taxas de seguro). Esses mecanismos serão especialmente importantes para tratar as preocupações percebidas sobre o impacto desproporcional das ferramentas de decisão automática em certos grupos demográficos, incluindo mulheres e comunidades não brancas.

Embora exista uma concordância ampla de que transparência, auditabilidade e processo equitativo sejam os princípios necessários para se controlarem sistemas de algoritmos, não deveria surpreender ninguém que o diabo mora nos detalhes. E mapear esses detalhes não é algo que a maioria de nós vá fazer. Mas é algo que devemos esperar que nossos representantes eleitos façam muito antes de os sistemas serem implementados em massa em domínios novos e sensíveis, como o sistema de justiça criminal. Embora a maior parte dos eleitores de Vacca provavelmente não tenha ideia do que ele estava fazendo, seu trabalho mostra com que eficácia podemos usar nossas instituições democráticas tradicionais para estabelecer as regras que a justiça demanda nesta nova era de algoritmos.

De fato, outros membros da câmara de Nova York continuam avançando de onde Vacca parou. Um esforço iniciado em 2020 por Laurie Cumbo foca especificamente ferramentas automatizadas para decisões de contratação.[33] O projeto de lei exige que os empregadores que usam essas ferramentas notifiquem os candidatos e informem a eles como essas ferramentas foram usadas para selecionar suas candidaturas. Além disso, o projeto de lei exige que essas ferramentas estejam sujeitas a auditorias anuais em busca de vieses. Até agora, o projeto recebeu reações contraditórias. Alguns o consideram um bom primeiro passo e uma forma de envolver uma parcela maior do público em conversas sobre ferramentas de decisão por algoritmo. Outros receiam que qualquer legislação assim não dê detalhes suficientes em relação às exigências de auditoria e possa permitir que um vendedor ofereça um software com a promessa de ser "justo", mesmo quando as ferramentas não tenham sido rigorosamente avaliadas. O debate continua — e ele não vai terminar com essa lei.

Abrindo a "caixa-preta"

Algumas pessoas questionam se a transparência algorítmica é mesmo possível. Muitos dos modelos de "aprendizagem profunda" que são construídos hoje incluem milhões de parâmetros. Entender como cada um deles afeta a decisão do modelo seria complicado demais. Mas os engenheiros que construíram o modelo basearam sua arquitetura na compreensão que eles fazem do problema que estão tentando resolver. Podemos exigir que os engenheiros produzam uma descrição de alto nível do modelo que exponha o entendimento do que ele deveria programar. Isso poderia ser aumentado por vários tipos de análises sensíveis, testados para diferentes grupos de gênero, raça e condição socioeconômica para ver se eles são tratados de forma parecida em dimensões que não deveriam impactar o processo de tomada de decisões. Essa auditoria dará informações a respeito da confiabilidade do algoritmo em diferentes medidas de justiça.

Pesquisadores sugeriram ideias como construir modelos mais simples que sejam mais fáceis para humanos interpretarem. Podemos escolher abrir mão de uma pequena quantidade de precisão para conseguir um modelo mais compreensível, equilibrando melhor o valor da precisão de previsão com o valor da transparência.

Mas lembre-se de que o processo humano de decisão também é opaco. Não podemos inspecionar o que se passa na cabeça de alguém quando a pessoa toma uma decisão. Isso não nos impede de permitir que os humanos as tomem. O objetivo não é exigir transparência ou confiabilidade completas antes que possamos confiar no algoritmo para tomar uma decisão. Em vez disso, precisamos entender o processo de tomada de decisão e as avaliações que foram feitas dos resultados do modelo para acreditar que ele produz decisões melhores e mais justas do que a alternativa.

É claro que a transparência em um nível agregado não é suficiente. Se um modelo algorítmico decide que você não deve receber fiança e ele foi considerado "justo" em questões de gênero e raça *como um todo*, você ainda deveria ter o direito de questionar a decisão *como um indivíduo*. O direito de um indivíduo de recorrer de uma decisão é um processo antigo, especialmente na justiça criminal, e deveria estar disponível mesmo se um algoritmo tomar as decisões. Uma forma de implementar o processo de apelação é ter um responsável humano para justificar a resposta dada pelo algoritmo ou reverter a decisão se ele a considerar sem mérito. Isso traz um incentivo para que o criador do modelo o torne tão transparente e compreensível quanto possível. Isso também abre a porta à criação de responsabilidade legal para os produtores dos tomadores de decisão automatizados, o que lhes dá um incentivo ainda maior para conduzir auditorias completas de seus modelos e se esforçar ainda mais para torná-los transparentes. O ônus de construir sistemas justos de tomadas de decisão não deve recair sobre os indivíduos a respeito de quem as decisões estão sendo tomadas. Em vez disso, a regulamentação precisa forçar os desenvolvedores desses sistemas a torná-los mais compreensíveis.

Você pode ser tentado a pensar que exigências de transparência e auditoria sejam simplesmente irreais para sistemas de decisão por algoritmo. Mas vamos voltar ao exemplo de triagem de currículos da Amazon. Era um algoritmo que poderia ter sido usado de forma ampla para selecionar milhões de currículos, levando à perpetuação de vieses de gênero na contratação de uma das maiores empresas do mundo. Em vez disso, a auditoria interna mostrou que o modelo tinha um viés de gênero. A isso se seguiram tentativas de entender e corrigir a falha, e, quando ficou claro que ela não poderia ser consertada, os planos de implementar o algoritmo foram arquivados.

O modelo para a triagem de currículos foi um fracasso, mas o processo que levou à sua análise, à tentativa de reparação e ao eventual abandono não foi. Na verdade, é assim que sistemas de decisão por algoritmos devem ser abordados. Além disso, o processo de auditoria do algoritmo ajudou a revelar problemas mais profundos que se relacionam com o papel do gênero nas práticas históricas de contratação, o que ajudou a revelar o viés nos dados usados para treinar o sistema em primeiro lugar. A alternativa realmente assustadora seria se o modelo fosse desenvolvido, nunca auditado e simplesmente implementado sem recurso. São motivo para reflexão as muitas situações em que esses sistemas de decisão por algoritmo foram usados por engenheiros ansiosos que nunca pararam para checar o viés de seus algoritmos.

Não podemos deixar que a boa vontade das empresas e dos órgãos do governo faça o trabalho duro de auditar e refinar seus algoritmos escondidos do público. Em vez disso, precisamos criar uma expectativa de que farão isso com transparência como parte de uma nova era de responsabilidade algorítmica. Muitas decisões que impactam nossas vidas dependem disso.

5
Quanto vale sua privacidade?

A maior parte das pessoas conhece Taylor Swift por causa da sua música pop ganhadora de prêmios Grammy e por incontáveis relacionamentos amorosos que inspiraram seus *singles* de sucesso. Poucas pessoas sabem que ela enfrenta uma corrente constante de ameaças de *stalkers*, que, nas palavras dela, "apareceram na minha casa, apareceram na casa da minha mãe [e] ameaçaram me matar, me sequestrar ou casar comigo".[1] Um homem invadiu a casa de Swift em Nova York em 2018, usou o chuveiro dela e então tirou um cochilo em sua cama. Logo depois de sair da prisão por causa da invasão, ele voltou à casa dela em Tribeca enquanto ainda estava em condicional e quebrou uma janela para entrar antes de ser preso pela polícia. Ele tentou entrar na casa de Swift três vezes.

Entra aí a ism Connect, uma empresa que usa a mais recente tecnologia de reconhecimento facial para "ao mesmo tempo aumentar a segurança, fazer anúncios e coletar dados demográficos para marcas".[2] Swift contratou a ism Connect durante sua turnê de 2018 para se proteger de *stalkers*. Usando sua tecnologia patenteada FanGuard, a ism instalou câmeras atrás de quiosques marcados como "estações de *selfie*" nos shows de Swift. As estações de *selfie* atraíam o público com itens de *merchandising* de Swift e cenas de bastidores. Conforme os fãs interagiam com o conteúdo, câmeras escondidas capturavam imagens de seus rostos. De acordo com um funcionário da segurança que falou com a *Rolling Stone*, os dados eram então enviados para um comando central em Nashville para serem comparados com um banco de dados de *stalkers* conhecidos de Swift.[3] Sem perder uma oportunidade de coletar dados para outros propósitos, a ISM também usou telas inteligentes para capturar informações demográficas e métricas que vão ajudar executivos de marcas a direcionar suas ações de marketing.

Considere o que está em jogo com essa nova tecnologia. Os fãs são induzidos a apresentar uma visão frontal de seu rosto para a câmera e as imagens são registradas, armazenadas e transmitidas para uma empresa de segurança e marketing. A empresa enfatiza que placas informavam aos fãs que "eles podem estar sendo filmados", mas nenhum consentimento é pedido, e o público não tem controle de como sua imagem será usada. Acrescente a isso o fato de que os shows de Taylor Swift atraem muitas crianças e adolescentes, cujas imagens faciais também estão sendo capturadas.

A ideia de proteger Taylor Swift de *stalkers* conhecidos faz sentido. Mas mais segurança é algo que todos nós queremos, não apenas celebridades que já têm suas próprias equipes de segurança. Cidades mundo afora estão usando uma mistura de câmeras conectadas, vigilância aérea e tecnologias de reconhecimento facial para facilitar a apreensão de criminosos e para impedir criminalidade futura. A cidade de Baltimore é um exemplo. Com sua alta taxa de criminalidade e uma força policial sob escrutínio por preconceito racial, uso excessivo da força e corrupção, um grupo de residentes da comunidade vem pedindo a adoção de um sistema de vigilância aérea.[4] A ideia por trás da tecnologia é simples: um avião sobrevoaria a cidade capturando imagens constantemente para depois agregá-las em um retrato segundo a segundo da atividade no solo. Esse tipo de imagem permitiria uma revolução no policiamento. Oficiais de polícia não precisariam mais confiar apenas em evidências fragmentárias de uma cena de crime para descobrir potenciais suspeitos, checar seus álibis e reconstruir um caso antes de fazer uma prisão. Em vez disso, as imagens poderiam ser usadas para identificar o momento do crime e rastrear as pessoas e os veículos na cena, para a frente e para trás no tempo, usando imagens aéreas e câmeras de rua para identificar e localizar potenciais suspeitos que estivessem na área.

É claro que a tecnologia de reconhecimento facial pode sofrer de alguns dos mesmos tipos de vieses que os algoritmos que vimos no capítulo 4. Joy Buolamwini,[5] fundadora da Liga da Justiça Algorítmica e pesquisadora do MIT, e sua coautora Timnit Gebru, cofundadora do Black in AI e pesquisadora em ética e inteligência artificial, documentaram discrepâncias significativas de gênero e raça na performance dos sistemas de reconhecimento facial da Microsoft, da IBM e na plataforma chinesa Face++. O trabalho delas mostra que esses sistemas se saem pior com mulheres e pessoas com pele mais escura, com erros agravados no caso de mulheres de pele escura. Depois que elas comunicaram os resultados às empresas, estas tomaram medidas para tentar fazer seus sistemas funcionarem de forma mais equitativa entre os diversos grupos, mas algumas diferenças ainda persistem. Dado o interesse de autoridades policiais em usar sistemas de reconhecimento facial para identificar indivíduos envolvidos em atividades criminosas, erros nesses sistemas podem não apenas criar problemas legais para pessoas inocentes, mas exacerbar a desigualdade racial se esses erros forem mais propensos a ocorrer com pessoas de pele mais escura.

Ainda assim, existem benefícios nas tecnologias de vigilância que podemos considerar além da prevenção de crimes. Com a epidemia do novo coronavírus no início de 2020, uma série de profissionais de tecnologia pediu inovações rápidas na vigilância digital de doenças. Por que se ater a um modelo ultrapassado de rastreamento manual de contatos, com trabalhadores da saúde monitorando o movimento de indivíduos infectados, quando tecnologias digitais poderiam permitir rastreamento em larga escala via dispositivos de GPS, torres de celular, conexões Bluetooth, pesquisas na internet e transações comerciais? Os otimistas da tecnologia apontam para o sucesso da Coreia do Sul contra o coronavírus, onde a testagem ampla combinada com uma abordagem guiada por dados para rastreamento de movimentação levou a quedas rápidas na taxa de infecção por covid-19. Em busca de uma abordagem totalmente moderna do rastreamento de contatos, Google e Apple anunciaram uma parceria sem precedentes para desenvolver um aplicativo de rastreamento de contatos que usaria sinais de Bluetooth para alertar qualquer um cujo celular tivesse se aproximado de uma pessoa infectada nas últimas duas semanas. Conforme a parceria decolava, no entanto, as questões óbvias sobre acesso, propriedade e proteção de dados vieram à tona.

O que o filósofo e reformador social britânico Jeremy Bentham propôs no século XVIII como uma ferramenta de controle social desejável — uma vigilância onipresente dos prisioneiros, ou "pan-óptico" — não é mais apenas uma fantasia filosófica. Mas ninguém espera, muito menos deseja, ser rastreado a todo momento, com os detalhes intrincados da nossa vida reunidos e eternamente revistos por empresas ou governos. Só porque uma placa anuncia que câmeras estão funcionando nas proximidades isso não significa que demos nosso consentimento ou permitimos que dados sobre a nossa vida sejam coletados ou que entendamos completamente como esses dados podem ser usados.

O caso das tecnologias de vigilância revela um conjunto mais amplo de tensões entre privacidade de dados e segurança pessoal, segurança nacional, pesquisa e inovação e conveniência. Durante a última década, a maior parte das pessoas passou a aceitar um mundo no qual rotineiramente assinamos termos de serviço para aplicativos e produtos digitais sem nem sequer lê-los, dando assim um enorme acesso para que as empresas de tecnologia coletem o fluxo de dados de nossas atividades digitais. As empresas de tecnologia são indústrias extratoras assim como as petroleiras. O processo é chamado de *mineração de dados* por um motivo.

Se formos honestos, contudo, precisamos admitir que a agregação e a análise de dados nos deram um conjunto incrível de ferramentas e produtos digitais: elas nos avisam de engarrafamentos e sugerem rotas mais rápidas, preveem o que estamos buscando depois de só algumas letras digitadas e recomendam com uma precisão surpreendente o que podemos querer ver ou ouvir em seguida. Ganhamos a conveniência desses serviços gratuitos em troca dos nossos dados. A busca do Google está disponível para qualquer pessoa com acesso à internet, sem taxas envolvidas. Seu Apple Watch não quer só registrar sua frequência cardíaca e compartilhar os dados com seu médico, mas também transmiti-los em um oceano de dados para que os pesquisadores aprendam mais a respeito da saúde humana.

Então, enfrentamos um dilema: informações sobre aonde vamos, quem vemos, o que lemos e ao que assistimos, com quem nos comunicamos, quanto tempo dormimos e dados biométricos, como nossos rostos, digitais e frequências cardíacas, são coisas que consideramos privadas. Ainda assim, essas mesmas informações, nas mãos dos outros, podem servir de base para uma gama incrível de possibilidades que incluem a conveniência de serviços personalizados, inovações médicas que podem salvar vidas no futuro e a proteção dos cidadãos de ameaças domésticas e estrangeiras. Existem grandes benefícios, mas parece que eles não podem ser conquistados sem ameaçar nossa privacidade de forma significativa. Os dados também podem ser usados de maneiras imprevistas, como quando a empresa Clearview AI recolheu bilhões de imagens da internet para construir um sistema de reconhecimento facial que pode ser usado para identificar basicamente qualquer pessoa (incluindo provavelmente você) em tempo real. Um potencial investidor da empresa, o bilionário John Catsimatidis, usou o aplicativo para identificar um homem que ele por acaso viu em um encontro com sua filha adulta. Ele também foi usado pela polícia para identificar participantes do ataque ao Capitólio americano em janeiro de 2021.[6]

Governos e cidadãos têm estado em um cabo de guerra constante por causa de dados desde o nascimento do que chamamos hoje de "Estado". A novidade é que entregamos voluntariamente a empresas privadas a permissão de coletar nossos dados pessoais quase sem limitações, criando toda uma economia política apropriadamente chamada pela professora de Harvard Shoshana Zuboff de "capitalismo de vigilância".[7] Em contraste, governos democráticos protegem muito mais a privacidade pessoal porque eles valorizam a liberdade individual e, portanto, impõem limitações à sua própria habilidade de coletar e usar dados. Taylor Swift não pediu à polícia para instalar um sistema de reconhecimento facial para fãs em seus shows, ela pediu a uma empresa privada para fazer isso porque havia menos restrições sobre que tipo de dados ela poderia coletar e o que poderia fazer com eles.

Essa nova realidade exige que façamos algumas perguntas difíceis a respeito da privacidade: temos direito a ela? Onde e quando ela deve ser preservada? Sob que condições estamos dispostos a trocá-la por segurança, inovação e conveniência? Devemos nos sentir de outro modo ao sacrificar nossa privacidade para um governo, com sua missão de proteger o interesse público, em comparação a empresas privadas que estão maximizando seu lucro?

O Velho Oeste da coleta de dados

A controvérsia em torno dos direitos de privacidade na era digital recebeu pela primeira vez uma ampla cobertura da mídia americana em meados dos anos 1990, quando a Casa Branca anunciou o Clipper Chip. Respondendo à crescente ameaça da criptografia como uma tecnologia que poderia impedir a polícia de escutar conversas telefônicas que haviam sido consideradas uma ameaça à segurança nacional, o governo queria criar meios de evitar que sua capacidade de escuta "se apagasse". Entra aí o Clipper Chip, uma tecnologia desenvolvida pelo governo que poderia ser incorporada em eletrônicos de consumo para permitir a comunicação criptografada e ao mesmo tempo ainda oferecer uma "porta dos fundos" ao governo para que a polícia pudesse escutar comunicações particulares sob ordem judicial. A resposta ao Clipper Chip foi rápida e enorme, com uma série de indivíduos e organizações da indústria, da sociedade civil e da academia criticando o programa por ter sido desenvolvido em segredo, sem garantias sociais e técnicas e, provavelmente, sem oferecer o nível de segurança ou privacidade que o governo ou os consumidores esperariam. Alguns companheiros improváveis, como a União de Liberdades Civis Americana e o apresentador conservador Rush Limbaugh se viram do mesmo lado do debate. Frente às críticas cada vez maiores, o governo Clinton abandonou o Clipper Chip em poucos anos.

    Depois dos ataques terroristas de 11 de setembro de 2001, o governo americano ganhou um sentimento renovado de urgência a respeito do monitoramento de telecomunicações. A justificativa não era mais o policiamento, mas a preocupação mais ampla de que futuros ataques terroristas precisavam ser impedidos a qualquer custo. Por meio do ato USA PATRIOT, o governo implementou programas abrangentes para coletar registros telefônicos e outras comunicações digitais, atingindo quase todo mundo nos Estados Unidos, sem necessidade de autorização judicial. Enfim revelados pelos documentos vazados em 2013 por Edward Snowden, funcionário da Agência de Segurança Nacional, esses programas levaram a um protesto global contra o excesso de infrações do governo sobre a privacidade. Os programas em questão acabaram sendo revisados, e diversas reformas foram adotadas para reduzir algumas das maneiras mais absurdas de coleta de dados, mas o dano já estava feito: o público tinha se tornado ainda mais sensível ao perigo de o governo violar expectativas básicas de privacidade pessoal.

Apesar da preocupação pública com os programas de vigilância do governo e dos pedidos de maior regulamentação, a coleta de informações por empresas privadas recebeu pouco escrutínio em comparação. Na verdade, até muito recentemente, o setor privado tinha sofrido regulamentações mínimas em relação à informação que pode coletar e processar dos usuários de seus produtos ou sistemas. Empresas como Google e Facebook vêm coletando caminhões de informação das interações dos usuários — termos de busca, sites visitados usando suas plataformas, conexões com amigos e "curtidas", entre outros — com o propósito de afinar seus recursos para a segmentação de anúncios. A capacidade de otimizar o direcionamento de anúncios com uma precisão cirúrgica rapidamente se tornou o motor de enormes lucros para essas empresas. Só o Google gerou mais de 130 *bilhões* de dólares em lucro de publicidade em 2019 como resultado do emprego de algoritmos de aprendizado de máquina em larga escala para levar seus recursos de segmentação de anúncios a níveis sem precedentes.[8]

Em contraste, empresas sem a mesma especialidade para direcionar anúncios foram relegadas a "coadjuvantes" nos setores tecnológicos. O Yahoo!, um dos pioneiros da internet, que recusou uma oferta para comprar a tecnologia de busca do Google quando Larry Page e Sergey Brin ainda eram pós-graduandos, foi vendido para a Verizon em 2017. Seu preço de venda: 4,5 bilhões de dólares, menos de um vigésimo dos 95 bilhões de dólares em lucro de publicidade que o Google gerou no mesmo ano.

Por que há tanta revolta em relação à vigilância governamental e tão pouca quando se trata do setor privado? É intrigante, já que ambos estão explorando montes de informação pessoal. Você pode pensar que daríamos ao governo uma liberdade maior, já que ele é responsável por garantir nossa segurança, especialmente de ameaças externas como o terrorismo estrangeiro. Além disso, grande parte da vigilância do governo passa despercebida. Se uma ameaça terrorista for prevenida e você nunca ficar sabendo dela, será difícil apreciar o fato de que alguma violação da sua privacidade pode ter sido necessária para evitá-la.

As formas como as empresas privadas estão coletando nossos dados são muito mais visíveis. Além de monitorar nossas comunicações, as empresas de tecnologia tendem a coletar dados de nossas interações, que revelam nossos interesses — o que buscamos, clicamos e curtimos. Em troca, essas empresas oferecem benefícios diretos e tangíveis, frequentemente sem custo financeiro, como contas de e-mail, acesso à informação e capacidade de se conectar mais facilmente com amigos e aplicativos para compartilhar ainda mais informações. Conforme o escopo dessas plataformas cresce, nos vemos compartilhando ainda mais informações pessoais por meio de mensagens instantâneas, e-mails, imagens, vídeos e comandos de voz. Não estamos mais usando as plataformas apenas para obter informações e mandar uma ou duas mensagens rápidas. Cada vez mais, as plataformas estão se tornando o meio dominante de comunicação, a forma como produzimos, distribuímos e consumimos informações entre nossa família, amigos e estranhos.

Perceber que muito do nosso contato com os outros é possibilitado diretamente pela tecnologia pode nos fazer perguntar com razão que tipos de garantias existem para a informação que oferecemos tão prontamente. A Comissão Federal de Comércio, que afirma "proteger os consumidores americanos", promove uma doutrina conhecida como "Aviso e Escolha" (às vezes também chamada de "Aviso e Consentimento"). A ideia básica é que as empresas que coletam dados devem *avisar* seus consumidores, ou seja, elas precisam dizer aos usuários potenciais quais informações podem ser coletadas sobre eles, como essas informações podem ser usadas e quais são as políticas da empresa em relação ao armazenamento dessas informações ao longo do tempo. Esses avisos são frequentemente incluídos nos impenetráveis "Termos de Serviço" ou em uma "Política de Privacidade". Os usuários, então, têm a *escolha* de consentir e usar o produto sob esses termos ou declinar, o que geralmente significa que não vão poder acessar o produto ou instalar o aplicativo.

É claro que você está bem familiarizado com isso. Você conhece o longo documento que pedem que você leia e aprove para criar uma conta em um site ou instalar um aplicativo — bem, você foi *informado*. E se você não ler nem tentar decifrar a coisa toda e, em vez disso, clicar alegremente — ou de má vontade — em "aceito", você terá feito a sua escolha. É claro que você não está sozinho. Em uma pesquisa de 2017 com usuários de dispositivos móveis, a Deloitte relatou que a enorme maioria dos consumidores que usam aplicativos móveis "aceita voluntariamente os termos e condições legais sem lê-los".[9]

A primeira pergunta é: do que estamos abrindo mão? Aqui vai um excerto dos Termos de Serviço do Facebook na primavera de 2021:

> Especificamente, quando você compartilha, posta ou sobe conteúdo que está coberto por direitos de propriedade intelectual ou conectado aos nossos Produtos, você nos concede uma licença não exclusiva, transferível, sublicenciável, livre de royalties e mundial para abrigar, usar, distribuir, modificar, publicar, copiar, exibir ou executar publicamente, traduzir e criar trabalhos derivativos de seu conteúdo (de forma consistente com suas configurações de privacidade e uso).[10]

Quando você posta uma foto no Facebook, ele pode sublicenciar essa foto para outra pessoa, potencialmente depois de tê-la modificado ou criado uma obra derivada. Talvez uma foto da sua família que você postou seja uma ótima foto de banco de imagens para uma manchete sobre famílias disfuncionais. É claro que isso só pode ser feito se for consistente com suas configurações de privacidade e uso — que frequentemente são tão ignoradas quanto os termos de serviço originais. Isso não quer dizer que esse tipo de uso de fotos realmente aconteça, mas é apenas para oferecer um lembrete cauteloso de que podemos estar abrindo mão de muito mais do que pensamos quando fazemos a "escolha" de usar o aplicativo. No quadro de Aviso e Escolha, o ônus recai totalmente nos ombros dos consumidores, que devem assumir a responsabilidade pela sua privacidade, mesmo que isso signifique ter de decifrar páginas de "juridiquês", navegar configurações de privacidade barrocas — com o padrão quase sempre contra a proteção de privacidade —, aceitar termos de serviço ou perder acesso à informação e ficar de fora de comunidades sociais.

Em um painel que organizamos em Stanford em 2019, a mudança no cenário das preocupações de privacidade estava muito clara. Jennifer Lynch, diretora de litígios de vigilância na Electronic Frontier Foundation (EFF), praticamente abraçou Rick Ledgett Jr., ex-vice-diretor da Agência de Segurança Nacional (NSA, na sigla em inglês), ao celebrar os mecanismos de responsabilização do governo na coleta de dados em comparação com os minúsculos limites colocados a empresas privadas. Na era do Clipper Chip, a EFF e a NSA provavelmente teriam visões opostas de como a regulamentação do governo deveria abordar as preocupações com privacidade. Embora a EFF e a NSA ainda tenham suas diferenças, elas agora compartilham muitas das mesmas preocupações sobre as políticas das empresas de tecnologia representadas pelo companheiro de painel Rob Sherman, vice-diretor de privacidade do Facebook. Quando lhe foi perguntado como o Facebook via as preocupações com a privacidade dos usuários, ele arrancou risadas audíveis da plateia quando declarou o compromisso da empresa de "colocar a privacidade em primeiro lugar". O Facebook não é o único exemplo, nem mesmo o pior. Em alguns casos, decisões em relação à privacidade dos usuários são feitas por engenheiros de software e gerentes de produto que acreditam estar criando algo do interesse dos usuários sem perceber as implicações mais amplas de seu trabalho. Estão otimizando da forma como *eles* enxergam a interação com o mundo, sem necessariamente pensar em preocupações de privacidade de uma base de usuários diversa. Essa visão míope estava plenamente clara no lançamento do Google Buzz, em 2010, que buscava combinar rede social e e-mail. Ele foi celebrado como uma forma de os usuários compartilharem informações em diversas mídias. Como padrão, o Google Buzz deixava pública a lista de pessoas para quem os usuários mandavam e-mails ou com quem conversavam com mais frequência. Por que alguém não quereria se conectar mais com todo mundo que conhece? Parecia uma ótima forma — pelo menos para as pessoas construindo o produto — de ajudar as pessoas a se manterem mais conectadas à lista de todos aqueles com quem já tinham estado em contato. Bem, para uma usuária, essa lista incluía seu ex-marido abusivo, que passou a ter acesso a comentários que ela postava para seu namorado, incluindo sua localização atual e seu local de trabalho. É provável que ela estivesse na enorme maioria de pessoas que não leu ou avaliou totalmente os termos de serviço antes de fazer a "escolha" de marcar "aceito". Ou talvez não estivesse claro em que medida suas informações seriam disponibilizadas e para quem. Qualquer que fosse o caso, esse é mais um exemplo de que a estrutura atualmente aceita de Aviso e Escolha não oferece o tipo de proteção de privacidade de que precisamos e que deveríamos exigir do mundo on-line.

Um pan-óptico digital?

Em um saguão público da University College London, você encontrará uma visão peculiar. O corpo embalsamado de Jeremy Bentham, vestido com um de seus ternos pretos favoritos, sentado em uma cadeira acompanhado de sua bengala. Exibido em uma caixa de madeira com uma vitrine e o rótulo AUTOÍCONE, ele parece olhar para as centenas de pessoas que passam por ele todos os dias. O arranjo não se deve a algum desejo macabro de honrar o filósofo britânico do século XVIII; é um reflexo dos desejos do próprio Bentham, expressos em seu testamento de 1832.[11] Além de detalhar a transformação de seu corpo em um autoícone, o testamento de Bentham especificava que, nas ocasiões em que seus amigos e discípulos se reunissem na universidade para discutir utilitarismo, a caixa deveria de tempos em tempos ser levada para a sala e estacionada lá como se fosse tomar parte na discussão. Filósofos podem ser estranhos, mesmo na morte.

Bentham é amplamente considerado o fundador do utilitarismo, uma filosofia que defende alcançar o maior bem para o maior número de pessoas. Na essência, o utilitarismo apresenta a ética como um sistema de matemática moral. Não apenas um filósofo que rabiscou abstrações sobre o utilitarismo, Bentham foi também um importante reformador social e usou ideias do utilitarismo para justificar uma série de políticas progressistas. Ele se envolveu nos debates políticos de seu tempo e deixou para as gerações futuras não apenas um quadro moral que seria adotado por economistas do século XX e engenheiros do século XXI, mas um conjunto de propostas políticas, muitas delas bastante radicais, que buscavam entregar benefícios enormes para a sociedade.

Talvez a mais famosa dessas propostas seja a ideia do pan-óptico.[12] O pan-óptico se refere a um desenho arquitetônico de uma prisão na qual uma torre de observação fica no meio de um edifício circular com celas. A torre emite uma luz forte do centro para fora, de modo que o vigia é capaz de monitorar todos nas celas. Por que chamar o projeto de pan-óptico? Foi o termo inventado por Bentham para um mecanismo que tudo (pan) via (óptico), uma construção nova que permitiria a um vigia observar os ocupantes da prisão sem que eles soubessem se estão ou não sendo observados.

As prisões eram lugares perigosos e sujos. Bentham pensou que sua proposta para construir prisões como pan-ópticos seria um grande passo à frente, permitindo sistemas de encarceramento mais limpos, seguros e eficientes. Menos guardas seriam necessários enquanto uma melhoria na segurança seria conquistada com a facilidade de vigilância, tornando os custos mais baixos e os resultados melhores. Toda a privacidade dos prisioneiros seria sacrificada em nome do aumento de segurança. O prefácio do breve tratado "Pan-óptico", no qual ele apresenta a ideia ao mundo, oferecia um catálogo dos ganhos sociais que seriam alcançados com essa inteligente "casa de inspeção": a moral seria reformada; a saúde, preservada; a indústria, revigorada; e os fardos públicos, aliviados.[13]

Bentham tinha claro por que o pan-óptico poderia ser tão poderoso: era uma forma revolucionária e unidirecional de controle psicológico dos prisioneiros. Ele o descrevia como um "novo modo de obter poder da mente sobre a mente, em uma quantidade até então sem exemplo: e isso a um grau igualmente sem exemplo, garantido por quem quer que assim desejar, contra o abuso".[14] Quanto melhor a vigilância, melhor o controle sobre os prisioneiros, e com pouco risco para os guardas. "É óbvio", ele escreveu, "que em todos esses casos, quanto mais constantemente as pessoas a serem inspecionadas estiverem sob a vista das pessoas que devem inspecioná-las, mais perfeitamente o propósito do estabelecimento terá sido alcançado."

Os reformadores prisionais do século XX adotaram a proposta de Bentham e construíram diversas prisões baseadas em seu desenho do pan-óptico. Uma dentre várias, a última prisão pan-óptica circular, a F-House no Centro Correcional de Stateville, no Illinois, fechou em 2016 (e reabriu temporariamente em 2020 para servir como centro de quarentena para os presos infectados com covid-19).[15] Mas o conceito continua a inspirar o projeto de outras prisões nos Estados Unidos, incluindo a Twin Towers Jail em Los Angeles, e em outros países do mundo, como a França, a Holanda e Cuba.

Hoje, contudo, a ideia do pan-óptico traz à mente não uma reforma progressista das prisões, mas um controle social distópico e um estado de vigilância. O filósofo francês Michel Foucault evocou a ideia de Bentham nos anos 1970 para descrever o crescimento das técnicas modernas de vigilância nas quais inspeções são rotineiras, e o olhar do empregador, da polícia ou do guarda de fronteira é frequente; cidadãos precisam registrar a si mesmos, suas atividades e suas posses — um carro, uma carteira de motorista, permissão para entrar em uma escola, um tribunal, um parque público ou para organizar um protesto, e assim por diante — para as múltiplas autoridades.[16] O crescimento da vigilância tornou sua presença, paradoxalmente, mais insidiosa e oculta. As condições de vigilância modernas formam, Foucault pensava, um pan-óptico onipresente com controle social inédito. Nós nos acostumamos à sua operação, nos adaptamos e nos conformamos ao seu poder. A vigilância pode estar sempre em efeito, mesmo que não esteja presente em nenhum momento, porque os cidadãos só precisam internalizar a crença de que poderiam estar — e provavelmente estão — sendo monitorados. A consequência é um cerceamento da nossa liberdade por uma invasão da nossa privacidade.

Tudo isso nos leva à questão óbvia: dadas as tecnologias modernas, vivemos em um pan-óptico digital no qual quase toda a privacidade desapareceu? Sabemos que estamos sendo observados milhões de vezes mais do que antes do advento da tecnologia digital e de forma impensavelmente maior do que seria possível no tempo de Bentham. A prisão pan-óptica parece até pitoresca pelos padrões modernos.

Como vimos, o Velho Oeste da coleta de dados feita pelas empresas de tecnologia vai muito além do que críticos sociais pessimistas do passado poderiam imaginar. A coleta automatizada de cada clique, curtida e busca na internet é apenas a famosa ponta do iceberg da vigilância digital do nosso comportamento. Existe o reconhecimento de voz ("Alexa" e "Ei, Siri!"), que coleta o que dizemos, o reconhecimento facial (todo serviço de foto que marca você, sua família e seus amigos), que analisa nosso rosto, a biometria (nossas retinas e digitais, nosso andar), que permite passagem rápida pela segurança do aeroporto ou acesso a dispositivos digitais, e o rastreamento de localização em nossos smartphones, que nos permite navegar quando dirigimos ou pedir um Uber ou Lyft. Existem cartões digitais que rastreiam e traçam nossas entradas no lugar de trabalho ou em casa, junto com campainhas com vídeo, termostatos digitais, rastreadores de atividade física, e assim por diante. Essas maravilhosas conquistas tecnológicas que se tornaram populares na última década são alimentadas por enormes avanços em poder computacional, aprendizado de máquina e disponibilidade de dados. É uma repetição que se retroalimenta, um círculo virtuoso ou vicioso, dependendo do seu ponto de vista: a coleta de mais dados aumenta a capacidade dos poderosos algoritmos de fazer previsões ainda mais exatas, o que por sua vez leva ao desenvolvimento de novos modelos de algoritmos e novas ferramentas digitais, que podem ser expandidas para usos em diferentes campos e para diferentes propósitos, o que leva à coleta de ainda mais dados.

Nada capta melhor a situação do que um projeto perspicaz e divertido feito recentemente por alunos da University College London.[17] Usando tecnologia moderna, eles instalaram duas webcams, uma no hall de entrada, apontando para o autoícone de Bentham, e outra no topo do autoícone, apontando para fora, na direção das pessoas que passam e admiram boquiabertas o corpo na caixa. A "Panopti-Cam" produz uma transmissão ao vivo e constante para qualquer pessoa do mundo que queira olhar para Bentham e do ponto de vista de Bentham vendo os passantes. Você pode ver Bentham observando os outros de forma onipresente — tudo no conforto da sua casa.

Pensar no pan-óptico digital torna dolorosamente claro o que foi perdido em um mundo onde tudo é observado: perdemos nossa privacidade e, com isso, minamos nossa liberdade, diminuímos a possibilidade de intimidade e comprometemos nossa capacidade de controlar o que os outros sabem sobre nós. Como Bentham claramente compreendeu, a vigilância é um meio de controle social, uma oportunidade para que outros exerçam poder sobre nós.

Às vezes, é óbvio por que a perda de privacidade é ruim. Assim como não queremos estranhos espiando dentro do nosso quarto, temos bons motivos para temer Alexa nos escutando em nosso quarto. Não permitimos que profissionais de saúde compartilhem nosso registro médico com outras pessoas, então por que deveríamos permitir que um rastreador de atividade física compartilhasse nossos dados de saúde com outras pessoas?

Mas às vezes não é tão óbvio por que a perda de privacidade é preocupante. O que a privacidade tem de mais? Você pode se perguntar. Se não estou fazendo nada de errado, não preciso esconder nada dos outros. Ou você pode pensar que privacidade é o que acontece em casa, não em público.

Mas o valor da privacidade não está só em impedir que os outros vejam aquilo que fazemos ilicitamente ou aquilo que pode nos deixar envergonhados caso os outros descubram. O motivo para mantermos nossos registros médicos privados é que podemos ser afetados negativamente se nossos empregadores, seguradoras ou empresas farmacêuticas souberem tudo a respeito do nosso histórico de saúde.

O valor da privacidade vai muito além do domínio íntimo do quarto e do nosso lar. A privacidade é importante nas arenas públicas também. Considere uma história contada por uma de nossas alunas. Ela disse que sua mãe havia ganhado um prêmio por seu trabalho como professora e tinha sido convidada para ir à Casa Branca com outros professores para uma cerimônia de premiação. Ao apresentar suas credenciais no portão da Casa Branca, ela teve sua entrada negada. Quando ela perguntou por que, descobriu que seu rosto havia surgido em um banco de dados de pessoas que tinham participado de protestos contra o presidente Trump, e manifestantes não eram bem-vindos.

Ela não havia feito nada de errado. Ela não tinha nada a esconder. Seu rosto tinha sido gravado enquanto ela agia dentro da lei em público, e os registros haviam sido incluídos nos bancos de dados do governo. É fácil ver que com a vigilância vem o potencial de perda de liberdades essenciais em uma sociedade democrática, como a liberdade de protestar e a liberdade de expressão. Não foi por acaso que manifestantes em Hong Kong em 2019 passaram a usar máscaras. Não era para se proteger do coronavírus, que ainda não havia surgido. Era para esconder seus rostos das onipresentes câmeras de vigilância que poderiam permitir que a China gravasse sua atividade e os registrasse como inimigos do Estado.

Em seu cerne, a privacidade se relaciona com a importância do controle sobre si mesmo e sobre a informação a respeito de si mesmo. A privacidade protege a experiência da intimidade, uma parte essencial da vida de qualquer pessoa, ao esconder aspectos de nosso relacionamento com entes queridos que não são da conta de outras pessoas. A privacidade nos permite exercer outras liberdades, como protestar sem ter medo de pagar um preço. A privacidade nos permite compartilhar informações com algumas pessoas, como nossos médicos, e impedir que sejam compartilhadas com outros, como nossos empregadores.

A importância da privacidade mudou com o tempo. Você não vai encontrar nenhuma menção explícita à privacidade na Constituição Americana, mas ela aparece em algumas constituições estaduais e em diversos documentos internacionais de Direitos Humanos mais recentes. Isso não é por acaso. O aumento do controle social por meio das tecnologias de vigilância foi o que trouxe o valor da privacidade à tona. Mesmo quando reconhecemos sua importância, estamos em diferentes momentos dispostos a sacrificar a privacidade para obter outros benefícios, como segurança (pense em Taylor Swift), conveniência (pense nos aplicativos gratuitos em seu smartphone) e inovação (pense em medicina personalizada). Mas nada disso quer dizer que a privacidade não tenha valor. E, com a chegada de um pan-óptico digital, a privacidade nunca pesou tão pouco quanto hoje.

Os indicadores dessa visão estavam presentes vinte anos atrás. Como Scott McNealy, CEO da Sun Microsystems, declarou para um repórter em 1995: "Você tem zero privacidade de qualquer forma. Supere". McNealy é há tempos perseguido por esse comentário, visto ou como um vidente que disse a verdade ou como a caricatura de um vilão do mundo tecnológico. O que menos gente percebe é que McNealy, na verdade, tinha uma visão com mais nuances. A privacidade dos consumidores, ele acreditava, era supervalorizada e poderia morrer. Em 2015, ele disse: "Não me incomoda na verdade que o Google e a AT&T tenham informação a meu respeito porque eu sempre posso usar outro provedor. Se a Uber começar a usar mal meus dados, eu vou usar o Lyft".[18] Mas a privacidade enquanto valor é absolutamente central para o governo democrático. Se o Estado viola sua privacidade, ele observou, você não pode facilmente trocar de governo. "Eu morro de medo quando a NSA ou o IRS sabem coisas sobre minha vida pessoal e como eu voto."

Ninguém menos que o fundador da World Wide Web, Tim Berners-Lee, ecoa o sentimento de McNealy. Mas ele também culpa em parte as empresas por sua cooperação voluntária com a construção de tecnologias de vigilância para o governo. Ele lamenta o quão longe a web chegou de sua visão inicial. Depois das revelações de Edward Snowden, em uma Carta Aberta à Internet no 28º aniversário do lançamento da web, em 2017, Berners-Lee escreveu:

> Por meio da colaboração — ou coerção — de empresas, governos também estão observando cada vez mais nossos movimentos on-line e aprovando leis extremas que atropelam nossos direitos à privacidade. Em regimes repressivos, é fácil ver o dano que pode ser causado... Mas, mesmo em países onde acreditamos que os governos têm o interesse dos cidadãos em mente, vigiar todo mundo, o tempo todo, é simplesmente ir longe demais. Isso cria um efeito assustador sobre a liberdade de expressão e impede que a internet seja usada como espaço para exploração de tópicos importantes, como questões sensíveis de saúde, sexualidade e religião.[19]

Se a era digital nos trouxe as tecnologias que constituem um pan-óptico digital, temos bons motivos para nos preocupar por termos sacrificado completamente o valor da privacidade. Existe uma saída para isso?

Do pan-óptico para um *blackout* digital

Em 2009, o pós-graduando de Stanford Brian Acton e seu amigo Jan Koum desenvolveram o WhatsApp, que hoje é o aplicativo de mensagens mais popular do mundo. Um dos princípios centrais do WhatsApp é a preservação da privacidade dos usuários pelo uso de criptografia em todas as mensagens enviadas pelo aplicativo. Em essência, a criptografia é o processo de tornar uma mensagem ilegível para qualquer um que não seja o destinatário desejado. Seu uso remonta ao tempo do imperador romano Júlio César, que usava uma forma simples de criptografia em suas comunicações particulares. Desde então, os criptógrafos — aqueles que estudam criptografia e outros meios de manter a informação em segurança — fizeram impressionantes avanços matemáticos e tecnológicos para manter a privacidade das comunicações. Na verdade, durante um tempo nos anos 1990, o governo americano classificava formas particularmente fortes de criptografia como munição — essencialmente, certas formas de matemática eram consideradas armas — e as proibiu de serem exportadas para países estrangeiros.

Tradicionalmente, o processo de criptografia envolve o envio de uma mensagem por uma pessoa usando uma "chave" criptográfica para transformar a mensagem (chamada de *texto simples*) em uma forma que é ilegível (chamada de *texto cifrado*) para qualquer outra pessoa que não tenha uma chave de descriptografia. Apenas aquele que tem a chave de descriptografia pode usá-la para transformar o texto cifrado de volta em um texto simples legível. No tempo de César, a famosa "cifra de César" era usada para criptografar mensagens simplesmente deslocando cada letra da mensagem três posições para trás no alfabeto (rodando de *a* a *z*). De forma análoga, o processo de descriptografar envolvia passar cada letra do texto cifrado três letras para a frente a fim de recuperar o texto simples. Hoje, crianças de Ensino Fundamental podem usar algo parecido como forma de criar mensagens "secretas" que passam aos amigos. No mundo da comunicação digital, os tecnologistas criaram técnicas muito mais poderosas e seguras de criptografia baseadas em matemática complexa. Essa tecnologia é tão importante para o campo da computação, que nos últimos anos muitos criptógrafos receberam o prêmio A. M. Turing por seus avanços na tecnologia de criptografia.

O WhatsApp transmite as mensagens usando um sistema conhecido como criptografia de ponta a ponta: o conteúdo da mensagem é criptografado no dispositivo do remetente e descriptografado apenas quando chega ao dispositivo do destinatário. Como resultado, ninguém além do remetente e do destinatário pode ler a mensagem — nem o WhatsApp, nem o provedor de internet, nem ninguém que possa estar tentando entrar na rede de comunicações — já que ela viaja pela internet e pelos servidores do WhatsApp criptografada. A organização do WhatsApp nem sequer conhece as chaves de descriptografia necessárias para desvendar as mensagens, já que elas são geradas e armazenadas usando apenas os dispositivos dos usuários. Então, se a polícia bater à porta para pedir ao WhatsApp que revele as mensagens que estão fluindo por seu sistema, ela será impedida de ter acesso a elas — não devido a uma decisão de políticas da empresa, mas a uma barreira tecnológica.

Em 2014, o Facebook comprou o WhatsApp por um preço então inédito de 19 bilhões de dólares.[20] A aquisição foi a forma de o Facebook se consolidar como a plataforma dominante de mensagens on-line, trazendo os 450 milhões de usuários ativos mensais que o WhatsApp tinha na época, muitos deles fora dos Estados Unidos, para o guarda-chuva do Facebook. Em alguns anos, tanto Acton como Koum deixariam o Facebook citando preocupações com a privacidade dos usuários e a forma como o Facebook estava monetizando a base de usuários do WhatsApp. Por sua vez, em 2019, Mark Zuckerberg, ainda lidando com as preocupações de privacidade aumentadas como resultado do escândalo da Cambridge Analytica, anunciou sua intenção de oferecer criptografia de ponta a ponta para todos os serviços de mensagem do Facebook, incluindo o Facebook Messenger e o Instagram Direct.[21]

Se você se importa com privacidade, tudo isso soa atraente, a menos que você seja o chefe do FBI tentando rastrear simpatizantes de terroristas que estejam planejando um ataque em uma grande cidade americana, ou um ativista de Direitos Humanos na Índia que descobriu que gangues políticas estão usando tecnologias de comunicação criptografada para organizar atos violentos contra muçulmanos antes de uma eleição. Apenas para demonstrar a enormidade desse desafio: depois do cerco ao Capitólio americano e da retirada do presidente Trump das plataformas, downloads de aplicativos com criptografia de ponta a ponta explodiram. Conforme os planejadores da insurreição migravam para plataformas de mensagens menores, mas completamente privadas, a tarefa de rastrear e desmantelar as atividades de terroristas domésticos ficou muito mais difícil. Como devemos avaliar o valor da privacidade em relação a outros benefícios importantes? Se os tecnologistas nos trouxeram as ferramentas da criptografia para dar segurança às comunicações, talvez eles possam oferecer outras tecnologias para equilibrar de forma eficiente nossos interesses em privacidade com nossas necessidades de segurança.

A tecnologia sozinha não vai nos salvar

Entre os polos do mundo totalmente transparente de Bentham e o mundo totalmente opaco do WhatsApp, podemos imaginar soluções tecnológicas que possam nos ajudar a conseguir algum nível de privacidade e ao mesmo tempo tornar nossos dados disponíveis para uso em situações que possam beneficiar tanto os indivíduos como a sociedade. Por exemplo, na pesquisa biomédica, um dos maiores obstáculos é a falta de acesso a dados médicos e serviços de saúde de qualidade. Sob leis como a Lei de Portabilidade e Responsabilidade dos Seguros de Saúde de 1996 (HIPAA, na sigla em inglês), restrições importantes protegem as informações de identificação pessoal de pacientes. Compreensivelmente, podemos não querer que informações a respeito do nosso estado atual de saúde ou nosso histórico médico estejam amplamente disponíveis, incluindo problemas de saúde crônicos, qualquer remédio que possamos tomar ou a composição de nosso sequenciamento genético. Ao mesmo tempo, pesquisadores poderiam usar essas informações, especialmente quando reunidas e analisadas, para determinar melhor a eficiência de tratamentos médicos na evolução de pacientes, o impacto do estilo de vida na saúde ou mesmo o desenvolvimento de medicamentos personalizados. Haveria enormes potenciais benefícios para a sociedade — talvez até para você mesmo — se informações sobre sua saúde estivessem mais disponíveis.

Então, como podemos navegar entre esses dois objetivos contraditórios? Uma abordagem frequentemente recomendada é a *anonimização*. A ideia básica é que qualquer informação pessoal identificável — por exemplo, seu nome, número da Seguro Social, endereço e outras — possa ser removida de qualquer dado a seu respeito antes que esses dados sejam compartilhados com outras pessoas. Teoricamente, os dados liberados seriam apenas sobre indivíduos anônimos, nada que permitiria que alguém fosse identificado com base neles. Os pesquisadores ainda podem usar os dados, por exemplo, para correlacionar vários tratamentos médicos com seus impactos sobre a saúde do paciente, tal como determinar a eficácia de drogas novas ou já existentes em casos graves de covid-19. Eles simplesmente não saberiam de quem os dados teriam sido originalmente coletados.

Embora a ideia seja atraente em abstrato, a anonimização é muito mais difícil de se colocar em prática de verdade. Latanya Sweeney, hoje professora de Harvard, deixou isso claro quando ela ainda era pós-graduanda no MIT. Paul Ohm, professor de direito na Universidade de Georgetown, contou o caso: "Em Massachusetts, uma agência do governo chamada Comissão de Seguros Coletivos (GIC, na sigla em inglês) adquiriu seguros de saúde para os funcionários do governo. Em certo ponto, na metade dos anos 1990, a GIC decidiu liberar [135 mil] registros resumindo as visitas ao hospital de todos os funcionários do estado, sem nenhum custo, para qualquer pesquisador que os solicitasse. Ao remover os campos que continham nome, endereço, número de Seguro Social e outros 'identificadores explícitos', a GIC presumiu que havia protegido a privacidade dos pacientes".[22] De fato, o governador de Massachusetts na época, William Weld, foi a público dizer que essa anonimização ajudaria a garantir a privacidade. Sweeney viu de forma diferente. Ela sabia que Weld vivia em Cambridge, Massachusetts, a mesma cidade onde fica o MIT. Ela comprou uma lista de todos os eleitores registrados em Cambridge, um documento disponível para o público por menos de 20 dólares. Essas listas incluíam não apenas nome e endereço dos eleitores, mas também a data de nascimento e o gênero, atributos que poderiam ser combinados com os dados da GIC. Na verdade, descobriu-se que só havia seis pessoas em Cambridge com a mesma data de nascimento de Weld. Três dessas seis pessoas eram homens. E exatamente uma delas vivia no mesmo CEP que Weld. Sweeney tinha, então, uma forma de identificar unicamente os registros médicos de Weld entre os dados da GIC ao encontrar os — supostamente anonimizados — registros que correspondessem a sua data de nascimento, seu gênero e seu CEP. Para provar seu argumento, ela enviou uma cópia dos registros médicos pessoais de Weld para o escritório dele.

Para não pensarmos que esse processo de reidentificação (ou desanonimização) dos dados se aplica apenas em raras situações, Sweeney mostrou em outro trabalho que 87% dos americanos podem ser identificados unicamente por apenas três atributos: CEP, data de nascimento e gênero.[23] Na verdade, o Laboratório de Privacidade de Dados que ela fundou em Harvard oferece um site público no qual indivíduos podem checar por si mesmos se são identificáveis com apenas esses três atributos. A anonimização é um meio frágil de tentar proteger a privacidade pessoal.[24]

Uma tecnologia mais recente e promissora, conhecida como *privacidade diferencial*, busca oferecer maiores garantias para sua privacidade individual enquanto também torna dados disponíveis para análise. Originalmente proposta pela professora de Harvard Cynthia Dwork em 2006,[25] a premissa dessa tecnologia é que, se dois conjuntos de dados diferem apenas por incluírem ou não os dados de um indivíduo específico, então os resultados de fazer perguntas — na forma de estatísticas computacionais — usando um conjunto de dados deve ser quase indistinguível dos resultados obtidos do outro conjunto de dados. Em outras palavras, independentemente de o registro de um indivíduo específico estar incluído nos dados, os resultados estatísticos baseados nesses dados devem ser praticamente indistinguíveis para quem estiver solicitando essas estatísticas. Note que a privacidade diferencial não permite que os dados subjacentes sejam diretamente acessados. Em vez disso, a pessoa que tenta usar os dados (digamos, um pesquisador médico) só pode pedir que certas estatísticas sejam computadas a partir de um conjunto de dados que, de outra forma, seria inacessível.

Uma forma pela qual a privacidade diferencial pode ser conquistada é inserindo pequenos erros — chamados de "ruídos" — nas estatísticas computadas a partir de um conjunto de dados. Para tornar isso mais concreto, considere uma clássica técnica em projeto de pesquisas chamada *resposta aleatorizada*, que pode ser vista como uma instância particular da privacidade diferencial. Digamos que queiramos fazer uma pergunta delicada a indivíduos, tal como se eles já sonegaram impostos. Naturalmente, a maior parte das pessoas não se sentirá inclinada a responder a essa pergunta com sinceridade por medo das repercussões. Então, introduzimos um "ruído" na forma como as pessoas respondem a essa pergunta para dar a elas um álibi plausível — ou seja, elas podem potencialmente afirmar que sua resposta positiva (ou negativa) é devido ao ruído aleatório e não é verdadeira. É assim que funciona: depois que fazemos a pergunta, mas antes de obtermos a resposta, pedimos à pessoa que jogue uma moeda. Se a moeda der cara, a pessoa deverá responder com a verdade. Se a moeda der coroa, ela deverá jogar a moeda de novo e simplesmente responder "sim" se der cara ou "não" se der coroa. Não podemos ver o resultado de nenhum lance da moeda nem saber quantas vezes ela foi jogada. Assim, demos à pessoa uma maneira de responder "sim" sem efetivamente confessar que ela sonegou impostos. Além disso, se dissermos às pessoas que seu nome nunca estará associado à sua resposta — estamos apenas contando os números de "sim" e "não" que recebemos —, elas poderão se sentir inclinadas a seguir esse arranjo com alguma confiança.

Se pudermos coletar essa informação com um grande número de pessoas, poderemos aplicar técnicas simples de estatística para aproximar que percentual de pessoas *realmente* sonega seus impostos dado o número total de "sim" e "não" que recebermos, embora exista um ruído aleatório nos dados.

A privacidade diferencial moderna frequentemente usa técnicas mais sofisticadas do que apenas a resposta aleatorizada, mas o princípio básico é o mesmo. O objetivo é encontrar um equilíbrio entre evitar que os dados sejam individualmente identificados e tornar a informação agregada disponível para uma variedade de análises ou usos. Em vez de perguntar às pessoas se elas sonegam seus impostos, podemos perguntar a trabalhadores da saúde a respeito da prevalência de diferentes tratamentos médicos e dos resultados conseguidos com os indivíduos. Podemos, agora, realizar análises médicas com menos potencial de comprometer a privacidade dos registros de saúde. Como pacientes, certamente podemos não querer revelar nossos registros de saúde, mas poderíamos concordar com ter as informações neles agregadas a outros dados usando a privacidade diferencial para permitir aos pesquisadores médicos descobrir tratamentos mais eficazes para doenças.

No mundo tecnológico, Apple e Google usaram essa tecnologia em seus produtos. Por exemplo, informações a respeito da atividade de usuários em um iPhone (por exemplo: palavras digitadas, sites visitados) podem ser transmitidas de volta para a Apple com certa quantidade de ruído e sem nenhum identificador pessoal. A Apple pode, então, usar esses dados para melhorar sugestões de digitação ou determinar quais sites provavelmente travarão o navegador sem saber quem digitou essas palavras ou visitou esses sites. De forma similar, o Google pode determinar a probabilidade de que vários anúncios tenham sido clicados sem necessariamente identificar quem fez esses cliques.

A privacidade diferencial parece uma solução técnica magnífica para o problema espinhoso de proteger a privacidade de dados dos indivíduos e ao mesmo tempo permitir os benefícios da inovação por meio da coleta e da análise de dados. Mas a privacidade diferencial não vem sem limitações. Um problema decorre de pedir repetidamente determinada informação para o sistema com o objetivo de analisar a tendência nas respostas. Lembre-se do exemplo sobre sonegação de impostos: se perguntarmos à pessoa usando o esquema de resposta aleatorizada apenas uma vez, poderemos não conseguir muita informação. Mas, se perguntarmos àquela pessoa várias vezes, poderemos ver uma tendência de longo prazo para mais respostas "sim" ou "não". Isso vai nos dar maior confiança de qual é a verdadeira resposta para aquele indivíduo. Da mesma forma, repetir questões para um sistema que emprega privacidade diferencial pode revelar mais informação do que esperamos e comprometer a noção de quão ofuscados nossos dados privados realmente estão. Como o trabalho de reidentificação de Sweeney mostrou, combinar dados de diversas fontes pode nos permitir extrair mais informações pessoais, mesmo quando técnicas como a privacidade diferencial são empregadas.

Infelizmente, apenas as soluções técnicas, embora nos ofereçam alguma medida de privacidade, não são capazes de resolver nossos problemas nesse quesito em todas as situações. Além disso, a existência das tecnologias por si só não garante que serão usadas da melhor maneira para os usuários. Precisamos examinar o papel da tecnologia em um contexto mais amplo de preferências pessoais e regulamentação governamental.

Também não podemos contar com o mercado

Talvez a melhor maneira de gerenciar o custo-benefício entre privacidade e segurança ou entre privacidade e inovação seja criando um mercado de diferentes provedores. Como algumas pessoas valorizam mais a privacidade do que outras, devemos buscar um mercado competitivo no qual as empresas privadas desenvolvam produtos e opções que ofereçam diferentes níveis de proteção de privacidade. A ideia se encaixa com naturalidade com uma forma de pensar sobre o valor da privacidade em primeiro lugar: o direito de qualquer indivíduo de exercer o controle sobre informações a respeito de si mesmo. Ela também é consistente com as leis atuais, que usam o princípio de Aviso e Escolha, que, ao menos na teoria, permite às pessoas "avaliar os custos e os benefícios de consentir com várias formas de coleta, uso e publicação de dados pessoais".[26] É claro que o desafio com o Aviso e Escolha é que, se um indivíduo conceder a permissão, quase qualquer coleta, uso ou publicação de dados pessoais é aceitável.

Para o mercado balancear a privacidade e outros valores com sabedoria, três coisas precisam ser verdadeiras. O mercado deve ser capaz de entregar diversos produtos comparáveis com diferentes configurações de privacidade. Os indivíduos devem ser capazes de fazer escolhas informadas e racionais sobre os custos e os benefícios das diferentes políticas de privacidade. E nós devemos ser capazes de conquistar objetivos pessoais e sociais por meio de um conjunto de decisões descentralizadas que cada um de nós faz a respeito de quanta privacidade queremos proteger ou desfrutar. É aqui que uma ideia que parece muito atraente a princípio começa a ter problemas.

Vamos começar com a ideia de um mercado competitivo. O melhor exemplo de uma empresa de tecnologia profundamente comprometida com a privacidade é a Apple. Na verdade, o CEO da empresa, Tim Cook, fez da batalha pela privacidade uma marca de sua liderança, colocando a Apple em oposição a outros gigantes corporativos na indústria de tecnologia. A abordagem da Apple à privacidade — a "privacidade por design" — privilegia a proteção de dados pessoais em todas as instâncias. A empresa coleta apenas os dados pessoais necessários para entregar os serviços de que as pessoas precisam ("minimização de dados"). Seus algoritmos funcionam com dados do seu dispositivo, então outras pessoas não podem ver suas informações ("inteligência intradispositivo"). As informações de cada dispositivo são criptografadas, o que oferece proteção ("segurança de dados"). Qualquer identificador individual é escondido quando os dados precisam ir do seu dispositivo para os servidores da Apple ("proteção de identidade").

O compromisso da Apple com privacidade é tão profundo que a empresa negou até mesmo pedidos das autoridades federais para cooperar com investigações contra o terrorismo. A luta pelos direitos de privacidade se tornou pública em 2016, depois do atentado em San Bernardino, na Califórnia, que deixou pelo menos catorze pessoas mortas. Um tribunal americano ordenou que a Apple desenvolvesse um software especial que permitisse ao FBI destravar um iPhone usado por um dos atiradores suspeitos, supostamente um simpatizante do Estado Islâmico. O iPhone estava bloqueado com uma senha de quatro dígitos que o FBI não tinha conseguido desvendar, e a polícia suspeitava que o celular pudesse conter informações a respeito de pessoas que tinham permitido o ataque, bem como de outros membros da rede do Estado Islâmico nos Estados Unidos. O FBI queria que a Apple criasse um "backdoor" [porta dos fundos] que permitiria às autoridades acessar as informações contidas em dispositivos bloqueados — com a devida autorização legal. É quase como se a empresa estivesse sendo revisitada pelos fantasmas do debate sobre o Clipper Chip.

Em um movimento que mais tarde foi chamado de "bet-the-company", Cook se recusou a cooperar.[27] Embora a Apple estivesse disposta a trabalhar com o FBI para tentar desbloquear o celular, ela não estava disposta a criar um backdoor formal, um software que permitiria ao governo desbloquear qualquer iPhone que estivesse em sua posse física. A visão da Apple era que não haveria forma de limitar o uso desse backdoor a circunstâncias legítimas e autorizadas pelos tribunais. E a criação de um backdoor convidaria hackers de todas as partes do mundo a tentar encontrar uma entrada, tornando todos os iPhones menos seguros. Embora o FBI finalmente tenha tido sucesso em acessar os dados no celular sem a ajuda da Apple, a luta entre a empresa e a polícia demonstrou até onde Cook estava disposto a ir para proteger a privacidade.

É claro que esse compromisso amplo com a privacidade em detrimento da segurança nacional só é possível porque o modelo de negócios da Apple depende da venda de um conjunto de produtos de alto valor e alto volume (celulares, computadores, tablets), em vez de monetizar as informações das pessoas, como o Google, o Facebook e outros fazem.

Existem outros exemplos de empresas que valorizam a privacidade, mas são relativamente poucos. O DuckDuckGo é um mecanismo de busca americano vastamente popular entre nossos graduandos, mas desconhecido da maior parte dos usuários da internet. Seu fundador, Gabriel Weinberg, descreveu sua ambição em termos relativamente simples: "Não estamos tentando vencer o Google. Nosso objetivo é que os consumidores que queiram escolher uma opção privada possam fazê-lo com facilidade".[28]

O algoritmo de busca de Weinberg combina mais de quatrocentas fontes diferentes. Seus resultados de busca usam bastante o Microsoft Bing, junto com Wikipédia, Apple Maps, TripAdvisor e o rastreador de sites do próprio DuckDuckGo. Mas o ponto de venda específico da empresa é seu compromisso com a privacidade. O DuckDuckGo não rastreia o comportamento do usuário nem informações pessoais identificáveis.

Desde 2010, o crescimento do DuckDuckGo tem sido constante, mas moderado, alimentado pelas preocupações crescentes com a privacidade. Embora sua parcela do mercado siga minúscula, a empresa é lucrativa e obtém renda de anúncios não rastreados e programas de afiliados. Contudo, a escala de seus ganhos demonstra o custo de proteger a privacidade. Um modelo de anúncios que não explora a rica informação comportamental coletada silenciosamente dos usuários simplesmente não é tão lucrativo. O DuckDuckGo ultrapassou os 100 milhões de dólares em receita pela primeira vez em 2020, enquanto o Google ganhou mais de 41 bilhões de dólares apenas no primeiro trimestre de 2020.

As dificuldades que o DuckDuckGo enfrentou ao tentar aumentar sua parcela do mercado de buscas revelam uma das razões importantes — poder de mercado — pela qual o mercado sozinho não vai entregar as tecnologias de proteção à privacidade que muitas pessoas desejam. Em 2018, a Comissão Europeia concluiu que o Google havia agido ilegalmente ao usar sua plataforma Android para direcionar todo o tráfego para o sistema de busca do Google.[29] As formas que o Google usou para fazer isso não foram sutis. Por exemplo, os fabricantes de dispositivos eram obrigados a pré-instalar os aplicativos do Google e do Chrome se quisessem licenciar a loja de aplicativos Google Play, e o Google pagava às operadoras de redes móveis e fabricantes de celular para pré-instalar o app de busca do Google. A União Europeia determinou que havia um abuso da posição de mercado do Google, consolidando sua dominância na indústria de buscas. Após a ação antitruste da União Europeia, o Google concordou em dar aos seus usuários no mercado europeu uma escolha sobre qual mecanismo de busca usar em seus dispositivos Android. Isso vai fazer uma grande diferença para o tráfego do DuckDuckGo, mas demonstra a dificuldade de se confiar na competição de mercado para oferecer opções de privacidade quando o poder está concentrado nas mãos de um pequeno número de grandes empresas.

Um paradoxo da privacidade

O segundo problema é que os indivíduos lutam para enfrentar o desafio de navegar a privacidade em uma era digital. Se o Aviso e Escolha vai funcionar como estratégia para equilibrar privacidade e outros valores contraditórios, as pessoas precisam fazer escolhas informadas sobre o quanto de privacidade querem e poder agir de acordo com essas escolhas. Evidências cada vez maiores sugerem que elas não fazem e não podem.[30]

No final das contas, é muito desafiador para qualquer um desenvolver uma abordagem cuidadosa e fundamentada para proteger sua privacidade. Além disso, os danos potenciais de abdicar da privacidade podem ser intangíveis ou até mesmo invisíveis para a maior parte de nós. Embora o roubo da sua identidade possa levar a uma ligação longa e desagradável com o banco, o uso dos seus dados pessoais para anúncios direcionados por comportamento ou recomendação algorítmica de produtos não impõe nenhum custo imediato ou visível a você. Compartilhar suas atividades diárias ou sua história de vida no Facebook, Instagram, Snapchat ou TikTok gera todo tipo de boas sensações no curto prazo, já que você se conecta com a família e os amigos. Mas os potenciais danos à sua privacidade são difíceis de entender e, portanto, raramente pesam na mente daqueles que postam livremente nas redes sociais.

Mesmo que você pudesse prever perfeitamente as consequências das suas decisões de privacidade, as evidências sugerem que as pessoas ainda têm dificuldades para formular preferências estáveis e agir de acordo com elas. Nossos alunos oferecem um exemplo poderoso dessa dinâmica. Todos os anos, quando perguntamos a uma sala cheia com trezentos alunos quantos deles se importam com a proteção da privacidade dos seus dados pessoais, quase todas as mãos se erguem. Mas, quando perguntamos quantos visualizaram ou mudaram suas configurações de privacidade em qualquer um dos aplicativos de busca ou redes sociais que usam, poucas mãos permanecem erguidas. Isso segue uma tendência mais ampla, como um estudo das configurações de privacidade do Facebook mostrou: "36% do conteúdo segue compartilhado com as configurações de privacidade padrão. Também descobrimos que, no geral, as configurações de privacidade correspondem às expectativas dos usuários em apenas 37% do tempo e, quando incorretas, quase sempre expõem o conteúdo para mais usuários do que o esperado".[31]

Uma colega de Stanford, Susan Athey, conduziu um estudo mais sistemático do valor da privacidade com alunos do MIT.[32] Ela os entrevistou a respeito de suas preferências de privacidade no contexto de uma ação no campus para encorajar os graduandos a experimentar o uso de bitcoins. A universidade ofereceu aos alunos diversas "carteiras" on-line para gerir seus bitcoins, cada uma com um nível diferente de proteção de privacidade. O fato chocante foi que os alunos fizeram escolhas baseadas na ordem em que as opções de carteira apareciam, independentemente de suas preferências de privacidade. Athey, então, deu um passo além. Ela queria ver se um pequeno incentivo poderia influenciar a decisão dos alunos sobre a privacidade. Ela e outros colegas ofereceram a um grupo de alunos uma pizza grátis se eles revelassem o e-mail pessoal de três amigos. Em um resultado que talvez não seja surpreendente para os pais de universitários, eles escolheram a pizza em favor da privacidade, não importando o quão sensíveis eles eram à importância da privacidade em geral.

Cientistas sociais chamam isso de "paradoxo da privacidade". Existe um espaço enorme entre aquilo que os indivíduos dizem a respeito da importância da privacidade e seu comportamento real. Não é só um problema de alinhar o que você quer com a forma como você age. À luz de tantas consequências intangíveis ou invisíveis, é genuinamente difícil determinar quanta privacidade realmente queremos.

O que vemos em sala de aula e o que Athey viu no campus não é mesmo novidade. Um trabalho clássico de Alan Westin, ex-professor de direito público e governo na Universidade Columbia, classificou indivíduos em três grandes segmentos de privacidade com base em suas respostas às perguntas da pesquisa: fundamentalistas da privacidade, pragmáticos da privacidade e despreocupados da privacidade. Quando questionadas diretamente, a maior parte das pessoas se colocava no primeiro segmento, indicando um forte desejo de controlar a informação a seu respeito. Mas seu comportamento se mostrava muito diferente. Por exemplo, em um estudo, os participantes receberam a oferta de vários produtos com desconto por um agente computadorizado humanoide. O agente fazia perguntas cada vez mais sensíveis conforme produtos diferentes eram oferecidos, mas poucas pessoas se recusavam a responder às perguntas, mesmo que houvessem indicado um forte comprometimento anterior com a proteção de sua própria privacidade. Qualquer um que tenha baixado um aplicativo de compras, entrado em um programa de fidelidade ou adquirido um cartão de crédito de loja sabe que estamos dispostos, até de bom grado, a abrir mão da privacidade em relação às nossas compras em troca de alguns cupons na loja ou um dinheiro de volta no final do mês.

Em um mundo no qual é desafiador entender o quanto você se importa com a privacidade, a tendência natural é deixar que o contexto ou outras influências moldem suas escolhas. Mas o fato de as preferências de privacidade dependerem tanto de contexto e serem tão maleáveis é mais uma razão para se preocupar com as limitações do Aviso e Escolha.

Veja a opinião pública dos americanos sobre a proteção de dados pessoais depois do 11 de Setembro. Nos anos imediatamente após o ataque, os cidadãos estavam preocupados com o fato de o governo priorizar liberdades civis demais, sem ir longe o suficiente para proteger o país de outro ataque terrorista. As revelações de Edward Snowden a respeito da vigilância de massa mudaram a visão das pessoas quase do dia para a noite. Em seis meses, a parcela de americanos que apoiava a coleta de dados pelo governo por meio de telefone e internet como parte de esforços antiterroristas caiu vertiginosamente.

Vimos dinâmicas similares durante a pandemia de covid-19. Conforme a doença se espalhava rapidamente em maio de 2020, embora o público americano estivesse no geral (mais de 70%) preocupado com a segurança de suas informações pessoais e sentisse que a situação estava se agravando, uma pandemia de saúde pública foi o suficiente para gerar um apoio majoritário à utilização de aplicativos de celular pelo governo para rastrear a localização de indivíduos infectados como parte de um esforço digital de rastreamento de contatos.[33]

A decisão das pessoas a respeito de quanto revelar sobre si mesmas é também influenciada pelo que os outros dizem e fazem. Em alguns casos, isso pode ser relativamente inofensivo, como quando amigos postam uma foto atual de sua família no Facebook e incentivam os outros a fazer o mesmo. O desafio é que o modelo de negócios para muitas empresas de tecnologia depende da coleta de informações pessoais para aumentar os lucros. Essas empresas frequentemente exploram as preferências amorfas de privacidade das pessoas de formas previsíveis e sistemáticas. As preferências-padrão são um bom exemplo. Mesmo que o padrão seja maximizar a publicação de informações pessoais, muitos indivíduos provavelmente não vão mudar essas configurações, independentemente de suas preferências de privacidade. Às vezes, as pessoas não sabem como fazer ou nem percebem que podem. Existem estratégias ainda mais perniciosas que exploram vulnerabilidades humanas, como linguagem ilegível nas políticas de privacidade, ferramentas maliciosas de design que frustram a capacidade dos usuários de alterar as configurações e a manipulação de nossas percepções de controle para efetivamente induzir as pessoas a publicar ainda mais informações.

A prática atual do Aviso e Escolha não funciona em um mundo no qual as pessoas não estão conscientes do que estão compartilhando e como isso pode ser usado. Mesmo quando têm essa informação, elas ainda têm dificuldade para avaliar razoavelmente o quanto querem proteger de sua privacidade. Ademais, quando as empresas têm fortes incentivos para manipular quanta informação pessoal as pessoas revelam, é ainda menos provável que os indivíduos consigam navegar esse terreno sozinhos.

Proteger a privacidade pelo bem da sociedade

O terceiro desafio é que poderemos sacrificar outras coisas com as quais nos importamos se deixarmos que os indivíduos façam suas próprias escolhas sobre privacidade. Os custos e os benefícios da proteção de privacidade são mais bem avaliados "cumulativa e holisticamente" de acordo com Daniel Solove, professor de direito da Universidade George Washington, dadas as consequências sociais das decisões individuais que fazemos.[34]

Isso é especialmente verdade quando se trata da coleta de dados que serve ao interesse público. As instituições públicas com frequência precisam ser capazes de acessar dados pessoais e aprender com esses dados, mesmo que o acesso possa deixar alguns indivíduos desconfortáveis. Uma verdadeira sopa de letrinhas de acrônimos — Lei de Relatórios de Crédito Justo (FCRA), Lei de Portabilidade e Responsabilidade dos Seguros de Saúde (HIPAA), Lei de Privacidade e Direitos Educacionais da Família (FERPA) —* demonstram a seriedade com a qual os responsáveis por políticas públicas buscaram equilibrar a proteção à privacidade com as necessidades do governo de acessar informações sobre crédito, saúde e educação das pessoas.

A pandemia de covid-19 trouxe essas questões à tona. Estratégias eficientes de vigilância da pandemia têm o potencial de beneficiar todos enquanto confrontamos a crise de saúde pública do século. Mas, enquanto o governo chinês está confortável ao decretar o acesso às informações pessoais dos cidadãos, em uma democracia o crescimento do rastreamento de contatos digital depende do equilíbrio entre os benefícios de saúde pública e as preocupações das pessoas com a privacidade.

Os esforços feitos pela Apple e pelo Google para desenvolver uma tecnologia de rastreamento da covid-19 demonstram esse cuidadoso ato de equilíbrio em ação.[35] Se você escolher entrar nesse sistema, seu celular vai avisá-lo quando você for exposto a alguém que testou positivo para o vírus — desde que essa pessoa também tenha baixado o aplicativo e atualizado com fidelidade seu status de saúde. Como uma alternativa aos modelos tradicionais de rastreamento de contatos — o trabalho lento e paciente de listar manualmente pessoas que testaram positivo e visitá-las em suas casas —, essa é uma abordagem revolucionária.

---

* As siglas correspondem aos nomes das leis em inglês. (N. E.)

Perfeitamente cientes do fato de que muitas pessoas desconfiam das empresas de tecnologia, Apple e Google incluíram ferramentas de privacidade em seus aplicativos de rastreamento de contatos para garantir conformidade. Por exemplo, a tecnologia não coleta nenhum dado de localização. Em vez disso, ela usa dados de proximidade coletados por Bluetooth sem utilizar nenhuma outra informação sobre você ou seu telefone. Esse sistema pode dizer se você cruzou com alguém que foi exposto ao vírus, mas protege essa informação no seu celular e não a compartilha com o Google, a Apple ou órgãos governamentais. O compromisso com a privacidade dá às autoridades de saúde pública e aos cidadãos uma boa chance de incluir inúmeras pessoas em um rastreamento de contatos digital, mas o sucesso desse rastreamento depende, ao final, da disposição das pessoas para participar e atualizar seu status de saúde.

Frequentemente, os benefícios sociais da divulgação são importantes demais para arriscar depender da disposição das pessoas para compartilhar informações privadas. O espaço da segurança nacional é onde essa dinâmica fica mais óbvia. Não podemos depender que terroristas decidam voluntariamente revelar suas informações pessoais para manter o país seguro. Em vez disso, as democracias criaram rigorosos processos legais e judiciais que determinam quem pode violar a privacidade das pessoas e com que autorização legítima quando existe uma ameaça crível à segurança. A mesma coisa vale para esforços para combater pornografia infantil, tráfico de pessoas, crimes virtuais, violações de propriedade intelectual e outros problemas sociais que seriam autorizados — até amplificados — em um mundo que protegesse a privacidade acima de tudo.

Existem muitas razões para duvidar que o mercado vá nos ajudar a conquistar um bom equilíbrio entre privacidade e outros objetivos sociais. Embora a ideia seja atraente, uma abordagem que dependa de indivíduos informados fazendo bons julgamentos sobre suas preferências de privacidade e escolhendo entre uma diversidade de produtos com diferentes proteções de privacidade é fantasiosa. Em conjunto, a natureza do mercado, os limites da tomada de decisão humana e os óbvios benefícios sociais (em alguns casos) do acesso a informações privadas tornam claro que nossa abordagem atual da regulamentação de privacidade é incompleta e mesmo insustentável. Precisamos de uma nova direção.

Quatro letras que são a chave para nossa privacidade

Dependendo de com quem você fala, as letras GDPR significam ou uma regulamentação intrusiva do governo que deu terrivelmente errado ou exemplificam a versão do século XXI da luta pelos direitos civis na era digital. O Regulamento Geral sobre a Proteção de Dados (GDPR, em inglês) é a tentativa da União Europeia de levar ordem à batalha pelo uso de dados pessoais.

A Europa sempre esteve mais interessada na proteção de dados do que os Estados Unidos. Talvez isso seja legado de um passado autoritário, seus cidadãos assombrados pela memória de como a Alemanha nazista e a União Soviética usaram mecanismos de vigilância e controle de informação para silenciar a oposição, reprimir cidadãos e cometer crimes inenarráveis.[36] Nos anos 1930, trabalhadores do censo alemão foram de porta em porta reunindo dados a respeito de nacionalidade, língua nativa, religião e profissão dos residentes. Usando máquinas fabricadas pela subsidiária alemã da IBM, o governo reuniu as informações e as usou para organizar e implementar o Holocausto contra judeus e outros grupos marginalizados.

A vigilância do Estado persistiu na Alemanha Oriental e em outros países atrás da cortina de ferro depois da guerra. Com táticas que ficaram famosas com o filme ganhador do Oscar *A vida dos outros*, a polícia secreta (a Stasi) grampeou quartos e banheiros, leu correspondências e fez buscas nas casas de pessoas sem avisar, destruindo qualquer distinção entre vida pública e privada. Dada essa história, não é surpreendente que em 1983 o Tribunal Constitucional Federal da Alemanha tenha declarado "autodeterminação de dados pessoais" como um direito fundamental — um direito que foi estendido para a Alemanha Oriental depois da queda do Muro de Berlim em 1989.

Mas a pressão recente para a regulamentação de privacidade de dados tem raízes mais contemporâneas. Quando Edward Snowden revelou detalhes confidenciais a respeito do trabalho da NSA, a Europa ficou indignada. Havia diversas acusações vergonhosas para os Estados Unidos, incluindo evidências de espionagem sobre 122 altos líderes mundiais, incluindo a chanceler da Alemanha, Angela Merkel, por meio de seu celular, e cerca de 70 milhões de cidadãos franceses mediante ligações telefônicas e e-mails.

Mas a parte mais perturbadora para muitos europeus foi a descoberta de que as empresas privadas de tecnologia, incluindo a Apple, o Yahoo! e o Google, tinham sido forçadas pelos governos a entregar dados de usuários para agências de inteligência dos Estados Unidos e do Reino Unido.

Após as revelações, Jan Philipp Albrecht, um alemão de trinta anos, membro do Parlamento Europeu, anunciou-se como "companheiro de guerra" de Snowden.[37] Embora suas táticas fossem diferentes, Albrecht se via engajado na mesma batalha: uma guerra contra a vigilância do governo americano. Partindo de uma diretiva política anterior, o pouco conhecido membro do Partido Verde escreveu um novo conjunto de regras para proteger os cidadãos da União Europeia da bisbilhotagem por atacado e impor enormes multas a empresas privadas que coletam e entregam dados sem a permissão do usuário. Embora regras estritas tenham sido objeto de um debate feroz antes dos vazamentos de Snowden, não era mais politicamente esperto para nenhum legislador se opor a proteções abrangentes para dados on-line na Europa. Albrecht defendeu a proteção de dados na Europa como "parte de nossas autodeterminação e dignidade", e as novas regras passaram por uma votação preliminar depois de apenas duas horas de discussão, o que começou um longo processo que culminou na adoção do GDPR em 2016.

O GDPR é substancialmente diferente do Aviso e Escolha dos Estados Unidos. Em vez de confiar em usuários individuais para tomar decisões informadas a respeito dos termos e condições que estão dispostos a aceitar, o GDPR distingue critérios legais sob os quais os dados pessoais podem ser coletados e cria um conjunto de direitos afirmativos do consumidor ao qual qualquer empresa servindo os residentes da União Europeia está sujeita. Por exemplo, dados pessoais podem ser coletados legalmente com base no consentimento ou para prestar um serviço, mas também para outros motivos, incluindo "quando for necessário para proteger um interesse essencial à vida do titular dos dados ou outro indivíduo" e para tarefas realizadas em nome do interesse público. Isso cria a possibilidade para que o governo colete e tenha acesso a dados pessoais, mas apenas quando necessário.[38]

Mais importante, os residentes da União Europeia têm um novo conjunto de direitos digitais. As empresas devem informar aos usuários que seus dados estão sendo coletados, os propósitos para o qual os dados são coletados e as entidades com as quais esses dados serão compartilhados. Os usuários têm o direito de obter uma cópia de seus dados, corrigi-los, apagá-los e removê-los de uma empresa e entregá-los para outra. O GDPR também permite aos residentes restringir como as empresas usam seus dados. Os usuários podem impedir as empresas de processar seus dados e podem se opor ao uso de ferramentas automatizadas que tomam decisões relevantes em relação a seu emprego, situação econômica, saúde e bem-estar.

O GDPR é uma declaração moderna de direitos para a era digital. E não pode ser dispensado simplesmente como um conjunto de aspirações legalistas. Os autores do GDPR levavam a implementação tão a sério quanto a criação de novos direitos. Na verdade, as penalidades associadas à violação do GDPR são potencialmente imensas. A autoridade de proteção de dados de um país pode impor multas de até 4% da receita anual de uma empresa — uma multa enorme para as maiores empresas de tecnologia do mundo.[39]

Esse movimento ousado por parte dos europeus causou choque do outro lado do Atlântico. Com foco em todas as empresas que conduzem negócios com os residentes da União Europeia, o GDPR criou padrões que se aplicam a todas as principais empresas de tecnologia, independentemente de onde estejam sediadas. As reclamações de usuários já estão chegando para as autoridades de proteção de dados (mais de 95 mil reclamações foram registradas com as Autoridades Europeias para Proteção de Dados desde 2019), e grandes processos foram abertos contra Facebook, Google, Instagram e WhatsApp na Irlanda. As empresas de tecnologia americanas precisaram ficar atentas. Dias depois de o GDPR entrar em vigor em 2018, Mark Zuckerberg comentou a respeito do plano do Facebook de se adequar: "Ainda estamos trabalhando nos detalhes, mas deve ser direcionalmente, em espírito, a coisa toda".[40] Depois de ser duramente criticado, ele organizou seus comentários alguns dias depois dizendo: "Vamos disponibilizar os mesmos controles e configurações em toda parte, não apenas na Europa".[41] E assim nasceu o estado atual da União Europeia como o regulador efetivo da tecnologia no mundo, especialmente em questões de privacidade. Mas isso pode não durar muito tempo.

Além do GDPR

O Facebook estava acordando para uma nova realidade não apenas na Europa, mas também em seu próprio quintal — porque, bem quando o GDPR estava entrando em vigor, a Califórnia avançava com sua própria revolução nas leis de privacidade, o Lei de Privacidade do Consumidor da Califórnia (CCPA, na sigla em inglês).

A história começou por volta de 2016, quando um bilionário do mercado imobiliário, Alastair Mactaggart, perguntou a um amigo, engenheiro de software do Google, se ele deveria ficar preocupado com os dados pessoais que o Google tinha sobre ele. Ele esperava uma resposta reconfortante dada por um piloto de avião quando perguntado sobre o potencial de acidentes aéreos. Em vez disso, seu amigo aumentou consideravelmente o nível de ansiedade: "Se as pessoas realmente soubessem o que temos sobre elas", o engenheiro do Google disse, "elas pirariam".

Mactaggart, que enriqueceu construindo condomínios para os jovens e bem-sucedidos funcionários de tecnologia do Vale do Silício, ficou curioso com o papel dos dados, o combustível que movia o crescimento do Google, do Facebook e de muitos outros. Ele rapidamente descobriu que os Estados Unidos não tinham uma única lei ampla regulando os dados pessoais. Ele ficou mais perturbado quando descobriu que o arranjo de regulamentações que existia tinha sido em boa parte desenhado pelas mesmas empresas que mais se beneficiavam com a monetização de informações pessoais. Sua jornada de autodescoberta lhe revelou algo que hoje é amplamente compreendido: se você não está pagando pelo produto, você *é* o produto. Os clientes reais das muitas empresas de tecnologia são os anunciantes e eles estão pagando pela possibilidade de direcionar suas mensagens com mais precisão para os consumidores com base em seus interesses, preferências e desejos.

Mactaggart ficou furioso. Ele descobriu que o governo Obama havia proposto uma "declaração de direitos de privacidade do consumidor" em 2012 que acabou vítima das revelações de Snowden, pois o governo perdeu seu impulso e sua autoridade moral para guiar as reformas de proteção de dados. Mesmo quando funcionários do governo tentaram ressuscitar a legislação no segundo mandato de Obama, a indústria da tecnologia montou uma furiosa campanha de lobby. As grandes empresas de tecnologia convenceram os legisladores a acabar com a proposta, forçando um recuo na ideia de privacidade do consumidor como um direito inerente. Ao fim do processo, os grupos de defesa do consumidor odiaram o produto final, assim como a indústria de tecnologia — que, apesar da declaração de Zuckerberg, nunca quis a legislação.

Avance para 2018. Mactaggart havia imaginado uma armadilha para as empresas de tecnologia por meio da ferramenta peculiar que a Califórnia tem para a democracia direta, o processo de referendos. Esse é o mesmo processo de votação que Uber e Lyft usaram para aprovar a Proposição 22 em 2020, a medida que isentou as empresas de transporte e entrega por aplicativo de oferecer benefícios completos para seus empregados. Quase tudo poderá ser levado diretamente aos eleitores, evitando a legislatura, se os autores puderem reunir assinaturas suficientes. Mactaggart e seus aliados rascunharam um referendo que tinha um escopo menor do que o GDPR e a Declaração de Direitos da Privacidade do Consumidor da era Obama. Eles foram direto ao aspecto mais escandaloso do uso secreto que o Vale do Silício faz de dados pessoais: a coleta e o compartilhamento de dados pessoais com terceiros. O referendo permitiria aos consumidores da Califórnia descobrir quais informações pessoais as empresas estavam coletando e como elas as estavam usando, dando-lhes a opção de impedir a venda e o compartilhamento desses dados.

O referendo de Mactaggart reuniu 629 mil assinaturas, o dobro do necessário. O entusiasmo com a ação cresceu quando o Facebook enfrentou o escândalo em torno do uso indevido de dados pessoais de 87 milhões de pessoas feito pela Cambridge Analytica em 2018. A essa altura, os legisladores estavam atentos e as empresas estavam muito mais abertas à negociação. Mactaggart concordou em adiar a votação da proposta, esperando que o Legislativo Estadual pudesse desenvolver uma legislação sobre privacidade abrangente.

Em junho de 2018, o governador Jerry Brown tornou lei a CCPA. A Califórnia estava seguindo os passos da União Europeia ao se comprometer com a proteção da privacidade. E, embora a CCPA não seja tão ambiciosa quanto o GDPR em muitos sentidos, alguns elementos centrais se mantêm os mesmos: a exigência de que os indivíduos consintam com a maneira como seus dados estão sendo usados; a capacidade de impedir empresas de coletar e vender ou transferir seus dados para terceiros; e o direito de exigir que as empresas deletem suas informações pessoais. O CCPA contém sólidos mecanismos de fiscalização, inclusive por meio do que é chamado "direito privado de ação" — a capacidade que os indivíduos prejudicados por uma empresa têm de processar judicialmente —, embora o lobby das grandes empresas de tecnologia tenha diluído essa provisão na versão final. Também de forma similar ao GDPR, a CCPA se aplica a qualquer empresa que faça negócios na Califórnia, não apenas a empresas instaladas lá, expandindo seu alcance territorial. Entusiasmados com o direito à privacidade, os californianos aprovaram de forma majoritária um novo referendo em 2020 fortalecendo ainda mais a CCPA, incluindo o estabelecimento da Agência de Proteção de Privacidade da Califórnia para fiscalizar a lei.

É muito cedo para tirar conclusões firmes sobre GDPR e CCPA. Conforme as novas estruturas encontram objeções legais e desafios de implementação, elas oferecem uma transformação completa na forma como as pessoas pensam a respeito da privacidade em uma era digital. A ideia de que podemos confiar nos indivíduos para proteger a própria privacidade quando as maiores empresas do mundo têm todos os incentivos para coletar, analisar e vender o máximo de informações pessoais que podem parece antiquada. O Aviso e Escolha por si só está se tornando uma relíquia do passado. A questão é para onde os Estados Unidos e outras democracias irão a seguir. Uma legislação abrangente sobre privacidade é uma possibilidade real? Se sim, o que ela deve fazer?

    Em um momento no qual as empresas de tecnologia são mais impopulares do que nunca, talvez não seja surpreendente que o público apoie majoritariamente uma legislação federal ampla sobre privacidade. E os políticos têm notado. A Câmara dos Deputados e o Senado estão nadando em projetos de legislação sobre privacidade. Mas as propostas têm abordagens significativamente diferentes. Algumas medidas buscam nacionalizar exigências ao estilo do GDPR e da CCPA nos Estados Unidos e criar mecanismos mais poderosos de implementação, enquanto outras buscam antecipar legislações estaduais com um padrão nacional de privacidade de dados que é muito menos restritivo (e, portanto, mais alinhado com as preocupações corporativas).

Embora as negociações detalhadas sejam deixadas para os políticos, os resultados desse processo político devem refletir o que os cidadãos querem — não apenas o que as corporações e seus lobistas querem —, em um equilíbrio entre privacidade e outros valores para o século XXI. E, para nós, está claro o que qualquer nova legislação sobre a privacidade precisa alcançar.

Primeiro, precisamos de um movimento agressivo na direção da privacidade como um direito, não apenas uma preferência que indivíduos têm em alguns contextos, mas não em outros. Esse foi o instinto dos responsáveis pelas políticas públicas do governo Obama ao imaginar uma declaração de direitos à privacidade do consumidor, e isso está refletido nas significativas conquistas legislativas da Europa e da Califórnia. Ao definir esse direito em detalhes — e ser concreto sobre o que ele implica e como deve ser protegido —, a legislação acabaria com a mentalidade de Velho Oeste que tem governado o uso de informações pessoais pelo setor de tecnologia. O poder das empresas seria transferido para os cidadãos, e os usuários de serviços de tecnologia reconquistariam um controle significativo dos dados que fornecem e como eles são usados. Isso não significa abandonar nosso compromisso de dar escolha aos consumidores. Significa reformatar as expectativas básicas sobre o que é certo e o que não é e criar uma expectativa de que as empresas precisam fazer mais do que pedir um consentimento pouco informado e sem significado dos usuários por meio de termos de serviço que a maior parte das pessoas não lê ou não entende.

O segundo elemento é um compromisso com formas mais significativas de consentimento. Parte disso pode ser feito por meio de regras. Empresas não devem mais poder tirar vantagem da ignorância dos consumidores para coletar o máximo de dados possível. Como sob o GDPR e a CCPA, os cidadãos devem ter o direito de saber exatamente quais informações as empresas estão coletando e como vão usá-las. Não deve mais ser aceitável que as plataformas apresentem os detalhes de quais dados e como eles serão usados de forma que nenhum indivíduo razoável seja paciente ou bem-informado o suficiente para entender. As empresas não devem mais ter licença para reunir dados sobre praticamente qualquer coisa. Em vez disso, princípios de minimização de dados — extrair apenas o que é necessário e explicar por quê — devem reger o comportamento corporativo.

Mas, como a abordagem da Apple à privacidade ou às novas tecnologias sugere, o design de ferramentas pode também proteger os direitos de privacidade e tornar mais provável que os indivíduos possam agir em alinhamento com suas preferências sobre quais informações desejam compartilhar ou manter privadas. Por exemplo, a mudança de uma configuração-padrão que você tem de desativar, que as empresas preferem, para uma que você tenha de ativar poderia ter implicações significativas em relação ao compartilhamento de dados pessoais dos usuários. Essa mudança tornaria mais fácil para indivíduos sensíveis à privacidade alcançarem seus objetivos. Para ser justo, porém, isso viria ao custo de uma imensidão de dados que as empresas hoje usam para personalizar serviços, direcionar anúncios e melhorar seus produtos. Se o fato de ter de ativar essas configurações vai criar um equilíbrio melhor ainda é uma pergunta aberta, que se beneficiaria de experimentos ativos. Mas ela aponta para o valor de "*nudges*" embutidos nos produtos. *Nudges* são recursos de design que criam uma arquitetura para as escolhas das pessoas sem restringir suas opções ou mudar seus incentivos econômicos.

Outra ferramenta que poderia fazer uma enorme diferença seria uma que permitisse aos usuários configurar suas preferências de privacidade e levá-las de uma plataforma para a outra, em vez de ter de fazer isso em cada plataforma ou site. Alguns chamam isso de privacidade centrada no usuário. Da mesma forma que anexamos nossas preferências a um número padronizado de telefone ou endereço, deveríamos poder fazer o mesmo com um identificador on-line neutro que carregasse nossas preferências de privacidade. Diversos empreendedores estão correndo para descobrir como fazer isso. Por exemplo, um ex-executivo do Google, Richard Whitt, está projetando um "intermediário de confiança digital" que ficará entre os usuários e as plataformas para controlar que dados são compartilhados em determinado momento. E o pioneiro da internet Tim Berners-Lee tem uma nova start-up, chamada Inrupt, que organiza os dados dos usuários em "casulos de dados" que concedem aos aplicativos acesso aos dados de forma seletiva e alinhada com as preferências dos usuários.

Terceiro, precisamos de uma agência governamental com credibilidade e legitimidade que tenha o poder de preservar e proteger os direitos de privacidade definidos pela nova legislação. Os usuários não deveriam ser responsáveis por microgerenciar suas próprias configurações de privacidade, assim como os consumidores não são responsáveis por determinar se um carro é seguro ou se a comida vai deixá-los doentes. Os consumidores deveriam poder relaxar sabendo que alguém está cuidando de sua privacidade e estabelecendo padrões razoáveis que protejam seus direitos básicos.

Grande parte do debate sobre design institucional nos Estados Unidos se relaciona ao papel da Comissão Nacional de Comércio (FTC, na sigla em inglês). Uma organização com o objetivo de combater "práticas comerciais injustas ou enganosas" se tornou a reguladora-padrão de privacidade nos últimos anos, policiando as empresas para garantir que elas honrem suas promessas de privacidade. A FTC começou a regular a privacidade on-line em meados dos anos 1990 com um conjunto de ações de fiscalização pensadas especificamente para a privacidade de crianças — por exemplo, pressionando KidsCom.com e Yahoo! GeoCities por coletar informações de crianças e compartilhá-las sem o consentimento dos pais. Recentemente, o alvo são empresas que não buscam o consentimento dos usuários para alterações em suas políticas de privacidade. A primeira determinação de caráter abusivo pela FTC, contra a Gateway Learning Corporation, criadora da série infantil "Hooked on Phonics", responsabilizou a empresa por alterar de forma retroativa uma política de privacidade que permitia a venda dos dados dos usuários para terceiros. A FTC também determinou que o Facebook havia enganado seus usuários quando compartilhou os dados dos amigos de usuários no Facebook com desenvolvedores de aplicativos de terceiros, mesmo quando esses amigos tinham políticas de privacidade mais restritas configuradas.

Mas, apesar de toda essa atividade, os críticos da FTC a consideram "de baixa tecnologia, defensiva, sem dentes". Um dos maiores grupos de defesa, o Centro de Informações para Privacidade Eletrônica (EPIC, na sigla em inglês) argumenta que a FTC não pode fazer muita coisa em um mundo governado pelo Aviso e Escolha, pois se limita a ações reativas e fiscalizações posteriores aos fatos que garantem que as empresas honrem o que disseram em suas políticas de privacidade ilegíveis e em geral nunca lidas. O resumo é que um novo conjunto de regras será inútil, a menos que os Estados Unidos criem uma agência para esse propósito com o poder e os recursos para criar regras, monitorar a implementação, conduzir investigações e sancionar entidades que violem os direitos de privacidade dos usuários. Os Estados Unidos precisam de um "administrador público" cujo objetivo expresso seja proteger as informações pessoais dos cidadãos enquanto equilibra a privacidade com outros objetivos compartilhados. Ao apresentar uma nova proposta legislativa para uma agência de privacidade de dados em fevereiro de 2020, a senadora Kirsten Gillibrand apontou que "os Estados Unidos estão muito atrás de outros países. Praticamente qualquer outra economia avançada já estabeleceu uma agência independente para lidar com os desafios da proteção de dados". É hora de os Estados Unidos correrem atrás.

Vivemos em uma sociedade de vigilância. As maravilhas tecnológicas das ferramentas digitais que usamos todos os dias permitem que governos e empresas saibam mais do que nunca o que queremos, o que fazemos e o que pensamos. Embora os americanos tenham uma longa história de ceticismo em relação ao acesso do governo a seus dados, eles têm cada vez mais uma suspeita saudável de que empresas privadas também coletam dados demais. As empresas de tecnologia lucram com nossas informações pessoais e transformam o acesso aos dados sobre cada um de nós em produtos que as enriquecem.

    Momentos de mobilização social trazem muitas dessas preocupações à tona. Quando nossos direitos à liberdade de expressão e à livre associação são ameaçados por governos que fazem vigilância aérea de protestos ou por empresas privadas que usam ferramentas de reconhecimento facial para ajudar a polícia a rastrear pessoas acusadas de infrações, o público exige maior proteção de seus direitos à privacidade. Mas, até que tenhamos definido claramente esses direitos de privacidade e criado uma instituição que tenha poder e autoridade para protegê-los, ficaremos no vazio do Aviso e Escolha — um lugar em que sentimos como se tivéssemos o controle do acesso às informações sobre nós, mas no qual, na verdade, as empresas tiram vantagem de nossas ignorância, preguiça e limitações cognitivas para coletar ainda mais informações sobre nós. Existe um destino alternativo: um lugar onde não precisemos ter um alto nível de proficiência tecnológica para proteger nossos direitos básicos.

6
Humanos podem prosperar em um mundo de máquinas inteligentes?

Os humanos são fascinados pela ideia de carros autônomos há décadas. Ainda assim, durante muitos anos essa realidade estava frustrantemente fora de alcance. Como acontece com muitas inovações em computadores, foi o Departamento de Defesa dos Estados Unidos que produziu uma inovação.

Em 2002, a Agência de Projetos de Pesquisa Avançada de Defesa (DARPA, na sigla em inglês) anunciou o Grande Desafio DARPA, uma corrida de carros com 228 quilômetros no deserto do Mojave.[1] A corrida tinha uma exigência intrigante: os veículos precisavam ser completamente autônomos — ou seja, depois do início da corrida, os humanos não podiam mais intervir na operação. O prêmio: 1 milhão de dólares e um lugar na história. Em 13 de março de 2004, entre as grandes esperanças dos quinze candidatos, as pessoas reunidas na pista viram veículo após veículo sair da pista e ficar preso nas areias do deserto. Alguns mal passaram da linha de partida. O que foi mais longe na corrida — um Humvee chamado Sandstorm projetado pela equipe de corrida da Universidade Carnegie Mellon, que era o favorito no início — viajou pouco mais de dez quilômetros (menos de 5% da distância total da corrida) antes de sair do curso e se alojar no acostamento. A corrida foi considerada um fracasso e nenhum prêmio foi concedido.

Mas os funcionários da DARPA se recusaram a desistir. Eles marcaram uma segunda corrida para o ano seguinte e dobraram o prêmio para 2 milhões de dólares. O Grande Desafio DARPA de 2005 foi uma história totalmente diferente. Vinte e três equipes se qualificaram para uma nova corrida de 212 quilômetros no deserto, com cinco veículos completando com sucesso todo o trajeto. O ganhador foi um carro chamado Stanley, inscrito por uma equipe de Stanford orientada pelo professor de ciência da computação Sebastian Thrun. Stanley completou a corrida em 6 horas e 54 minutos, vencendo o segundo colocado por onze minutos.[2] Um progresso impressionante havia sido feito em apenas dezoito meses. A corrida, que tinha sido vista como um fracasso completo no ano anterior, foi então considerada um sucesso retumbante.

Refletindo sobre a corrida, Thrun exultou: "É óbvio que daqui a cinquenta ou sessenta anos os carros vão se dirigir sozinhos".[3] A estimativa dele foi muito pessimista. Em 2020, pelo menos trinta países diferentes estavam testando veículos autônomos em suas estradas. Só a Califórnia licenciou mais de cinquenta empresas e mais de quinhentos veículos autônomos que percorreram mais de 4 milhões de quilômetros.[4]

Uma das principais motivações para o desenvolvimento comercial de veículos autônomos é seu potencial de melhorar a segurança nas estradas. A Organização Mundial da Saúde estima que aconteceu 1,25 milhão de mortes no trânsito no mundo em 2013.[5] Em 2017, 37.133 pessoas morreram em acidentes de trânsito só nos Estados Unidos, e mais de 90% desses acidentes envolveram erro humano.[6] É claro que, ao examinar questões de segurança, precisamos nos perguntar quão seguro é o suficiente para que carros autônomos se tornem a norma. É importante lembrar que um carro autônomo não precisa ser perfeito, ele só precisa ser melhor que um motorista humano. E, como as estatísticas indicam, os humanos não são ótimos motoristas — somos propensos a erros, às vezes pilotando veículos cansados demais, distraídos por mensagens ou bêbados. Vários outros argumentos foram feitos em benefício dos veículos autônomos, incluindo tornar o tempo de deslocamento mais produtivo (estima-se uma economia de 7 bilhões de dólares por ano só nos Estados Unidos),[7] reduzir o consumo de combustível por ter carros em "pelotão" ou fluindo com seus movimentos coordenados, o que aumentaria a capacidade das estradas existentes (já que carros autônomos não precisarão de tanto espaço entre si), e mesmo reduzir a necessidade de vagas de estacionamento.

Então, qual poderia ser a desvantagem de usar carros sem motorista? Bem, primeiro precisamos descobrir se eles funcionam, e essa se mostra uma pergunta difícil de ser respondida. Além de demonstrar que carros autônomos podem tomar decisões de baixo nível, como seguir regras de trânsito e evitar acidentes, precisamos entender como eles tomam decisões de alto nível mais complexas. Por exemplo, quando confrontados com a escolha entre entrar em uma ciclovia para proteger o motorista do carro e ferir pais andando de bicicleta com seus filhos, o que o sistema autônomo que pilota o carro deve ser programado para fazer?

Considere um dilema hipotético introduzido pela filósofa inglesa Philippa Foot no final dos anos 1960, o "Problema do bonde", que hoje se tornou um problema real para engenheiros. No contexto dos carros autônomos, o problema pergunta se um veículo deveria ser programado para colocar em risco ou sacrificar a vida de seu único passageiro ao sair da estrada para evitar potencialmente atingir cinco pedestres atravessando a rua. Como sociedade, podemos preferir que o veículo escolha a opção que salve mais vidas. De forma semelhante, a maior parte dos participantes de uma pesquisa de 2016 preferia que esses veículos fossem programados para minimizar mortes na estrada em geral. Mas a mesma pesquisa mostrou que, quando era pedido aos participantes que fossem passageiros — ou seja, um comprador potencial — de um veículo autônomo [VA], "eles prefeririam andar em VAs que protegem seus passageiros a qualquer custo".[8] Eles relataram que seriam menos propensos a comprar um veículo autônomo que não priorizasse a segurança dos passageiros em relação a dos pedestres, mas gostariam que outros os comprassem. Essas visões conflitantes de preferência pessoal *versus* social nas decisões de compra podem levar a resultados ruins. Visto da perspectiva de um pedestre ou ciclista, preferimos priorizar o bem-estar de todas as pessoas. Visto da perspectiva de um motorista em potencial, preferimos priorizar a segurança dos passageiros. Sistemas autônomos não podem ser programados para fazer as duas coisas ao mesmo tempo. É uma indicação de que uma abordagem de livre mercado aqui não nos dará os resultados que esperamos.

Embora as pessoas estejam começando a aceitar que um mundo de carros autônomos está chegando, precisamos também nos preparar para a automação de outras funções nas quais a substituição do julgamento humano não parece certo. Essas coisas podem incluir o papel de um médico ao diagnosticar uma doença e prescrever o tratamento correto para você, o cuidado com que um professor avalia as necessidades do seu filho e dá aulas para aprimorar suas habilidades, e a autoridade que conferimos aos políticos para tomar decisões cruciais sobre como proteger a segurança nacional. Esses papéis exigem empatia ou ação humana conectada aos resultados.

Existem possibilidades incríveis para que computadores salvem vidas nas estradas, no consultório médico e no campo de batalha. Mas algumas dessas possibilidades vêm com custos que podem não ser fáceis de mensurar — e, portanto, não podem ser otimizados. Está chegando um futuro em que todos nós teremos menos arbítrio sobre nossas vidas, os benefícios e os fardos da automação serão distribuídos de forma desigual, e poderemos até nos ver substituídos pelas tecnologias que podemos criar agora. Este é o momento para contemplar essas repercussões.

Cuidado com o bicho-papão

Os escritores de ficção científica há muito tempo imaginam mundos nos quais as máquinas se tornaram mais inteligentes do que os humanos e os humanos se tornaram subservientes aos nossos novos senhores robôs. Em nosso momento atual de enormes avanços em inteligência artificial, já existem domínios nos quais as máquinas podem ultrapassar humanos com consistência. Mas isso é algo com que devamos nos preocupar? A resposta é complicada, e como ela vai se desenvolver depende dos tipos de tarefas que damos para as máquinas e do modo como projetamos as interações entre humanos e máquinas.

Uma forma convencional de traçar a história da IA é pelo sucesso em derrotar humanos em várias tarefas. Em 1959, Arthur Samuel, que popularizou o termo *aprendizado de máquina*, desenvolveu um programa de computador que jogava damas e poderia melhorar — poderia, aparentemente, "aprender" — jogando contra si mesmo. Foi apenas em 1994 que um programa de computador conseguiu ganhar do campeão humano de damas. Então, em 1997, capas de jornais do mundo todo anunciaram que o Deep Blue, da IBM, havia "destronado a humanidade" ao vencer o então campeão de xadrez Garry Kasparov.[9] Em 2011, o sistema Watson, da IBM, construído para jogar o *quiz Jeopardy*, derrotou solidamente os dois maiores ganhadores de todos os tempos, Brad Rutter e Ken Jennings. Pontuação final: Rutter com 21.600 dólares, Jennings com 24.000 dólares e Watson com 77.147 dólares. Em 2017, cientistas do grupo DeepMind, do Google, usaram aprendizado de máquina para construir um programa que venceria Ke Jie, o jogador de Go número um no mundo. Até aquele momento, muitos jogadores acreditavam que o Go, um jogo que tem muito mais de 1 octilhão de configurações de tabuleiro a mais que o xadrez, estava muito além do escopo do que um computador poderia jogar em nível profissional, ou mesmo de especialista. O sucesso do AlphaGo deixou muitos desses jogadores chocados, enquanto outros relataram que as jogadas do computador eram "de outra dimensão".[10]

Essas são conquistas técnicas impressionantes. E elas são só o começo. Avanços rápidos em inteligência artificial e seu uso em sistemas autônomos anunciam uma era em que máquinas podem ultrapassar humanos em mais do que apenas jogos. Por um lado, a automação de tarefas desagradáveis, perigosas, alienantes ou exaustivas já se mostrou uma bênção para muitos. Por outro, a automação de outros tipos de tarefas das quais nós humanos tiramos sentido, prazer e realização pode se tornar uma maldição e causar uma transformação no próprio significado do que é ser humano.

Você gosta de lavar roupa? Quase ninguém gosta, apesar do fato de que lavar roupa hoje seja mais fácil do que nunca. Antes do advento das máquinas de lavar, a limpeza das roupas era um processo demorado de molhar, ensaboar, enxaguar e secar cada peça. A máquina de lavar não é nada além de um sistema automatizado que alivia a necessidade de trabalho humano. E para grande benefício da humanidade! As máquinas de lavar não apenas liberam os humanos da tarefa chata e difícil de lavar roupa, mas, dada a tradicional divisão do trabalho doméstico pelo mundo, libertam especialmente mulheres da labuta. Alguém lamenta a diminuição do trabalho humano na tarefa de lavar roupa? Nós duvidamos.

Máquinas de lavar não são especialmente inteligentes, mas elas são mais eficazes e muito mais eficientes que humanos. O mesmo é verdade para muitas outras máquinas desenvolvidas ao longo da história, das colheitadeiras às calculadoras. A automatização de tarefas anteriormente executadas pelo trabalho humano é muito anterior à inteligência artificial. No final do século XIX, mais de 50% dos empregos na economia americana estavam na agricultura. Em 1930, o número era de 20%, e em 2000 ficava abaixo de 2%.[11] Essas transformações do mercado de trabalho podem causar mudanças dolorosas e agitação social, é claro. Mas o que os economistas chamam de deslocamento tecnológico do trabalho ou, menos formalmente, da perda de empregos em um setor econômico devido à introdução de máquinas é uma característica familiar da vida moderna. E não é apenas resultado da IA.

O cerne do debate sobre a IA não está na preocupação com a ascensão de senhores robôs, mas em considerar o tipo de trabalho que máquinas estão substituindo e como vamos gerenciar essa transição. Se o trabalho é mais complexo do que lavar roupa e contribui para o nosso bem-estar, podemos lamentar a perda do trabalho humano.

Existe algo de especial em nossa era de máquinas movidas por computador e automação digital? As primeiras formas de automação tendiam a substituir o trabalho físico por máquinas. Mas a automação digital pode substituir tanto o trabalho físico como o cognitivo e mudar nossa experiência do trabalho.[12] E, ao contrário dos dispositivos físicos ou máquinas, a automação digital é relativamente barata de se duplicar. Contudo, mesmo que a automação digital seja mais poderosa do que qualquer forma anterior de automação — porque ela pode substituir o pensamento humano e superar os humanos em processamento de informações —, não precisamos nos preocupar com máquinas inteligentes rivalizando com o pensamento e o raciocínio humanos. Pelo menos ainda não.

Existem diferenças importantes entre a inteligência humana e a das máquinas. A inteligência humana envolve a dupla capacidade de raciocinar a respeito dos nossos objetivos, bem como dos meios para alcançá-los. Os humanos, talvez de forma única entre todas as criaturas vivas, podem refletir e revisar seus objetivos fundamentais na vida. As máquinas, mesmo as mais inteligentes, não podem nem traçar seus próprios objetivos nem deliberar se eles são dignos ou não. Foram os humanos que decidiram programar um computador para jogar damas ou xadrez. Foram os humanos que decidiram usar computadores para identificar rostos em imagens. Os profissionais de tecnologia são especialmente bons em criar máquinas inteligentes quando as regras do jogo não são ambíguas, incluindo o que significa ganhar ou perder. Não é por acaso que o catálogo de conquistas da inteligência artificial inclui muitos jogos.

O mais difícil é criar máquinas inteligentes que busquem alcançar objetivos mais difíceis de definir. Qual é, por exemplo, o objetivo de um veículo autônomo? Qual função objetiva o sistema automatizado, programado por um tecnologista, deve tentar otimizar? Alguns podem dizer que o objetivo é o transporte mais rápido de passageiros ao seu destino. Outros podem dizer que é a segurança dos passageiros durante a viagem. Outros ainda podem preferir que o passeio seja agradável, talvez passando por rotas mais bonitas em vez de mais rápidas. Qualquer que seja a função objetiva, o sistema autônomo deve ser capaz de navegar em um ambiente imprevisível e mutável: diferentes tipos de estradas, climas e condições de iluminação; o comportamento de outros carros e pedestres e surpresas como obstáculos no caminho, incluindo crianças correndo atrás de uma bola na rua. Até que as máquinas sejam capazes de definir os próprios objetivos, as escolhas dos problemas que queremos resolver com essas tecnologias — quais objetivos valem a pena ser buscados — ainda são nossas.

Existe uma fronteira externa da IA que ocupa a fantasia de alguns tecnologistas: a ideia da inteligência artificial geral (IAG). Enquanto o progresso da IA de hoje é marcado pela capacidade de um computador de completar uma tarefa específica e delimitada ("IA fraca"), a aspiração de criar uma IAG ("IA forte") envolve o desenvolvimento de máquinas que possam estabelecer suas próprias metas além de alcançar os objetivos traçados pelos humanos.

Embora poucos acreditem que a IAG esteja no horizonte próximo, alguns entusiastas afirmam que o crescimento exponencial do poder computacional e os avanços impressionantes da IA só na última década tornam a IAG uma possibilidade em nossas vidas. Outros, incluindo muitos pesquisadores de

IA, acreditam que a IAG é pouco provável, ou ainda está a muitas décadas de distância. Esses debates geraram uma indústria de comentários utópicos ou distópicos sobre a criação de máquinas superinteligentes. Como podemos garantir que os objetivos de um agente ou sistema de IAG estejam alinhados com os objetivos dos humanos? A IAG colocará a própria humanidade em risco ou ameaçará escravizar os humanos com robôs superinteligentes ou agentes de IAG?[13]

No entanto, em vez de especular a respeito da IAG, vamos focar o que não tem nada de ficção científica: os rápidos avanços na IA restrita ou fraca que apresentam desafios extremamente importantes para os humanos e a sociedade.

O QUE É TÃO INTELIGENTE EM MÁQUINAS INTELIGENTES?

Como nossas máquinas ficaram tão "inteligentes", que agora ameaçam substituir seus criadores em algumas linhas de trabalho e nos fazem questionar nossas próprias habilidades humanas em outras tarefas? Compreender como e por que chegamos à beira do precipício de um futuro transformador para a IA nos leva de volta à era pós-Segunda Guerra. O caminho do desenvolvimento não foi fácil ou gradual.

O termo *inteligência artificial* foi cunhado pela primeira vez em 1956. A ciência da computação já estava se tornando um campo independente, e os futuros possíveis que a computação viabilizava pareciam infinitos. Os primeiros avanços em pesquisa de IA entre as décadas de 1950 e 1970, como o programa de damas de Arthur Samuel e o "sistema especialista" chamado de MYCIN, que podia diagnosticar infecções no sangue melhor que médicos humanos, levaram a um grande otimismo a respeito do que poderia ser conquistado. Mas um grande entusiasmo no laboratório é frequentemente seguido por um grande incentivo no mundo dos negócios, e a IA passou a ser vendida como uma potencial solução de negócios para toda uma série de problemas, muitos dos quais estavam muito além do que a tecnologia da época poderia conseguir.

Grande parte do trabalho inicial em IA tentou modelar a dedução e a tomada de decisão humanas por meio de regras lógicas como "todos os cães têm quatro patas". Mas esses sistemas baseados em regras são frágeis — o que acontece com a lógica quando você encontra um cachorro amputado que só tem três patas? Um sistema baseado em regras pode, então, inferir que não é um cachorro. Ou, pior, pode entrar em um estado inconsistente no qual ele não consegue raciocinar porque recebeu informações que não eram consistentes com as regras existentes. As tentativas de mudar as regras nesses sistemas rapidamente se perdem em minúcias infinitas que tentam resolver exceções: e se um cachorro de três patas tiver uma prótese? E se a prótese do cachorro for na verdade uma roda? E assim por diante. Esses sistemas baseados em regras são complicados, lentos e propensos a falhas. Esse exemplo de um cachorro amputado pode não parecer um problema significativo, mas, se um sistema baseado em regras inadequadas for usado em uma situação crítica, tal como controlar uma fornalha em uma siderúrgica, problemas de raciocínio têm potencial para consequências muito mais significativas.[14]

O entusiasmo exagerado e o baixo desempenho dos sistemas de IA levaram a décadas de um "inverno da IA" nos anos 1970 e 1980. O uso industrial da IA foi reduzido significativamente, e o financiamento acadêmico secou.

No fim desse período, sistemas mais modernos de IA superaram a fragilidade dos sistemas baseados em regras com o desenvolvimento de sistemas mais flexíveis e frequentemente mais complicados. Isso incluiu o advento das redes neurais, algoritmos para aprendizado de máquina inspirados em modelos do cérebro humano como forma de lidar com a incerteza do mundo. Regras absolutas foram substituídas por números, muitas vezes representando probabilidades e possibilidades, que podem ser matematicamente combinadas de formas robustas que permitem aos sistemas lidar com situações inesperadas sem uma falência completa da capacidade de raciocínio.

Hoje, os sistemas de IA são muito mais flexíveis e poderosos na maneira como podem modelar e fazer inferências sobre o mundo. Eles são capazes de fazer carros navegarem pelas ruas da cidade, reconhecer rostos e identificar quem está retratado e jogar jogos de tabuleiro em níveis que superam campeões mundiais. Mas o poder desses novos sistemas veio com um custo: complexidade. Esses sistemas de IA agora são tão complicados que os humanos que os programam têm dificuldade em entender por que algumas máquinas tomam as decisões que tomam. Os sistemas de IA podem identificar padrões em grandes conjuntos de dados que os humanos não conseguem discernir e, portanto, podem frequentemente fazer previsões mais precisas. Mas esses sistemas muitas vezes são caixas-pretas, incapazes de explicar por que geram certos resultados. E os cientistas que constroem os sistemas nem sempre conseguem explicar os resultados, tornando as decisões inescrutáveis.

"Aprendizado profundo" se refere não à capacidade de gerar conclusões, mas a uma metáfora espacial para a arquitetura de um sistema de IA. A ideia por trás do aprendizado profundo é que as entradas em um sistema formam conjuntos de padrões simples que são, então, combinados em padrões cada vez mais complexos usando padrões derivados da camada anterior. O nome "profundo" vem do fato de que esses sistemas agora contêm muito mais camadas do que apenas uma década atrás — resultado de um maior poder computacional para modelar os padrões de cada camada e grandes aumentos de dados que permitem que esses padrões mais complexos sejam descobertos. Por exemplo, em um sistema de reconhecimento facial, a entrada é geralmente uma foto ("retrato de rosto"), ou, mais especificamente, uma grade de pixels que compõem essa imagem. A primeira camada do sistema pode identificar linhas, ou "bordas" dos pixels subjacentes. Na camada seguinte, as linhas são combinadas em formas simples, que por sua vez se combinam em uma camada subsequente para representar traços faciais como olhos, nariz e boca. Uma última camada pode, então, combinar esses traços faciais na configuração certa para representar um rosto. Parece bem simples, mas na verdade construir esse sistema é uma tarefa enorme e somente pode ser realizada usando-se técnicas de aprendizado de máquina. O sistema DeepFace do Facebook para reconhecimento facial usa uma "rede neural de nove camadas de profundidade".[15] Essa rede profunda envolve mais de 120 milhões de parâmetros. E isso foi em 2014. Desde então, as gigantes da tecnologia como Microsoft, Google e Nvidia construíram modelos com dezenas de bilhões de parâmetros, e os números continuam crescendo a cada ano. Esses modelos estão começando a se aproximar da complexidade do cérebro humano, que se estima ter 100 bilhões de neurônios. A questão sobre o que as redes neurais profundas estão realmente computando ultrapassa de longe a capacidade humana de compreender todos os parâmetros envolvidos.

O poder dos sistemas de IA impulsionou uma série atordoante de usos em nossas vidas. Alguns usamos há anos, talvez sem saber. Métodos para filtrar spam em nossos e-mails ou examinar nossas compras de cartão de crédito em busca de transações possivelmente fraudulentas têm sido usados há décadas. Se você receber uma ligação de sua operadora de cartão de crédito notificando uma atividade suspeita em seu cartão, você provavelmente poderá agradecer à IA por encontrá-la. Mas, em casos como o filtro de spam e a fraude no cartão de crédito, o volume de transações é muito maior do que os humanos podem processar. O uso dessas tecnologias não substituiu nenhum trabalhador porque as tarefas não eram algo que os humanos pudessem acompanhar. Elas estavam escondidas nas entranhas dos sistemas de dados, não em um lugar onde se encontram trabalhadores.

Conforme a IA cresce em suas capacidades de reconhecimento de padrões, ela se torna apta a tarefas mais complicadas, frequentemente de maneiras mais visíveis. Veículos autônomos são só o começo. Alguns desses usos são mais pela novidade, como os *bartenders* robóticos do Makr Shakr, com nomes pitorescos como "Toni" e "Bruno", que vêm preparando coquetéis em bares de Londres a Dubai durante os últimos anos e já serviram mais de 2,6 milhões de drinques!

Profissionais de nicho, como tradutores de idiomas, passaram a se sentir ameaçados pela capacidade das máquinas de traduzir entre diversas línguas com uma precisão impressionante, muitas vezes em tempo real. Qualquer pessoa que tenha usado o Zoom para uma videoconferência durante a pandemia de covid-19 pode ter achado muito útil o serviço de transcrição automática oferecido junto de um canal de áudio com tradução automática para idiomas amplamente falados.[16] Alguns analistas acreditam que o futuro aqui possa ser mais um modelo de "interação humana", no qual um tradutor humano use os resultados de uma máquina como um primeiro passo rápido e, então, trabalhe para tornar a tradução mais precisa e correspondente ao uso da linguagem coloquial. Mas ainda precisaríamos de tantos tradutores? Em uma indústria aparentemente pequena, uma habilidade tão especializada seria necessária?

Em outros domínios, como atendimento automatizado ao cliente, sistemas de IA que combinam reconhecimento de fala com compreensão de linguagem natural — parecidos com o usado em caixas de som inteligentes como a Alexa da Amazon e o Google Home — tornaram-se a nova linha de frente da interação com o cliente. Apenas quando o sistema não for capaz de oferecer a ajuda de que você precisa, um ser humano será chamado para intervir. Isso parece ter boas chances de reduzir o número de atendentes necessários para o suporte ao cliente.

E no mundo das finanças? Cada vez mais, a IA é usada para mover modelos cada vez mais sofisticados para negociar ações, commodities e derivativos. Chamados de "fundos de investimento quantitativos", esses sistemas usam técnicas algorítmicas com frequência movidas por modelos de aprendizado de máquina para fazer transações imediatas com coisas que vão de ações da Apple a futuros de zinco. Uma das pioneiras na área, a Renaissance Technologies, foi fundada por Jim Simons, um doutor em matemática que trabalhou com a Agência de Segurança Nacional em quebra de códigos — uma forma um tanto diferente, mas também quantitativa, de reconhecimento de padrões. O fundo Medallion, da Renaissance, gerou mais de 100 bilhões de dólares em lucros desde que a empresa foi fundada em 1982. De fato, o mundo das finanças mudou com os desenvolvimentos tecnológicos à medida que as empresas de serviços financeiros focam cada vez mais a gestão do relacionamento com o cliente e do acesso a fundos privados usando tecnologias quantitativas. Podemos dizer que as finanças são um campo pronto para a adoção de tecnologias avançadas como a IA. Se os mercados podem ser ineficientes quando cheios de pessoas lentas e sujeitas a erros, por que a IA não deveria ser usada para ajudar a otimizar a identificação de padrões e explorar ineficiências muito mais rápido do que os humanos podem fazer? Isso vai levar a menos pessoas empregadas nas firmas de investimento? Uma boa quantidade de tinta foi gasta por incentivadores e opositores argumentando pelos dois lados da questão.

Mas e sua médica? Ela enfrenta uma ameaça da IA? Empregos que já foram considerados intocáveis pela tecnologia agora estão sob escrutínio mais próximo. Pegue a detecção do câncer de mama. Uma equipe de pesquisa do Google apresentou "um sistema de inteligência artificial (IA) capaz de superar especialistas humanos na previsão do câncer de mama".[17] Eles observaram: "Em um estudo independente com seis radiologistas, o sistema de IA foi melhor que todos os leitores humanos [de mamografias]". De forma similar, uma equipe de Stanford desenvolveu "um algoritmo que pode detectar pneumonia a partir de raios X de tórax em um nível que ultrapassa o dos radiologistas".[18] Desenvolvimentos como esses levaram Geoff Hinton, pioneiro em redes neurais e aprendizado profundo e vencedor do prêmio A. M. Turing de 2018, a afirmar que "as pessoas deveriam parar de treinar radiologistas agora. É completamente óbvio que em cinco anos o aprendizado profundo vai se sair melhor do que os radiologistas".[19] Isso foi em 2016.

Desde aquela época, notou-se que o trabalho de radiologistas e outros profissionais da saúde é muito mais amplo do que apenas interpretar raios X.[20] Na verdade, existe muito trabalho envolvido em preparar os pacientes para os exames, determinar a necessidade de coletar outras fontes de informação, como biópsias, e interpretar esses resultados em um diagnóstico final. Talvez mais importante seja o fator humano: as pessoas querem interagir com outras pessoas, não apenas com máquinas, especialmente quando enfrentam notícias que ameaçam suas vidas. E não vamos nos esquecer da noção de responsabilidade legal: quem deverá ser processado se uma máquina cometer um erro? Com um médico envolvido, essa pergunta, para o bem ou para o mal, é muito mais fácil de ser respondida.

A extensão da ameaça que a IA representa para trabalhadores altamente especializados, como médicos, ainda é incerta. Em 2019, um estudo do Reino Unido resumiu a situação afirmando: "Nossa análise descobriu que a performance diagnóstica de modelos de aprendizado profundo é equivalente à de profissionais de saúde", mas depois concluiu que "relatos ruins são prevalentes nos estudos com aprendizado profundo, o que limita a interpretação confiável da precisão diagnóstica reportada".[21] Em outras palavras, os modelos de aprendizado profundo podem ser capazes de alcançar a performance humana na tarefa estrita de fazer um diagnóstico a partir de um raio X, mas o fato de que esses estudos não usam os resultados do algoritmo em contextos médicos reais significa que não é possível determinar se a previsão do modelo realmente teria levado a um resultado melhor para o paciente. Eles também observam que a importância de entender o raciocínio por trás do diagnóstico do algoritmo é "fundamentalmente incompatível com a natureza de caixa-preta do aprendizado profundo, na qual as decisões do algoritmo não podem ser inspecionadas ou explicadas".

A IA percorreu um longo caminho desde que a noção de uma máquina inteligente emergiu nos anos 1950. Embora a IA tenha impactado nossas vidas de formas quase sempre invisíveis no passado, agora estamos prontos para uma revolução mais visível e ampla. Muitos de seus benefícios estão claros. Mas o que podemos perder no processo?

A automação é boa para a raça humana?

A automação pode estar ameaçando os empregos de trabalhadores braçais e especializados, mas o avanço da IA está se mostrando uma vantagem para pelo menos uma pequena categoria de trabalho: os filósofos. A última década testemunhou a multiplicação de trabalhos em ética e IA. As empresas de tecnologia estão buscando diretores de ética, organizações não governamentais estão contratando especialistas em ética na tecnologia, e laboratórios de ideias, bem como universidades, frequentemente anunciam novas vagas na intersecção entre ética e tecnologia. O resultado, pelo menos até agora, é nada menos que uma tempestade confusa de ética, princípios, orientações e quadros de IA publicados por empresas individuais, ONGs, comitês governamentais e comissões de especialistas. De acordo com uma contagem recente, mais de oitenta documentos diferentes a respeito de ética em IA foram publicados na última década, com a enorme maioria tendo aparecido a partir de 2016.[22]

Alguns dos esforços corporativos em ética da IA não passam de obviedades vagas, essencialmente "lavagem ética" feita por relações públicas. Em 2019, o Google anunciou a criação de um conselho de especialistas externos para consultoria — um comitê de ética em IA — para guiar e monitorar o desenvolvimento responsável de IA pela empresa. Depois que uma controvérsia pública surgiu em relação a membros do conselho que se opunham aos direitos de pessoas LGBTQIA+ e que financiavam trabalhos que questionavam as mudanças climáticas causadas por humanos, o Google dissolveu o conselho em menos de uma semana e não tentou formar um novo.

Mesmo nos casos em que os quadros são mais sérios, eles frequentemente trafegam em generalidades. Um quadro de ética que afirme como princípios gerais que um sistema de IA deva promover igualdade e ser justo, livre de viés, proteger a privacidade e ser responsável não oferecerá realmente muita orientação. Como vimos em capítulos anteriores, as questões interessantes e relevantes surgem quando fazemos perguntas mais profundas e difíceis sobre o que significa justiça e se é possível para um algoritmo programá-la e, se sim, que preço em poder preditivo deveríamos estar dispostos a pagar para garanti-la. É claro que a privacidade é valiosa, mas um princípio de IA que anuncie um comprometimento firme com ela não nos diz nada a respeito de como devemos equilibrar as negociações entre privacidade e segurança.

Com a IA, nossa tarefa essencial é entender como as máquinas inteligentes afetam a possibilidade da prosperidade humana. Devemos examinar se as máquinas inteligentes aumentam a capacidade dos indivíduos e das sociedades prosperarem e devemos nos esforçar para identificar abordagens para desenvolver a IA e políticas para governá-la que aproveitem seu grande potencial e minimizem seus riscos consideráveis. Existem duas questões centrais: primeiro, em que circunstâncias os enormes avanços da IA ameaçam prejudicar a ação humana e talvez desafiar a própria ideia do que é ser humano? Segundo, o que o aumento da automação faz com o bem-estar material de trabalhadores cujos empregos estão sendo substituídos ou transformados?

Conectando-se à máquina de experiência

Para entender a interação entre máquinas inteligentes e o valor da ação humana, é útil examinar um cenário hipotético pensado pelo filósofo Robert Nozick em 1974. Bem-vindo à "máquina de experiência".

Imagine que você tenha acesso a uma máquina que poderia lhe proporcionar qualquer experiência prazerosa que você desejasse. Pode ser algo trivial, como a experiência de andar de montanha-russa, tomar sorvete ou dançar sua música favorita. Ou poderia ser profunda, como se apaixonar e ser correspondido, compor e tocar música ou conquistar a paz mundial. Se você sentiu sua imaginação empobrecida, pode acessar uma biblioteca de opções retiradas da literatura, de filmes e viagens. A máquina de experiência oferece a sensação plena — a realidade vivida e sentida — de experimentar qualquer coisa a partir de dentro, por assim dizer. Você pode programar seus sonhos mais loucos, assim como seus prazeres mais familiares. E imagine que você possa fazer isso hoje, amanhã, no mês que vem ou mesmo pelo resto da sua vida. Você poderia se conectar a essa máquina e ter a garantia de sentir a experiência da felicidade para sempre.

Para criar essa máquina de experiência, Nozick imaginava usar "neurofísicos superincríveis". Hoje não precisamos imaginar um neurocientista, mas os cientistas da computação por trás dos dispositivos de realidade virtual. Em vez do exemplo hipotético de uma máquina de experiência, imagine o Oculus Rift — os poderosos óculos de realidade virtual [RV] feitos pelo Facebook — aumentado. Isso não é tão absurdo ou inimaginável quanto pode soar. Palmer Luckey, cocriador do Oculus, tinha em mente uma série de experiências de jogos em RV, mas em entrevistas ele também expressou uma aspiração muito mais grandiosa. Ele falou de um "dever moral" de levar a RV para as massas para que elas também, e não apenas os ricos ou geograficamente privilegiados, pudessem experimentar as coisas boas da vida, como um pôr do sol no mar Egeu, a *Mona Lisa* no Louvre, a Grande Migração no Serengeti ou um show do Bruce Springsteen em Nova Jersey. "Todo mundo quer ter uma vida feliz", ele disse, e a realidade virtual "pode tornar possível que qualquer um, em qualquer lugar, tenha essas experiências".[23]

Se você pudesse se conectar a uma máquina de experiências de realidade virtual, você faria isso? Você deveria fazer isso? Essas perguntas foram feitas a Luckey por um jornalista e ele disse que ele "com certeza" faria isso: "Se você perguntasse a qualquer um na indústria da realidade virtual, eles diriam a mesma coisa".

Nozick pensou que era óbvio que *ninguém* iria se conectar à máquina de experiência. "Nós nos importamos com mais do que apenas a sensação das coisas; existe mais na vida do que se sentir feliz", ele escreveu.[24]

Nozick fazia uma pergunta simples e fundamental, familiar não apenas para os filósofos, mas para qualquer um que já tenha se perguntado sobre nosso propósito na vida: a felicidade, especialmente a experiência de estar feliz, é a única coisa importante na vida? Ao responder a essa pergunta negativamente, ele estava criticando o utilitarismo, o credo filosófico criado por Jeremy Bentham. O utilitarismo sustenta que o maior bem na vida — o *summum bonum* — é a felicidade, entendida como a experiência do prazer, e que a ação moralmente correta para qualquer indivíduo é aquela que maximiza a felicidade para todos, o maior bem para o maior número de pessoas. A tarefa moral implícita dos profissionais de tecnologia, portanto, é identificar os melhores meios para maximizar a felicidade.

Ao afirmar que qualquer pessoa que lesse a respeito da máquina de experiência se recusaria a usá-la, Nozick estava apontando para a importância de saber que nosso próprio arbítrio, nosso próprio esforço e nosso talento estão conectados às experiências que temos na vida. "Queremos estar conectados com a realidade de forma importante, não viver em uma ilusão", ele disse.[25] O que é preocupante na máquina de experiência é que, além de decidir usá-la, nossos próprios esforços não têm conexão causal com a nossa experiência. A verdadeira felicidade só pode ser conquistada quando criamos nosso próprio prazer ou bem-estar, não quando o que você ganha é um simulacro de graça.

O dispositivo mais incrível de realidade virtual pode ter algum apelo, mas você realmente gostaria de se conectar a ele para sempre, mesmo que tivesse garantido o máximo fluxo de prazer que pudesse imaginar? Para muitas pessoas, a resposta é não. Nós geramos sentido na vida não apenas com a experiência sensorial de prazer, dor ou qualquer coisa intermediária, mas também por saber que nossas ações, nossas intenções e nossos esforços, por mais imperfeitos que sejam, estão direta e casualmente conectados com o que experienciamos.

Um dos pioneiros da realidade virtual é Jaron Lanier, hoje um dos mais mordazes críticos do desenvolvimento da tecnologia na última década. O livro de Lanier de 2010, *Gadget: você não é um aplicativo*, escrito antes de o Facebook dar lucro, antecipava muitas das práticas de abuso de privacidade que são tão familiares na tecnologia hoje. Ele também fez a afirmação surpreendente de que certas características da tecnologia digital "tendem a nos puxar para padrões de vida que gradualmente degradam as formas como cada um de nós existe como indivíduo".[26] Em outras palavras, podemos perder nossa humanidade se não cuidarmos com atenção do que a tecnologia está fazendo conosco.

Existem algumas formas de trabalho que simplesmente não vamos querer substituir por máquinas se estivermos interessados em manter uma sociedade na qual indivíduos encontrem sentido e motivação em suas vidas cotidianas. Mesmo que máquinas possam se sair melhor que seres humanos em certas tarefas, podemos decidir que ou queremos fazer a tarefa nós mesmos ou criar a tecnologia de uma maneira que preserve a interação humana. E, dado o ritmo da automação em nossas vidas, precisamos não apenas decidir a importância da ação e do trabalho humanos em um caso particular, mas também para a lenta e constante terceirização de nossas ações para máquinas, um passo de cada vez. A agregação ou o acúmulo de máquinas inteligentes em nossas vidas e a agonizante degradação da ação humana são os problemas mais graves que enfrentamos.

Não queremos dramatizar demais a ideia da ação humana nem romantizar a importância do trabalho humano. Quando se trata do que dá sentido à vida e do que produz bem-estar individual, não faltam tarefas, como o trabalho com planilhas, que nós alegremente delegaríamos às máquinas. Se pudermos automatizar formas de trabalho chatas, exploratórias, alienantes ou perigosas, devemos fazer isso. Mas podemos também buscar desenvolver máquinas inteligentes que aumentem, em vez de substituir, a ação humana em arenas essenciais para nosso bem-estar e nosso sentimento de humanidade. Isso envolve tanto o design de tecnologia como as políticas que regulam seu uso. Máquinas inteligentes podem ser cada vez mais eficientes do que os humanos e com uma maior produtividade, mas, no fundo, não podemos automatizar a prosperidade humana.

A grande fuga da pobreza humana

Outro elemento essencial para a prosperidade humana é o bem-estar material. Cada pessoa deve atingir um nível mínimo de bem-estar material para satisfazer suas necessidades básicas e escapar da miséria e da degradação da pobreza, que condena a pessoa à infelicidade e a um conjunto previsível de males. Assim como um animal precisa de comida suficiente para comer e uma horta precisa de nutrientes suficientes no solo para crescer, os humanos precisam de recursos suficientes que proporcionem as habilidades que tornam a vida digna de ser vivida.

Um fato chocante da nossa história no planeta Terra é que a pobreza extrema tem sido a condição da maioria dos humanos durante a maior parte da história registrada. De acordo com o economista Gregory Clark, "a pessoa média no mundo de 1800 não estava melhor do que a pessoa média de 100.000 a.C.".[27] Foi só recentemente, depois do Iluminismo, das descobertas científicas e das inovações tecnológicas que impulsionaram a Revolução Industrial, que muitos humanos superaram a pobreza total. Ainda assim, a pobreza extrema, frequentemente definida como viver com menos de dois dólares por dia, ainda é o destino árduo de muitas pessoas hoje. O economista ganhador do Nobel Angus Deaton descreveu os últimos duzentos anos de história como "a grande fuga" e enfatizou que níveis crescentes de riqueza estão ligados a melhores níveis de saúde.[28] Um indicador notável de progresso: em 1916, o homem americano médio podia esperar viver 49,6 anos; a mulher americana média, 54,3 anos. Em 2016, a expectativa de vida para o homem e a mulher americanos era superior aos 75 anos. De que servirá o arbítrio humano se você não estiver mais vivo para exercê-la? Frequentemente lembramos o século xx como uma era definida por devastadoras guerras mundiais e a criação de armas atômicas tão poderosas que poderiam destruir a Terra muitas vezes. Mas foi também a era na qual centenas de milhões de pessoas finalmente tiveram riqueza material o suficiente para satisfazer suas necessidades básicas. O crescimento econômico recente na Índia e na China tirou outros bilhões da pobreza extrema. Conforme as nações ficaram mais ricas, as pessoas nos países ricos relataram menos dores e deficiências, as pontuações de QI vêm subindo e as pessoas têm ficado mais altas por causa de uma nutrição melhor e do declínio da fome. Conquistar um nível suficiente de bem--estar pode não garantir felicidade ou prosperidade, mas é claramente uma precondição para isso.

Que nível de bem-estar material é necessário? Sem dúvida, precisamos ir além da marca de dois dólares por dia da pobreza extrema. Em países mais ricos, os níveis de renda devem ser ainda mais altos para satisfazer as necessidades básicas de comida, vestuário, abrigo, acesso à saúde e educação. O padrão relevante é a suficiência, em contraste com a igualdade. Uma sociedade que facilita as necessidades materiais básicas não precisa tornar todos iguais em renda ou riqueza. Mas ela deve garantir que cada pessoa tenha o suficiente.

Que efeitos a automação pode ter na capacidade de cada pessoa atingir esse padrão? Até hoje, a inovação tecnológica tem sido um dos motores mais importantes do crescimento econômico, tirando boa parte da humanidade da pobreza. Uma era de máquinas inteligentes que oferecem maior eficiência no trabalho pode muito bem trazer um novo capítulo de crescimento econômico e produtividade. É claro que existe um enorme risco também: se a era da automação levar um grande número de pessoas para fora da força de trabalho, muitas perderão uma fonte confiável de renda e terão seu bem-estar material ameaçado.

Dizem que, se a big data é o novo petróleo da economia, então a IA é a eletricidade. Andrew Ng, um proeminente cientista de IA, diz que a IA vai produzir uma "automação aumentada" e transformar todas as indústrias conhecidas pela humanidade. Os benefícios do aumento da automação são fáceis de ver, mas os custos são frequentemente concentrados e, às vezes, difíceis de demarcar. Parte dos custos resulta em desigualdades de riqueza e poder. O CEO e os acionistas de um serviço de transporte de passageiros que usa milhões de carros autônomos podem ganhar uma riqueza inimaginável, enquanto os milhões de motoristas de táxi, ônibus e caminhão desempregados terão de lidar com as consequências da tecnologia sobre a qual eles não têm poder. Quando se trata de bem-estar material, a era das máquinas inteligentes pode ser maravilhosa para alguns, mas destruir o ganha-pão de outros.

Quanto a liberdade vale para você?

Um custo escondido, mas importante, da automação é que ela pode diminuir a liberdade de vivermos nossas vidas como queremos. Vamos voltar ao exemplo dos carros autônomos, que podem salvar até 300 mil vidas *por década* só nos Estados Unidos — algo que um repórter chamou de potencialmente "a maior conquista de saúde pública do século XXI".[29] Mas, com essa transformação na mobilidade, diversas coisas seriam perdidas. Para começar, muitos de nós têm prazer no ato de dirigir: a estrada aberta, as crianças atrás, o rádio ligado, as mãos no volante. Tirar a carteira de motorista é um verdadeiro rito de passagem para os adolescentes. A liberdade de pilotar até onde você precisar ir, a qualquer hora e a qualquer velocidade, é uma parte apreciada da experiência de dirigir. É possível que um veículo autônomo cause *Fahrvergnügen* — a maravilhosa palavra alemã para "prazer de dirigir", popularizada por anúncios da Volkswagen nos anos 1990? Temos dúvidas. E não estamos sozinhos. Embora sua equipe do Serviço Secreto possa fazer isso para ele, George W. Bush ainda dirige em seu rancho no Texas porque ele gosta. Especialmente porque ex--presidentes dos Estados Unidos não podem dirigir em estradas públicas por questões de segurança. Para conquistar os plenos benefícios da automação ao dirigir, teríamos de abrir mão de parte da autonomia de que dispomos e estar dispostos a sacrificar o prazer que obtemos com essa atividade.

Como atribuir um valor à conquista de algo por meio do exercício dos nossos próprios poderes? Estamos acostumados a pensar em custos em termos puramente materiais — coisas que podem ser quantificadas e contadas. É por isso que renda ou riqueza são com tanta frequência tomadas como símbolo de bem-estar. Mas, como o exemplo da máquina de experiência sugere, é importante para muitos de nós *como* conquistamos essa felicidade e esse prazer e se de fato contribuímos para isso com nosso próprio esforço.

No entanto, atribuir um valor à ação humana não é tão simples. Esse é o desafio que Amartya Sen assumiu em seu esforço para reimaginar o propósito do desenvolvimento econômico.[30] Ele tomou como ponto de partida a famosa afirmação de Aristóteles de que "a riqueza claramente não é o bem que estamos buscando, já que ela é meramente útil para conseguir outra coisa".[31] Sen não queria medir apenas se os países eram ricos ou pobres. Ele queria focar sua atenção no que a riqueza material traz — se as pessoas em qualquer país têm a liberdade de viver como gostariam, de desenvolver e aplicar seus interesses e talentos. Para Sen, o desenvolvimento econômico é antes de tudo uma questão de conquistar a liberdade e permitir o exercício das capacidades humanas. Essa perspectiva desafia a concepção comum de bem-estar. Ela nos obriga a considerar não apenas a riqueza, mas os ingredientes-chave que permitem às pessoas levar uma vida plena e significativa, como a educação, uma longa expectativa de vida, acesso a água potável, alimentação e saúde, liberdade política e direitos civis.

O Programa das Nações Unidas para o Desenvolvimento (PNUD) levou a proposta de Sen a sério em um esforço para desafiar a dependência mundial dos valores do Produto Interno Bruto (PIB) como indicador de bem-estar. Ele criou uma nova medida, o Índice de Desenvolvimento Humano (IDH) para captar melhor as capacidades das pessoas. Embora a renda seja parte do IDH, o índice também inclui anos de educação e expectativa de vida. Ainda é uma medida aproximada, mas ela chega muito mais perto de captar a capacidade dos seres humanos de perseguirem seus próprios objetivos e aspirações, de prosperarem como indivíduos e sociedades.

Quando alguém leva essa ideia para o mundo, diferenças drásticas na qualidade de vida das pessoas rapidamente se tornam visíveis. Por exemplo, embora a Guiné Equatorial e o Chile tenham quase o mesmo nível de renda per capita, a qualidade de desenvolvimento humano é muito maior no Chile. De forma similar, mesmo com níveis mais baixos de renda, as diferenças podem ser substanciais. Com seu comprometimento com as oportunidades educacionais e o acesso à saúde, alguns países em desenvolvimento, como Ruanda, Uganda e Senegal, oferecem um quadro mais rico de oportunidades a seus residentes do que outros países com o mesmo nível de renda. Embora essa abordagem não seja uma representação perfeita do valor da ação humana, ela nos desafia a pensar em um mundo no qual nossa renda permaneça a mesma ou até aumente por causa da automação, mas no qual percamos outra coisa importante: a flexibilidade e a liberdade de fazer escolhas sobre como vivemos.

OS CUSTOS DO AJUSTE

É claro que a automação pode também diminuir as oportunidades de emprego e renda das pessoas. Esse medo é o que gera manchetes, embora seja algo surpreendentemente difícil de medir na prática. Uma abordagem seria identificar os empregos específicos que estão em risco. Um grupo de economistas na Universidade de Oxford analisou as 903 categorias ocupacionais estabelecidas pelo Ministério do Trabalho dos Estados Unidos avaliando-as em termos de conhecimentos e habilidades que exigem, assim como a probabilidade de que avanços em automação possam substituir a necessidade de trabalho humano.[32] O relatório estima que quase 50% dos empregos nos Estados Unidos correm um alto risco de substituição tecnológica por automação até 2030.[33] Em contraste, economistas da Organização para a Cooperação e o Desenvolvimento Econômico (OCDE) em Paris fizeram um exercício similar e estimaram que apenas 9% dos empregos estão realmente ameaçados.[34]

Essas divergências empíricas refletem a retórica exagerada que sempre parece acompanhar uma nova onda de mudanças tecnológicas. Nos anos 1930, o economista inglês John Maynard Keynes expressou abertamente a preocupação de que "estamos sendo afligidos por uma nova doença cujo nome alguns leitores podem ainda não ter ouvido, mas da qual ouvirão muito nos anos à frente — no caso, *o desemprego tecnológico*".[35] Duas décadas depois, o economista de Harvard Wassily Leontief opinou: "Não vejo como as novas indústrias possam empregar todo mundo que quer um emprego".[36] Mas, para todas as pessoas preocupadas com o desemprego em massa, existem aquelas com uma abordagem mais otimista. Hal Varian, o atual economista-chefe do Google, observou as potenciais perdas de emprego para a IA da seguinte forma: "Se 'substituir mais empregos' significa 'eliminar trabalho chato, repetitivo e desagradável', a resposta será sim".[37]

Não existe uma resposta clara para a questão de como a automação impactará o bem-estar material dos trabalhadores. Algumas ocupações serão mais afetadas do que outras. Os especialistas dizem que dentistas e clérigos estão relativamente seguros da IA neste momento, enquanto operadores de atendimento ao cliente, telemarketing, contadores e corretores imobiliários deveriam se preocupar.[38] É também bem mais provável que a automação mude a forma como a maioria das pessoas trabalha em vez de eliminar completamente categorias profissionais. Máquinas inteligentes podem assumir tarefas chatas e repetitivas e deixar que os seres humanos foquem coisas que exijam maior capacidade cognitiva e criatividade.

Por exemplo, está claro que os efeitos de uma mudança para carros autônomos não se refletiriam de forma igual por toda a sociedade. Para alguns de nós, pode ser um prazer ser buscado por um veículo autônomo e levado para nosso próximo destino. E, para pessoas com deficiência, idosas ou embriagadas, a mobilidade de baixo custo pode ser revolucionária. Mas, para outros, dirigir é mais do que uma forma de ir de um lugar para o outro; é uma ocupação. Quase 3,5 milhões de americanos estão empregados como motoristas profissionais de caminhão. Mais 5,25 milhões trabalham no negócio de caminhões. Mais de 40% desses empregados são minorias e muitos vivem em estados com renda abaixo da média e poucos benefícios públicos, como no Centro-Oeste e no Sul.[39] Se nossas frutas e verduras chegam por meio de um veículo automatizado ou de um caminhão dirigido por um humano, pode não importar para aqueles que não desempenham nenhum papel na entrega. Mas a transição teria consequências significativas na força de trabalho, criando uma nova classe de pessoas cuja fonte de renda seria consideravelmente alterada.

É mais desafiador ainda estimar os efeitos agregados da automação na economia. Embora a potencial substituição de trabalhadores seja um custo, a automação também pode ter efeitos benéficos na economia.[40] Por exemplo, assim como o advento de novas tecnologias na agricultura levou a uma produtividade maior da mesma terra, a automação provavelmente tornará os ambientes de trabalho mais produtivos. Um mundo com mais automação pode também ser um mundo com novas categorias de emprego e com habilidades especializadas em alta demanda. Construir esse futuro mais automatizado exigirá um investimento de capital significativo. Então, levando todos esses aspectos em consideração, pode ser que a automação melhore nosso bem-estar material total, mesmo que indústrias ou indivíduos específicos experimentem uma substituição significativa.

Uma equipe de economistas decidiu compreender esses efeitos gerais quantitativamente usando dados recentes dos Estados Unidos.[41] Eles examinaram as mudanças no uso industrial de robôs entre 1990 e 2007 observando as formas pelas quais a adoção de tecnologias assistidas por computador afetou o índice geral de empregos e salários. Eles descobriram que o crescimento do uso de robôs foi associado a uma redução tanto em índices de emprego como de salários. De acordo com suas estimativas, cada robô adicional em uma região reduziu a taxa de emprego em 6,2 funcionários — um efeito grande, mas plausível. No entanto, como as regiões não operam isoladamente, o desafio é descobrir como esses efeitos se somam em toda a economia. Com o uso de robôs, os custos de produção caem, potencialmente gerando maior atividade econômica em outras áreas da economia. Quando se levam em consideração esses efeitos compensatórios, o impacto sobre os empregos e os salários pode se tornar significativamente menor.

A implicação é que, além da perda da ação humana, nossa principal preocupação deve ser como as consequências da automação são distribuídas. Como no caso dos motoristas de caminhão, cujos meios de subsistência são ameaçados por veículos autônomos, os riscos da automação não se distribuem de forma igual por todas as profissões e níveis de renda.[42] Em uma estimativa, aqueles que ganham menos de vinte dólares por hora têm uma probabilidade de quase 83% de serem substituídos pela automação, enquanto aqueles que ganham mais de quarenta dólares por hora são quase imunes ao risco. O custo da perda de empregos, o impacto nas famílias e a necessidade de adquirir novas habilidades serão substanciais. Nesse ponto, embora as empresas de tecnologia colham os benefícios do aprofundamento da automação, elas não têm uma responsabilidade formal de ajudar os trabalhadores na transição diante da automação; os custos são jogados na porta do governo.

Por exemplo, o Arizona é o marco zero dos testes com veículos autônomos, e alguns cidadãos locais não estão felizes com isso. Eles furaram pneus, jogaram pedras em carros e tentaram tirá-los da estrada. Podemos ver à nossa volta o início de um renascimento moderno dos luditas, trabalhadores têxteis do século XIX que destruíram as máquinas que eles acreditavam que um dia substituiriam seus trabalhos: taxistas se organizando contra aplicativos de corrida em Nova York e outras grandes cidades; a restrição ao Airbnb feita por Barcelona, em um esforço para sustentar a indústria hoteleira e prevenir mais gentrificação urbana. Um economista que recebeu recentemente o prêmio Nobel, Paul Romer, até alertou que, conforme a raiva contra as empresas de tecnologia aumenta, podemos ter atentados a centros de dados. Mas, como as dos luditas, essas táticas não alcançam o objetivo de deter a industrialização; a violência direcionada à destruição de máquinas de computação não vai parar o rolo compressor da automação.

Alguma coisa deveria estar fora do alcance da automação?

Talvez existam algumas coisas que nunca deveriam ser automatizadas. Stuart Russell, um dos mais importantes cientistas da computação do mundo, professor de Berkeley e autor do principal livro didático na área de inteligência artificial, usado em mais de 1.400 universidades, pensa que devemos traçar um limite em um domínio específico. Em 2015, ele publicou uma carta aberta em nome de pesquisadores de IA e robótica sobre o uso de armas autônomas.[43]

Armas autônomas foram descritas como "a terceira revolução da guerra, depois da pólvora e das armas nucleares".[44] Essas armas são capazes de selecionar e atingir alvos sem qualquer intervenção humana. Em contraste com os drones pilotados remotamente ou mísseis de cruzeiro, as armas autônomas não exigem nenhum envolvimento humano para escolher um alvo. Exércitos que usam armas nucleares seriam capazes de identificar critérios predefinidos para um alvo e, então, mobilizar as armas para completar a missão, com os humanos totalmente de fora.

Em sua carta aberta, Russell demonstrou preocupação com o potencial de uma corrida armamentista mundial em armas de IA. "As armas autônomas são ideais para tarefas como assassinar, desestabilizar nações, subjugar populações e matar seletivamente um determinado grupo étnico", ele alertou.[45] Embora a IA ofereça benefícios substanciais para a humanidade, incluindo a possibilidade de um campo de batalha mais seguro, ele pede a proibição de "armas autônomas ofensivas além do controle humano significativo".

Desde que Russell publicou sua carta aberta, mais de 3 mil indivíduos e organizações indicaram seu apoio à proibição de armas autônomas e assinaram um pacto de não "apoiar o desenvolvimento, a manufatura, o comércio ou o uso de armas autônomas letais".[46] Os signatários incluem grandes nomes da tecnologia, como Elon Musk (SpaceX e Tesla), Jeff Dean (chefe de IA do Google), Martha Pollack (presidente da Universidade Cornell) e organizações de ponta como a DeepMind, do Google. Uma campanha para proibir robôs assassinos se tornou global, e trinta países-membros das Nações Unidas endossaram explicitamente o pedido de proibição. Os Estados Unidos não estão entre eles. Tampouco a China ou a Rússia.

Talvez armas autônomas sejam um caso relativamente fácil para o estabelecimento de limites rígidos sobre a automação. É difícil não concordar com a ideia de que máquinas não devem tomar decisões que tiram vidas. Se uma vida vai ser tirada, é essencial que um ser humano assuma a responsabilidade por essa decisão grave. Ainda assim, não é um salto muito grande de armas autônomas para as decisões de vida ou morte que um carro autônomo precisará tomar. Novamente, talvez os riscos sejam grandes demais para removermos completamente o julgamento humano; um humano sempre precisa estar envolvido.

Existem outras áreas em que podemos considerar a perda completa de arbítrio humano inaceitável. Por exemplo, embora máquinas possam otimizar planos de aula em escolas, existe um ofício no ensino. Nenhum sistema de IA pode oferecer conforto a um aluno que precisa ou um brilho no olhar quando ele ou ela faz algo impressionante. Música, arte e arquitetura podem ser criadas com mais rapidez e perfeição por máquinas inteligentes, mas o valor que atribuímos a esses trabalhos seria irrevogavelmente perdido. Isso porque ganhamos algo com o fato de que contribuímos para o resultado, especialmente quando sua produção parece quase sobre-humana.

É claro que, mesmo que máquinas possam fazer algo de forma mais eficiente, podemos querer nos reservar o direito de fazê-lo nós mesmos simplesmente porque obtemos prazer e significado com isso: escrever um código de computador; resolver um problema matemático complexo; contratar um novo funcionário. Reconhecer o valor que atrelamos à ação humana significa entender tanto no que é necessário priorizar a tomada de decisão humana e do que não queremos excluir totalmente o envolvimento humano.

Onde os humanos se encaixam?

Um esquema para navegar esse terreno foca aumentar as capacidades humanas em vez de substituí-las, com a IA oferecendo sugestões aos humanos, que então tomam a decisão final. Isso é conhecido como modelo *human in the loop*.[47]

Em alguns casos, podemos estar dispostos a dar a um sistema autônomo a capacidade de agir diretamente no mundo e ter um humano para supervisionar apenas quando necessário. Esse segundo modelo, chamado de *human on the loop*, essencialmente permite que o sistema autônomo siga com seu trabalho, mas com o humano podendo intervir ou substituir a IA conforme necessário. No contexto de veículos autônomos, o sistema Autopilot da Tesla, que pode dirigir um carro autonomamente em certas condições de trajeto, requer que o motorista se mantenha alerta e envolvido para que possa assumir a direção quando riscos aparecerem.

Deixados por conta própria, não está claro que CEOs, investidores e engenheiros irão valorizar o tipo de aprimoramento das capacidades humanas que a perspectiva de Sen sobre a liberdade exige. Para alguém que gerencia um negócio, o cálculo é simples. Os atuais incentivos do mercado impulsionam o desenvolvimento da IA para a substituição de trabalhadores. Se uma mudança para a automação puder melhorar o lucro, seria irresponsável, especialmente da perspectiva dos acionistas, não fazer a transição para o abandono do trabalho humano. Para piorar, o código tributário dos Estados Unidos exacerba a situação ao taxar o trabalho em cerca de 25%, mas equipamentos e software em menos de 5% — na prática, um subsídio para que as corporações comprem máquinas e software que automatizem o ambiente de trabalho.[48] Claramente outros envolvidos são impactados por essas escolhas: os próprios funcionários; suas famílias; os governos, que terão de lidar com a consequência do desemprego. Onde eles se encaixam no processo de decisão?

Iyad Rahwan, cientista da computação sírio-australiano e diretor do Instituto Max Planck para o Desenvolvimento Humano em Berlim, vem trabalhando há anos na intersecção entre ciência da computação e sociedade. Ele acredita que precisamos ir além das ideias de "*humans in the loop*" ao confrontarmos os usos potenciais da IA que têm implicações sociais amplas. Neste contexto, quando mais automação envolve todos nós, precisamos garantir que os valores sociais estejam refletidos nas formas como as máquinas são programadas e utilizadas. Ele chama isso de "*society in the loop*".[49]

Aqueles que não são profissionais de tecnologia podem chamar isso de política. O argumento de Rahwan é que programadores, designers e executivos não devem ser os únicos a tentar equilibrar valores opostos, caso contrário a confiança da sociedade no avanço da inteligência artificial estará comprometida para sempre. Essa é uma ideia poderosa em princípio. Mas o que ela pode significar concretamente enquanto tentamos moldar o novo futuro do trabalho?

Em alto nível, significa empoderar e amplificar as vozes dos trabalhadores.[50] A erosão de longo prazo no poder dos trabalhadores e das organizações sindicais fez com que os executivos ficassem basicamente livres para traçar prioridades, cortar custos e investir em novas tecnologias sem o devido consentimento em relação aos impactos em sua força de trabalho. E, em um ambiente no qual o comércio internacional mais aberto fomenta uma deterioração constante nas condições e nos direitos trabalhistas, aqueles mais suscetíveis a perder seus empregos ficam ainda mais isolados. Darren Walker, presidente da Fundação Ford, que fez do combate à desigualdade sua maior prioridade, lamentou: "Com muita frequência, as discussões sobre o futuro do trabalho se centram na tecnologia, e não nas pessoas afetadas por ela".[51]

Mas existe um caminho diferente. Por exemplo, quando a empresa de saúde californiana Kaiser Permanente lançou uma nova plataforma de registros de saúde digitais, foi um sindicato que garantiu direitos trabalhistas e salariais, treinamento e um canal para que trabalhadores determinassem como a nova tecnologia seria usada.[52] Assim, não é surpresa que esta era da automação também seja marcada por crescentes pedidos de organização dos trabalhadores e uma revolução na forma como as corporações são estruturadas. Apesar da resistência corporativa, os trabalhadores dos armazéns da Amazon e os engenheiros do Google já deram os primeiros passos para se sindicalizar, reconhecendo a necessidade de responder ao poder desproporcional dos executivos da empresa. Um movimento também está a caminho para aumentar o número de cooperativas de trabalhadores. Nesses novos modelos corporativos, nos quais os trabalhadores são os donos e os gerentes, os lucros de suas operações são distribuídos de forma mais justa. Nos Estados Unidos, existem apenas cerca de trezentos locais de trabalho "democráticos", de acordo com a Federação de Cooperativas de Trabalhadores dos Estados Unidos. Mas em outras partes do mundo, incluindo alguns países europeus, eles são um traço comum e aceito do ambiente corporativo.

Para além de direitos trabalhistas e salariais, o que mais os trabalhadores podem pedir? Eles podem focar as formas pelas quais a automação faz mais do que substituir humanos. Ela também transforma o ambiente de trabalho, impondo novos riscos que devem ser suportados pelos funcionários, e não pelos empregadores. Não muito tempo atrás, por exemplo, restaurantes de fast food, concessionárias de carro, centros de atendimento ao cliente e lojas de shopping precisavam oferecer horários de trabalho estáveis e previsíveis.[53] Isso tinha um custo para os proprietários, que precisavam pagar pelo excesso de oferta de mão de obra diante de uma demanda fraca. A introdução de ferramentas algorítmicas para criar escalas de horários de trabalho visa oferecer a taxa ideal de contratação e aumentou a eficiência do ponto de vista dos empregadores. Mas veio a um custo para os empregados, que agora precisam concordar com escalas estabelecidas "em cima da hora" e maiores incerteza e instabilidade em relação aos turnos e ao total de horas trabalhadas, o que dificulta a satisfação de algumas necessidades humanas básicas.[54]

Os líderes empresariais também estão começando a repensar o papel adequado de uma corporação. Em 2019, a Business Roundtable, uma rede de poderosas elites corporativas, lançou uma nova "Declaração de Propósito de uma Corporação", que foi assinada por 181 CEOs.[55] Embora a declaração reafirmasse o princípio de que os interesses dos acionistas são o principal, ela também abraçava uma visão mais ampla da responsabilidade da empresa, que incluía investir em funcionários, lidar de maneira justa e ética com fornecedores e apoiar as comunidades nas quais trabalham. Mas, sem mudanças significativas de políticas públicas, esses princípios acabam sendo promessas vazias.

A senadora Elizabeth Warren, de Massachusetts, defendeu o "capitalismo responsável", uma marca de sua pauta pró-trabalhadores durante sua candidatura à presidência em 2020.[56] Pela perspectiva dela, a transformação da América corporativa exige uma nova obrigação por parte dos diretores de empresas de considerar os interesses de todos os envolvidos, não apenas dos acionistas; a representatividade significativa dos trabalhadores nos conselhos de administração das empresas; restrições sobre como o capital corporativo é distribuído para reduzir os incentivos em curto prazo; e mais voz para os trabalhadores sobre como as corporações usam sua influência política e seus gastos. Nenhuma dessas ideias é realmente revolucionária, exceto nos Estados Unidos. Elas refletem, principalmente, um modelo europeu de capitalismo, que capacita os trabalhadores além dos proprietários para traçar o caminho de uma empresa.

Os legisladores também podem influenciar um desenvolvimento de IA que aumente em vez de diminuir as capacidades humanas, já que existem muitas maneiras de desenvolver as tecnologias de IA, com implicações muito variadas. Se pensarmos na IA como uma alternativa ao trabalho humano e à cognição, os custos para nossa ação e nosso bem-estar serão dramáticos. Mas, se os líderes políticos usarem investimentos em pesquisa e desenvolvimento e incentivos tributários para impulsionar a IA de forma a criar tarefas de alta produtividade para o trabalho humano, ela poderá se tornar um novo motor de produtividade e crescimento.[57] Na educação, isso poderia envolver uma revolução em ensino personalizado, que mudaria a profissão da docência e melhoraria os resultados dos alunos. Na saúde, poderia significar ir além do foco em substituir radiologistas por robôs que leem raios X e chegar a um design de aplicativos de IA que capacitem os profissionais da saúde a oferecer mais aconselhamento, diagnósticos e tratamento em tempo real.

O QUE PODEMOS OFERECER ÀQUELES QUE SERÃO DEIXADOS PARA TRÁS?

A terceira peça do quebra-cabeça é o que fazer com as iminentes consequências distributivas da automação. Precisamos auxiliar aqueles que podem perder temporária ou permanentemente sua fonte principal de bem-estar material.

Quando Andrew Yang lançou sua candidatura à presidência em 2019, ele era um completo desconhecido. Com apenas 44 anos, tinha trabalhado no mundo dos negócios e fundado a Venture for America, um programa de bolsas que colocava recém-graduados em start-ups para prepará-los para uma carreira empreendedora. Ele foi o primeiro americano de origem asiática a concorrer à presidência por um grande partido, e, embora seus números fossem irrisórios de início, sua campanha conseguiu chamar a atenção dos jovens em particular.

Uma única ideia definia sua plataforma política: o dividendo da liberdade, uma renda básica universal (RBU) que daria a todos os adultos americanos mil dólares por mês, independentemente de seu status de emprego. Embora a ideia tenha uma longa história entre intelectuais e políticos, sua versão do plano era pensada especificamente para o momento da IA. Como ele explicou: "A grande armadilha em que a América se encontra agora é que, conforme a inteligência artificial e os carros e caminhões autônomos deslancham, veremos cada vez mais empregos desaparecer e não teremos novas receitas para cuidar disso".[58] A visão dele era que as pessoas precisam de uma renda básica incondicional como rede de segurança para esses choques sistêmicos, e as empresas que mais se beneficiarão com a automação — as empresas de tecnologia — deveriam pagar por isso. "Então a forma como pagamos por uma renda básica universal", ele argumentou, "é aprovando um imposto específico que daria ao público americano uma fatia de cada transação da Amazon e de busca do Google."

Você pode achar que os líderes corporativos se oporiam à solução proposta por Yang. Mas Bill Gates também propôs a noção de um "imposto sobre robôs", em que as empresas que substituíssem trabalhadores por máquinas seriam taxadas por essas máquinas de forma similar aos trabalhadores humanos. Nas palavras de Gates, "neste momento, o trabalhador humano que faça, digamos, um trabalho valendo 50 mil dólares em uma fábrica, essa renda é tributada e você tem imposto de renda, previdência social e todas essas coisas. Se um robô vem e faz a mesma coisa, deveríamos taxar o robô de forma similar".[59] Ele prosseguiu argumentando que esses fundos poderiam ser usados "para pelo menos frear temporariamente o aumento da automação e financiar outros tipos de emprego". Não existe motivo para esses fundos não serem usados também para financiar uma renda básica universal.

Como pagar pela RBU é uma questão importante, pois o custo potencial é enorme. O Centro de Orçamento e Prioridades Políticas, um *think tank* apartidário, estima que uma renda básica de 10 mil dólares por ano nos Estados Unidos — 2 mil dólares a menos que a proposta de Yang — custaria ao governo 3 trilhões de dólares por ano. Em contraste, o maior programa social atual do governo americano, a previdência social, custou 988 bilhões de dólares no ano fiscal de 2018.

Ao promover a visão de uma renda básica universal, Yang estava em companhia nobre. A lista de defensores da RBU inclui titãs da tecnologia como Mark Zuckerberg e Jack Dorsey; líderes de reformas políticas progressistas, incluindo o ativista de direitos civis dr. Martin Luther King Jr., o ex-presidente do Sindicato Internacional de Trabalhadores de Serviços Andrew Stern, e Ai-jen Poo, diretora-executiva da Aliança Nacional dos Trabalhadores Domésticos; políticos ilustres, incluindo os ex-secretários do Tesouro George Shultz e James Baker; e economistas conservadores, como Milton Friedman e Martin Feldstein.

Ainda assim, como um antídoto político para mitigar os males da automação, a defesa da RBU pode parecer um pouco fora de lugar.[60] Como Jason Furman, presidente do Conselho de Assessores Econômicos do presidente Obama, observou em um discurso de 2016: "A questão não é que a automação acabará com a empregabilidade da grande maioria da população. Pelo contrário, a questão é que os trabalhadores não terão as habilidades ou as capacidades para conseguir os empregos bons e bem pagos criados pela automação".[61] Sua conclusão é que não devemos nos planejar para um mundo no qual as pessoas se vejam permanentemente desempregadas; em vez disso, devemos focar em ajudar as famílias a enfrentar a substituição causada pela automação e a cultivar as capacidades, o treinamento e outras assistências necessárias para que as pessoas consigam empregos produtivos e bem remunerados.

Se a defesa da RBU reflete uma vontade de fazer maiores investimentos para lidar com as consequências da automação, existem outras maneiras de gastar recursos públicos. O governo americano poderia aumentar substancialmente a generosidade de sua rede de seguridade social para ajudar os particularmente vulneráveis a gerenciar a perda temporária de emprego com generosos benefícios de desemprego, assistência nutricional, saúde acessível e cuidado infantil subsidiado. Também poderiam ser feitos investimentos significativos em educação e treinamento para possibilitar que os empregados de hoje e da nova geração prosperem em uma economia cada vez mais automatizada. Dado que os custos sociais da automação são um efeito colateral das decisões corporativas, faz sentido pensar que as empresas devam ter um papel central para ajudar o governo a lidar com essas consequências.

O imposto sobre robôs de Gates é uma forma de financiar um novo gasto significativo, assim como as propostas europeias de tributar serviços digitais. Outras ideias que vão além da tributação estão sendo ativamente debatidas — por exemplo, o conceito de que empresas deveriam ter o compromisso de doar qualquer lucro sobressalente que venha da IA para lidar com as consequências da automação.[62]

Para alguns observadores, argumentos como esse causam preocupação sobre programas governamentais grandes, ineficientes e paternalistas. Mas, deixando a ideologia de lado por um momento, existem redes de segurança social altamente eficientes na Europa que mantêm as pessoas fora da pobreza e criam mais oportunidades para a ascensão social. A maior parte dos americanos não sabe quão poderosas elas têm sido na prática.

Em termos apenas de recursos governamentais, os países europeus fazem investimentos muito maiores em gastos sociais. Em 2019, os Estados Unidos gastaram cerca de 18,7% de seu PIB em programas sociais, enquanto a média da União Europeia estava acima de 25%.[63] A história mais importante é que, uma vez incluídos os incentivos fiscais, os Estados Unidos na verdade devotam muito mais recursos aos gastos sociais, incluindo pensões, assistência médica, renda familiar, desemprego, assistência habitacional e outros benefícios.[64] O gasto extra vem como resultado de compensar o setor privado com incentivos fiscais quando ele oferece certos benefícios sociais, como seguro-saúde e contribuições previdenciárias. E, quando você acrescenta o que os americanos gastam pessoalmente com esses programas, os Estados Unidos na verdade gastam mais do que a maioria das outras economias avançadas. O fato é que seus gastos são muito menos eficientes.

O sistema de saúde é o culpado mais óbvio: os americanos gastam muito dinheiro em saúde e recebem muito menos em termos de resultados positivos. Na maior parte dos países, mortes prematuras entre homens e mulheres, por exemplo, diminuem com o aumento de gastos.[65] Os Estados Unidos são uma exceção: sua taxa de mortes prematuras é idêntica à de países que gastam um décimo do valor em saúde. O mesmo é verdade para a mortalidade infantil.

Os resultados são igualmente decepcionantes quando se trata de mobilidade social. A ideia de que os americanos podem subir a escala de renda é central na identidade do país. A realidade é que os europeus nascidos entre os 20% com menor renda têm quase duas vezes mais chances de subir para os 20% com maior renda do que os americanos.[66] Segundo o economista de Harvard Raj Chetty, "você teria mais chances de conquistar o 'sonho americano' se estivesse crescendo no Canadá ou em países escandinavos do que nos Estados Unidos".[67]

Quando se trata de lidar com o desemprego que a automação provavelmente trará, a abordagem dos Estados Unidos não vai dar conta. Uma renda básica universal provavelmente também não fará o trabalho. Precisaremos de uma abordagem que envolva todos para mitigar as consequências do desemprego temporário e construir sistemas de educação e treinamento que preparem as pessoas para os trabalhos do futuro. Isso não exige novos mecanismos radicais de política; o que é necessário é uma adoção completa das redes de seguridade social. E, embora isso possa custar mais do que atualmente é gasto nos Estados Unidos, como os europeus mostraram, não é apenas o quanto você gasta, mas como você gasta que faz toda a diferença.

Como o Vale do Silício é o epicentro dos projetos e testes de carros autônomos, não é incomum parar em um semáforo e ver um veículo autônomo operando ao seu lado, com seus sensores posicionados visivelmente no topo do carro. Para a maioria das pessoas, a visão de um carro autônomo causa animação e talvez desperte a imaginação. Mas, quando paramos para considerar a grande quantidade de automação que nos espera, é difícil desviar os olhos das importantes decisões que enfrentaremos.

Mudanças na tecnologia transformarão o modo como trabalhamos e vivemos. Algumas pessoas se sairão muito bem nessa transição; outras serão deixadas para trás. No final, contudo, a forma como a automação afeta nossa sociedade não está predeterminada. Ela dependerá das escolhas que fizermos sobre onde e quando manter o julgamento humano, priorizar o aumento das capacidades humanas *versus* sua substituição, e a melhor forma de apoiar uns aos outros conforme papéis e profissões desaparecem para sempre, enquanto outros que não podemos ainda imaginar tomam seus lugares.

7
A LIBERDADE DE EXPRESSÃO VAI SOBREVIVER À INTERNET?

Em 6 de janeiro de 2021, enquanto passava férias em uma ilha particular da Polinésia Francesa, o CEO do Twitter Jack Dorsey recebeu uma ligação urgente de um de seus principais tenentes.[1] Uma decisão precisava ser tomada sobre a suspensão temporária do presidente Donald Trump da plataforma. Os apoiadores de Trump, inflamados com desinformação a respeito de fraude eleitoral, haviam invadido o Capitólio dos Estados Unidos. A equipe executiva decidiu colocar uma suspensão de doze horas na conta dele. Mas, depois que a suspensão inicial foi retirada, o futuro ex-presidente continuou a postar retórica incendiária.[2] Em 8 de janeiro, o Twitter acabou decidindo suspender permanentemente a conta de Trump, removendo-a do acesso público. Um post justificando essa decisão dizia que "as afirmações do presidente podem ser mobilizadas por públicos diferentes, inclusive para incitar a violência".[3] Dorsey mais tarde defendeu a decisão escrevendo que "danos off-line como resultado de discursos on-line são comprovadamente reais e o que move nossa política e supervisão acima de tudo".[4]

A decisão de tirar do ar o presidente em exercício dos Estados Unidos causou reações imediatas no mundo todo. Entre declarações de que era uma ação já atrasada para parar uma fonte de desinformação perigosa e gritos acalorados de censura e viés à esquerda, a questão central é como plataformas de redes sociais realmente lidam com os milhões de postagens diárias que contêm discurso de ódio, desinformação e informações falsas. A decisão do Twitter de suspender a conta de Trump foi só a tentativa mais importante e consequente de responder a um problema com o qual eles vinham lidando havia anos. É um problema que afeta muito mais pessoas do que apenas políticos proeminentes e celebridades em busca de atenção. Todos os dias as grandes redes sociais — Twitter, Facebook, Instagram e WhatsApp (ambos do Facebook), YouTube (do Google), Snapchat e TikTok — devem decidir que textos, áudios, imagens e vídeos são aceitáveis para serem postados e compartilhados. E, às vezes, essas decisões desafiam as expectativas.

No outono de 2017, quando o movimento #MeToo ganhava tração, uma escritora do *talk show* de Samantha Bee chamada Nicole Silverberg postou on-line uma lista das diferentes coisas que os "homens precisam fazer melhor". Ela foi rapidamente inundada por comentários misóginos e odiosos. Ela compartilhou alguns deles em sua página do Facebook para que seus amigos pudessem ver o ataque terrível dirigido a ela. Muitas pessoas postaram na seção de comentários abaixo do post de Silverberg. Uma comediante, Marcia Belsky, escreveu: "Homens são a escória".

As mulheres ficaram chocadas quando o Facebook deletou o comentário e expulsou Belsky da plataforma por trinta dias. Indignada por ser evidentemente aceitável postar comentários odiosos a respeito de mulheres, mas não postar que "homens são a escória", Belsky foi parar em um grande grupo no Facebook de mulheres comediantes. Ela descobriu que várias delas também tiveram posts removidos por comentários similares, como "homens são porcos" e "homens são lixo". Elas decidiram agir coletivamente, postando dezenas de vezes na mesma noite o comentário "homens são a escória". E, claro, o Facebook imediatamente deletou cada um deles. A frase claramente devia contrariar as regras da comunidade do Facebook. "Homens são a escória" é discurso de ódio? Dirigir o comentário "homens são lixo" a um homem em particular é uma forma de bullying? É discurso de ódio e bullying em alguns contextos, mas não em outros? Existem questões que as grandes plataformas enfrentam eternamente. As decisões que elas tomam afetam bilhões de pessoas.

Para o Facebook, com mais de 2,8 bilhões de usuários ativos, Mark Zuckerberg é efetivamente o governante do ambiente informal em que vive uma população com quase o dobro do tamanho da China, o maior país do mundo. Zuckerberg acertou quando disse: "De muitas maneiras o Facebook é mais um governo do que uma empresa tradicional".[5] Mas não é uma democracia. Zuckerberg é o rei, ou, dependendo do seu ponto de vista, o ditador despótico do Estado não democrático do Facebook. Afinal, a empresa é uma entidade privada que não é governada nem pela Primeira Emenda nem por nenhuma declaração universal de direito à livre expressão.

O controle que o Facebook tem sobre o conteúdo é um poder assustador. Os críticos de um lado reclamam que as grandes empresas de tecnologia exercem controle demais e proíbem ou deletam coisas demais. Elas cerceiam o ideal da liberdade de expressão, valorizado em sociedades democráticas liberais e central em várias declarações de Direitos Humanos. É claro que as empresas de tecnologia são criticadas pelo outro lado também: elas removem muito pouco conteúdo, permitem deliberadamente discursos de ódio e mentiras, não são capazes de controlar a desinformação e outros conteúdos danosos. Pior ainda, seus algoritmos às vezes parecem amplificar conteúdo extremo, promovendo a viralidade em vez da veracidade.

Um exemplo claro surgiu em 2019 com o ataque terrorista a mesquitas de Christchurch, na Nova Zelândia, que matou 51 muçulmanos e foi orquestrado deliberadamente em uma transmissão ao vivo feita pelo atacante.[6] O terrível vídeo imediatamente viralizou em diversas plataformas. O Facebook relatou que o vídeo havia sido visto duzentas vezes durante a transmissão ao vivo e 4 mil vezes no total antes de ser deletado, mas que vários indivíduos haviam tentado repostar o vídeo mais de 1,5 milhão de vezes nas primeiras 24 horas. Logo após o ataque, o Facebook suspendeu todos os vídeos ao vivo da plataforma.

Nunca houve dúvida de que o vídeo violava as regras de conteúdo das empresas de tecnologia em cujos sites foi postado, mas elas não tinham a capacidade interna de impedir que ele viralizasse e, portanto, forneceram material para uma comunidade global crescente de supremacistas brancos. Mesmo assim, o vídeo de Christchurch é um caso fácil de remoção. Em casos menos extremos, as questões em torno da moderação de conteúdo rapidamente se tornam mais difíceis de responder.

O discurso de ódio em que os extremistas se amparam é um discurso protegido nos Estados Unidos. É permitido a simpatizantes nazistas marchar em Skokie e também a nacionalistas brancos em Charlottesville. Mas muitas pessoas querem que o discurso de ódio seja proibido ou reduzido no mundo on-line. E as formas mais comuns de comunicação política? As plataformas de tecnologia deveriam remover vídeos adulterados de oponentes políticos, como foi defendido na eleição presidencial americana de 2020? E quanto à especulação sem fatos a respeito de irregularidades ou fraude eleitoral? Uma investigação feita pela ProPublica em 2020 descobriu que, embora o Facebook tenha políticas que se oponham à supressão de eleitores, a desinformação que pode suprimir votos prospera na plataforma, com postagens que falam de fraude por meio de votos por correio e teorias da conspiração sobre eleições roubadas ganhando muita tração.[7] Ainda assim, a campanha de desinformação de uma pessoa é o anúncio agressivo de outra, e em nenhum lugar a liberdade de expressão é mais sagrada do que na esfera política.

O resultado é que enfrentamos um trilema, uma tensão entre três valores importantes. O primeiro é o valor da liberdade de expressão, o direito individual de falar e ser ouvido sem censura, que traz consigo os benefícios de um mercado de ideias amplo e diverso. No entanto, na era digital, um forte compromisso com a liberdade de expressão coloca um segundo valor — a democracia em si — em risco. A decisão por parte das empresas de tecnologia de permitir que o conteúdo gerado por usuários corra quase sem limitações em nome da liberdade de expressão gerou interferência nas eleições de muitas sociedades democráticas por parte de estrangeiros hostis e campanhas constantes de desinformação sobre todo tipo de questão. As postagens políticas durante a eleição americana de 2016 feitas por adolescentes macedônios e pela Agência de Pesquisa na Internet da Rússia deveriam ser protegidas pelas normas da liberdade de expressão? Deveria importar que um material idêntico circulasse por cidadãos americanos em vez de agentes estrangeiros? O discurso de líderes eleitos ou candidatos a cargos públicos deve ser tratado de modo diferente do discurso de cidadãos comuns? Tão importante quanto isso é a necessidade de confrontar a classificação algorítmica dos usuários em filtros de bolha que contribuem para o crescimento da polarização, o extremismo e a queda da confiança social, coisas que ameaçam a saúde da democracia.

Um compromisso inabalável com a liberdade de expressão na era digital pode ameaçar um terceiro valor: a dignidade individual. A internet foi o que tornou possível a situação enfrentada por Nicole Silverberg, um dilúvio on-line de misoginia e discurso de ódio. Ela também possibilita "trollagem", bullying e *doxxing* (a postagem maliciosa de informações privadas das pessoas na internet, como número de telefone e endereço residencial), todas essas coisas que ameaçam a dignidade dos indivíduos. No verão de 2020, uma auditoria independente que consultou mais de cem organizações de direitos civis, feita por inciativa do próprio Facebook, culpou a empresa por elevar a liberdade de expressão acima da não discriminação e dos limites do discurso de ódio. Citando a auditoria, vinte procuradores-gerais estaduais escreveram uma carta aberta à liderança do Facebook pedindo que a empresa tomasse novas medidas para prevenir a propagação de discursos perigosos e potencialmente danosos e "para oferecer indenizações para os usuários que são vítimas de intimidação e assédio, incluindo violência e abuso digital".[8] Paradoxalmente, os procuradores provavelmente seriam obrigados pela Primeira Emenda a proteger esse tipo de discurso, exceto por algum que incitasse a violência, se acontecesse em um parque público ou durante um protesto.

Para entender tudo isso e determinar o que fazer a respeito, precisamos compreender a vasta diferença entre o ambiente de discurso digital de hoje e o ambiente pré-digital que o precedeu.

A SUPERABUNDÂNCIA DE DISCURSOS E SUAS CONSEQUÊNCIAS

Em 1992, um aluno do primeiro ano de direito em Stanford chamado Keith Rabois foi até a residência de Dennis Matthies, um professor e pesquisador residente, e gritou: "Bicha! Espero que você morra de aids! Mal posso esperar pela sua morte, bicha!".[9] Os insultos ofensivos foram ouvidos por muitas pessoas e o incidente foi relatado para a administração da universidade e detalhado nos jornais estudantis. Você pode imaginar a tempestade de controvérsias que se seguiu. Vários grupos estudantis e líderes do campus condenaram Rabois, e alguns tentaram penalizá-lo sob o código de discurso de ódio da universidade. Ele logo relevou que havia buscado atenção deliberadamente, escrevendo no jornal estudantil que, embora suas palavras fossem sobre Dennis Matthies, elas não se dirigiam a ele. Rabois queria, ele disse, "expor esses ouvidos de calouros a um discurso muito ofensivo" na esperança de que outros se sentissem motivados a desafiar o que ele via como um politicamente correto multicultural sufocante.[10] A liderança da universidade, no final, negou-se a tomar qualquer atitude, concluindo: "Essa invectiva maliciosa é discurso protegido".[11] Rabois acabou deixando Stanford para obter seu diploma de direito em Harvard. Hoje ele é um proeminente investidor de risco.

Se Rabois tivesse entrado na internet e feito afirmações idênticas nas redes sociais, é pouco provável que suas palavras tivessem sido tratadas como discurso protegido. Um motivo é que, embora no estado da Califórnia, onde ele era estudante, as universidades privadas estejam sujeitas à Primeira Emenda, os campi vizinhos do Facebook, Google, YouTube e Twitter não estão. As empresas privadas podem criar códigos de discurso e limitar a expressão dos usuários de diversas formas.

Para além das implicações legais da Primeira Emenda há algo mais importante, contudo: o mundo on-line transformou fundamentalmente a própria natureza da liberdade de expressão.

Enquanto antes era difícil disseminar discursos, imagens e vídeos, a internet tornou trivialmente fácil fazê-lo. Em 1992, o ataque homofóbico de Rabois não podia atingir mais do que a pequena comunidade de pessoas que por acaso estavam ouvindo. Se qualquer outro excêntrico, proselitista, ativista, anunciante ou membro de campanha quisesse comunicar um ponto de vista odioso para o mundo, a liberdade de expressão permitiria que qualquer um parasse numa esquina e latisse para os passantes. Os que tinham dinheiro poderiam publicar um panfleto, enviar cartas ou pagar por um anúncio em um jornal, televisão ou rádio. E, mesmo que ele ou ela tivesse dinheiro para pagar por um anúncio, nenhum veículo teria a obrigação de publicá-lo. A relativa dificuldade de disseminar ideias e opiniões é um dos principais fundamentos da Primeira Emenda e do valor da liberdade de expressão. Se o governo tem o poder de definir o que é discurso aceitável, então ele pode assumir o papel de censor e bloquear a transmissão de ideias para audiências maiores.

Mas a internet e as redes sociais estão mudando tudo. Avance para 2020 e diga que você gostaria de comunicar a visão claramente falsa de que o apoio filantrópico feito por Bill Gates para o desenvolvimento de uma vacina para a covid-19 permite que ele implante microchips em todo mundo que recebe a vacina. Ou você quer repetir acusações sem fundamento a respeito de uma eleição "roubada". Tudo o que você precisa fazer é entrar no Twitter e transmitir para todos os seus seguidores. Ou você pode postar um vídeo conspiratório fácil de ser produzido no YouTube e ver as visualizações dispararem. Se você for um pouco mais sofisticado, poderá criar bots que vão postar o material em redes sociais milhares de vezes. Enquanto isso, outros veem seus posts e os compartilham em suas próprias redes, criando uma distribuição viral para ainda mais pessoas. As plataformas tendem a amplificar comentários absurdos porque seus algoritmos são otimizados para o engajamento de usuários, e muitos usuários gostam de se engajar com conteúdo absurdo.

Esses não são exemplos hipotéticos. Após as eleições americanas de 2016, o *BuzzFeed News* relatou que as principais notícias falsas sobre as eleições "geraram mais engajamento total no Facebook do que as maiores matérias sobre as eleições feitas por dezenove grandes veículos de imprensa combinados".[12] Durante a pandemia, um post no Facebook sobre a teoria da conspiração da vacina de Gates foi compartilhado mais de 40 mil vezes em apenas alguns dias. Uma pesquisa de maio de 2020 descobriu que 28% dos americanos e mais de 44% dos republicanos acreditam na história sobre Gates.[13] Não é de se espantar que a resistência à vacinação esteja crescendo. Quando foi perguntado a Gates como ele explica a proliferação dessas visões, ele não hesitou em culpar as redes sociais, que ele descreveu como um "cálice envenenado", e pediu que os políticos agissem. "Pessoalmente, acredito que o governo não deveria permitir esse tipo de mentira, nem fraude ou pornografia infantil."[14]

Seja um discurso de ódio ao estilo de Rabois ou uma desinformação conspiratória, a internet permite que qualquer um tenha uma audiência global. Em 2018, Mark Zuckerberg disse que sua motivação para criar o

Facebook era expandir o poder das pessoas ao redor do mundo. "Muitos de nós nos interessamos por tecnologia porque acreditamos que ela pode ser uma força democratizadora para colocar o poder nas mãos das pessoas. Eu sempre me importei com isso, e é por isso que as primeiras palavras de nossa missão sempre foram 'dar o poder às pessoas'."[15] Outra forma de descrever a situação, no entanto, é que todo mundo com uma conexão à internet pode jogar o que quiser na esfera pública digital, levando a uma explosão de discurso de ódio, desinformação, farsas e teorias da conspiração malucas ao lado de todos os tipos de criatividade e expressão genuínas. Zuckerberg disse que a atração inicial pela tecnologia como uma força democratizadora foi otimista demais. "Uma das lições mais dolorosas que aprendi", confessou, "é que, quando você conecta 2 bilhões de pessoas, você vai ver toda a beleza e a feiura da humanidade."

A melhor forma de descrever essa nova situação é que a internet e as redes sociais criaram uma superabundância de discursos: textos, postagens, áudios, imagens e vídeos. Bilhões de novos conteúdos são postados *todos os dias* no Facebook, no Instagram e no WhatsApp.[16] O YouTube se orgulha de suas "mais de 300 horas de vídeos postadas a cada minuto".[17] E o Twitter diz que mais de 500 milhões de tuítes são postados em um dia normal.[18]

Em condições de superabundância, precisamos de ajuda para encontrar e filtrar a informação que queremos ver. Enquanto antes simplesmente assinávamos um jornal ou dois, assistíamos a uma pequena quantidade de noticiários noturnos ou pedíamos a um bibliotecário para nos ajudar a encontrar um livro, agora precisamos de ferramentas de busca que realcem os resultados mais relevantes e de algoritmos para que possamos descobrir o que podemos querer encontrar nas redes sociais. Bem no momento em que o volume de conteúdo explodiu, perdemos os curadores tradicionais em nosso ecossistema de informação.

Não é à toa que questões de liberdade de expressão estejam sendo mais deliberadas agora pelas empresas de tecnologia do que pelas equipes editoriais de jornais, produtores de televisão ou mesmo governos. On-line, cada indivíduo é um publicador. E não existe basicamente nenhum editor. A internet democratizou a voz ao remover os guardiões tradicionais — incluindo aqueles orientados para as normas profissionais de busca pela verdade, checagem de fatos e respeito pela especialidade — do caminho de qualquer um que deseje exercitar sua liberdade de expressão.

Esse desenvolvimento dramático tem alguns benefícios inegáveis: a possibilidade de aprender sobre praticamente qualquer assunto, compartilhar fotos e vídeos com seus amigos e encontrar pessoas com interesses compartilhados a grandes distâncias e experimentar uma maior diversidade de perspectivas disponíveis para qualquer um que queira buscá-las. Mas o outro lado do acesso para qualquer pessoa com uma conexão à internet é a capacidade de dirigir discursos ofensivos para uma audiência potencialmente global por meio de um blog ou um post viral nas redes sociais. A troca aberta democratiza a autoexpressão, mas a ausência de entraves permite um discurso que corrói a saúde informacional da democracia ou que viola a dignidade de algumas pessoas. E maiores quantidades de desinformação on-line e de discurso de ódio podem levar a maiores quantidades de danos off-line para as pessoas.

Para entender a importância dessa mudança, pense em 1768, quando a *Encyclopaedia Britannica* foi publicada pela primeira vez em Edimburgo, na Escócia, e logo passou a ser celebrada no mundo anglófono como uma fonte confiável de informação. Escritores e acadêmicos proeminentes foram convocados como colaboradores para os muitos milhares de páginas que vieram a formar a obra. No início do século XX, a *Britannica* foi — ironicamente, dado seu nome — adquirida por uma empresa americana e continuou a crescer em eminência, com autores colaboradores que incluíam vencedores do Nobel como Milton Friedman e Albert Einstein. Com o advento da internet, era natural que a *Britannica* entrasse para o mundo on-line. Em 2012, a versão impressa foi descontinuada, e agora apenas versões digitais são vendidas.[19]

Pressagiando o fim da era impressa da *Britannica*, em janeiro de 2001 Jimmy Wales e Larry Sanger, inspirados pelo movimento de software de código aberto, criaram a Wikipédia, uma enciclopédia on-line que cresceria organicamente. A Wikipédia foi pensada para ser uma fonte gratuita e atualizada de informação construída pela comunidade de usuários e — em contraste com fontes como a *Britannica* — livre do controle de uma autoridade central. Essa liberdade deu à Wikipédia uma capacidade inédita de crescimento rápido. Em 2017, só a versão em inglês da Wikipédia continha mais de 3,9 milhões de artigos em contraste com os cerca de 120 mil na *Britannica*.[20] A versão em inglês da Wikipédia agora tem mais de 6,2 milhões de artigos e atrai mais de 8 bilhões de visualizações mensais ao redor do mundo.[21] E não são de pessoas que vão direto à Wikipédia atrás de informação; dois terços das visitas à Wikipédia se originam de buscas em ferramentas como o Google.[22]

É claro que o mundo da informação on-line se estende muito além da Wikipédia. Ela é apenas a garota-propaganda do fato de que qualquer indivíduo, não apenas especialistas ou editores, pode publicar informações na web, com os mecanismos de busca oferecendo os meios de distribuição em massa dessa informação. Isso levou a dois fenômenos cruciais e interligados. Primeiro, o poder do controle editorial — incluindo especialidade, investigação e checagem de fatos, entre outros aspectos — passou para as mãos das massas. Isso criou uma riqueza de informações, como mostrado pelo aumento de trinta vezes no número de artigos da Wikipédia em relação à *Britannica* em apenas alguns anos. Mas isso também significa que essas informações são muito menos confiáveis. Segundo, com as ferramentas de busca e as redes sociais se tornando os principais locais de disseminação de informações na internet, o poder que elas têm de subir, rebaixar ou filtrar conteúdo dá a um pequeno número de empresas um poder basicamente incomparável de determinar quais informações os usuários realmente veem em seus resultados de busca e feeds de notícias.

Agora, acrescente a isso a indústria da otimização de ferramentas de busca, ou SEO, que existe para ajudar os sites a se tornarem mais visíveis nos rankings das ferramentas de busca. De forma menos generosa — mas talvez mais honesta —, a otimização de ferramentas de busca tenta manipular os resultados que recebem um alto ranking usando todo tipo de táticas, algumas efetivamente nocivas. Nos primórdios da busca na web, você poderia encontrar páginas que tinham todas as palavras de um dicionário listadas na parte inferior da página. As palavras vinham em fonte pequena e branca sobre um fundo branco para que humanos não as vissem. Mas elas eram captadas pela ferramenta de busca, de forma que uma dada página poderia ser um resultado potencial para *qualquer* busca na mesma língua do dicionário. Essas técnicas, conhecidas como "web spam", são similares ao spam de e-mail e buscam colocar a informação na frente dos usuários, frequentemente com o claro objetivo de que o usuário leia determinado conteúdo ou compre um produto específico. O SEO é um grande negócio. Foi estimado que os gastos com SEO chegarão a quase 80 bilhões de dólares em 2020.[23] Lidar com o web spam é uma corrida armamentista entre ferramentas de busca e alguns otimizadores de pesquisa não exatamente respeitáveis, que usam todo tipo de técnica para manipular os rankings dos mecanismos de busca, incluindo a criação de milhares de páginas falsas com links para as páginas que eles querem promover; comprando domínios antes populares, mas logo extintos para criar novos links; e fazendo engenharia reversa dos algoritmos dos mecanismos de busca para descobrir os fatores que levam uma página a aparecer no topo.

Antes do advento da web, as pessoas frequentemente buscavam informações em fontes confiáveis. Decidíamos que informações queríamos e, então, fazíamos um esforço para conseguir — "puxar" — o que estávamos procurando. Com as redes sociais e outras plataformas de conteúdo, aceitamos um modelo de "empurrar" para obter informações. Quando entramos no Facebook, Twitter ou TikTok, não é porque estamos procurando por algo específico. Em vez disso, esperamos que nos mostrem o que é "interessante" — o que nossos amigos estão fazendo, lendo, assistindo ou dizendo. A informação está sendo "empurrada" para nós, e temos pouca voz ou compreensão sobre como essa informação é escolhida enquanto percorremos uma lista infinita de postagens. Pense em como os hábitos de consumo de informação podem ter mudado da leitura de seções inteiras de um jornal — que poderia apresentar artigos de ponto e contraponto ou colunas com diferentes pontos de vista — para apenas uma aceitação das recomendações dadas a nós. É claro que não é apenas o Facebook; o YouTube recomenda o próximo vídeo que você deve assistir; a Amazon, o próximo produto que você deve comprar; o DoorDash, a próxima refeição que você deve comer. Fomos da busca ativa por informações para o consumo passivo de informações. Com o pretexto de nos ajudar a encontrar coisas de que gostamos, as plataformas agora têm o papel de determinar do que *devemos* gostar — e frequentemente consumimos essas recomendações sem considerar ou mesmo sem saber quais seriam as alternativas.

E existe um ciclo de feedback em funcionamento. Se você leu artigos que defendiam a importância da Segunda Emenda na proteção da sua liberdade pessoal, no futuro você provavelmente não vai apenas ver artigos sobre armas, mas aqueles que especificamente promovam o direito às armas. Claro que a ferramenta de busca ou a plataforma de redes sociais que forneceu o artigo também está vendendo anúncios personalizados, então, se você leu muitos artigos a respeito do direito às armas, você provavelmente verá anúncios para produtos de armas também. O resumo é que, se uma plataforma está tentando maximizar engajamento ou cliques, ela não vai ser otimizada para apresentar diferentes opiniões ou visões de mundo. Ela será otimizada para oferecer mais daquilo em que você provavelmente irá clicar — ostensivamente, informações similares ou que reforçam o que você leu antes. Pode haver uma superabundância de discursos, mas você pode estar recebendo apenas uma fatia com a qual você provavelmente vai concordar.

Quando a liberdade de expressão colide com a democracia e a dignidade

A liberdade de expressão é um ideal importante na maior parte das sociedades. Uma defesa vigorosa da liberdade de expressão pode ser vista em todas as grandes declarações de Direitos Humanos. A liberdade de expressão é há muito tempo tomada como essencial tanto para o bom funcionamento da democracia como para a liberdade e a prosperidade de todos os indivíduos. "Se uma nação espera ser ignorante e livre", escreveu Thomas Jefferson, "ela espera o que nunca foi e nunca será."[24] A liberdade de expressão sustenta a democracia porque produz um mercado diversificado de ideias, ajudando a informar os cidadãos e oferecendo as condições para a discussão e a deliberação necessárias para se tomarem boas decisões políticas. E isso é essencial para a prosperidade humana porque permite a cada pessoa responder a uma das questões mais fundamentais da vida: "Como devo viver?". Uma sociedade que bloqueia a liberdade de expressão cerceia a liberdade de cada pessoa de viver de acordo com suas melhores luzes.

Um dos mais famosos defensores da liberdade de expressão é o filósofo inglês do século XIX John Stuart Mill, cujos escritos deram origem à agora familiar metáfora do livre mercado de ideias. Em seu livro de 1859, *A liberdade*, Mill ofereceu diversos bons argumentos em favor da liberdade de expressão. Ele acreditava que a busca da verdade e dos fatos, o esclarecimento dos indivíduos e da sociedade, a responsabilização dos poderosos e o cultivo da autonomia individual, tudo isso dependia de um compromisso robusto com a liberdade de expressão. Saímos ganhando, ele acreditava, quando permitimos que os indivíduos respirem suas opiniões e propostas em um ar comum, resultando em uma colisão e combustão de ideias. A supressão da expressão, ele sentia, é nada menos que a asfixia do indivíduo e o sufocamento da sociedade.

A liberdade de expressão é valiosa qualquer que seja a verdade de nossa própria visão. Ninguém tem garantia de infalibilidade, assim disse Mill: "Recusar-se a escutar uma opinião porque tem certeza de que é falsa é presumir que a *sua* certeza é a mesma coisa que a certeza *absoluta*".[25] Expor-nos a visões diversas e controversas é necessário para o progresso científico, a descoberta de novos conhecimentos e o estabelecimento de fatos. Essa diversidade, por sua vez, permite que todos os indivíduos exercitem sua liberdade de escolher seu melhor caminho na vida.[26] "Aquele que permite ao mundo", disse Mill, "escolher seu plano de vida para si não tem necessidade de nenhuma outra faculdade além da imitação símia." Negar a liberdade de expressão é nada menos que "roubar a raça humana; a posteridade, bem como a geração existente".[27]

A defesa que Mill faz da liberdade de expressão é magnífica. Mas, na era da internet, uma aderência sem limites a ela prejudica em vez de sustentar a democracia. Quando o discurso é superabundante, temos um mercado de ideias de tamanho inédito, cheio de oradores potencialmente anônimos e até mesmo bots que fingem ser usuários reais e propagam discursos em volumes sem precedentes. O resultado é, como todos sabemos, um mercado repleto de desinformação tóxica.

Um defensor fervoroso do livre mercado de ideias, como Mill, consideraria irrelevantes o volume do discurso e a existência de oradores anônimos e robôs. Os ouvintes, afinal, teriam o benefício de mais ideias para confrontar e poderiam testar o conteúdo de qualquer ideia independentemente de saberem a identidade do orador. Em essência, a resposta apropriada a um discurso ruim não é restringi-lo, mas contrapô-lo com um discurso bom ou melhor. Mas temos pouca evidência de que nossa praça pública digital esteja levando à verdade e ao conhecimento. A internet ajudou a corrigir a mentira de que Barack Obama não nasceu no Quênia? Ela levou a uma refutação fatual da conspiração da vacina de Gates? Pelo contrário, a infraestrutura atual das redes sociais amplificou o alcance dessas mensagens e aumentou o número de pessoas que foram expostas a elas e talvez tenham acreditado nessas inverdades. Ela também oferece um poder desproporcional a pequenos grupos de indivíduos que querem poluir o ecossistema de informação com mentiras e deturpações.

O fato é que, na era de Facebook, Twitter e YouTube, a velocidade com que as ideias virais viajam torna extremamente difícil corrigir a falsidade e a propaganda. Pegue, por exemplo, os argumentos do juiz da Suprema Corte Louis Brandeis, que escreveu em 1927: "Se houver tempo para expor por meio da discussão as falsidades e as falácias para prevenir o mal pelo processo de educação, o remédio a ser aplicado é mais discurso, não o silêncio forçado".[28] Mas na era da internet uma frase frequentemente atribuída (talvez de maneira apócrifa) a Winston Churchill é provavelmente mais apropriada: "Uma mentira pode viajar metade do mundo antes que a verdade calce suas botas".

O sucesso de qualquer sociedade democrática exige um ecossistema saudável de informação, com eleitores educados e informados, oportunidades para trocas racionais e deliberação, capacidade de separarmos fato de ficção e confiança entre concidadãos e entre os cidadãos e seus líderes. Temos muitas razões para nos preocupar se a liberdade de expressão na era da internet incentiva essas condições. Na verdade, temos motivos para acreditar que o compromisso tradicional com a liberdade de expressão nas democracias as esteja prejudicando por meio das externalidades tóxicas das grandes plataformas privadas. Um mercado de ideias em bom funcionamento tenderia a se autocorrigir. Mas, como o ex-presidente Obama concluiu em uma entrevista de 2020, a impossibilidade de se separar verdade de falsidade no mundo on-line constitui "a maior ameaça à democracia" e nada menos que "uma crise epistemológica" na qual não se confia mais em especialistas.[29]

Se um compromisso fervoroso com a liberdade de expressão está ameaçando a democracia ao permitir desinformação em praça pública, ela também ameaça a dignidade individual. Quando qualquer um pode postar conteúdo na internet e dirigi-lo a pessoas ou grupos específicos, temos a receita para um discurso que ameaça indivíduos. A forma mais comum e preocupante desse tipo de discurso é o discurso de ódio. Mas o conteúdo on-line que mina a dignidade dos outros seres humanos vem de muitas outras formas: "trollagem", bullying, *doxxing*, pornografia de vingança, palavras agressivas, incitação à violência e ameaça infantil. Um discurso que fere a dignidade do outro vem de duas formas: a que causa danos psicológicos e a que leva à violência real. É claro que o discurso de ódio existia antes da internet, mas o discurso on-line cria desafios distintos e potentes porque pode ser coberto pelo anonimato, pode ser disseminado por bots e amplificado por algoritmos de plataformas sem responsabilidades. Como resultado, os danos do discurso on-line são muito mais difíceis de serem contidos.

Agora vamos reconhecer que até o mais obstinado defensor da liberdade de expressão acredita que existem limites ao que pode ser dito. Quando se mostra que falas, imagens ou vídeos podem levar à violência física ou à ameaça iminente de dano, o discurso deve ceder. No exemplo clássico, mas muito simplificado, você não pode gritar "Fogo!" em um teatro lotado pela probabilidade de danos físicos resultarem da fuga das pessoas para as saídas. De forma parecida, a Suprema Corte permite limites sobre a liberdade de expressão no caso de incitação à violência e "palavras agressivas" — o discurso que em sua própria expressão inflige dano ou causa uma ruptura imediata da paz.[30] Boa parte disso se alinha com a visão oferecida por Mill: suas liberdades lhe garantem uma zona ampla de liberdade de expressão sem interferência de outros, especialmente do governo, mas não permitem que você prejudique os outros.

Usando a liberdade de criar códigos de discurso, garantida na condição de entidades privadas, as grandes plataformas de tecnologia se esforçam para limitar certos tipos de discursos que violam a dignidade. O Facebook disponibiliza dados trimestrais de seus esforços para impor suas políticas de comunidade para o conteúdo postado no Facebook e no Instagram. O Twitter e o YouTube disponibilizam relatórios similares. Usando uma combinação de detecção automatizada, moderação humana e relatórios de usuários, todas as grandes plataformas tentam remover conteúdo pornográfico, conteúdo que ameace crianças, bullying e assédio e conteúdo de terroristas ou grupos de ódio organizados. Embora seja legal, nudez e atividade sexual adultas são algumas das formas de conteúdo mais comumente removidas. Em 2019, por exemplo, o Facebook removeu mais de 120 milhões de postagens com esse tipo de conteúdo.

Onde isso deixa o discurso de ódio? O terrorista de Christchurch passou muitos anos em fóruns on-line procurando uma comunidade de supremacistas brancos. Mas, antes de conduzir seu massacre, ele postou um manifesto no 8chan, uma plataforma conhecida por ser repleta de extremistas devido à sua moderação de conteúdo praticamente inexistente, que afirmava: "Bem, rapazes, é hora de parar de postar merda e fazer um esforço na vida real".[31] Sempre que o discurso de ódio incita — e especialmente quando ele causa — danos físicos, existe um forte argumento para se limitar a liberdade de expressão. A dificuldade é como determinar se os discursos foram a causa dos atos de violência no mundo real.

Esse é um critério desafiador, por isso defensores de leis contra o discurso de ódio com frequência justificam restrições em casos não apenas de danos físicos, mas também emocionais ou psicológicos. O discurso de ódio direcionado a pessoas com base em características de grupo, como raça, sexo ou origem, ou que compara humanos a animais, é desumanizador. Pode causar sofrimento e trauma e ser uma afronta à dignidade individual.

Nos últimos anos, as grandes plataformas têm concentrado a atenção em bullying, assédio e discurso de ódio. O Facebook relata que, embora seus esforços para identificar ativamente o discurso de ódio estejam melhorando, com ferramentas automatizadas que removeram mais de 50 milhões de postagens na primeira metade de 2020, o problema é complexo porque o discurso de ódio é muito variado, contextual e controverso. No final de 2020, a empresa estimou que o discurso de ódio constituía 7 ou 8 de cada 10 mil postagens visualizadas pelos usuários.[32] Em vez de depender dos esforços voluntários das grandes empresas de tecnologia, os governos democráticos não deveriam impor regras e normas a elas?

As sociedades democráticas lutam para proteger a dignidade individual, como evidenciado pelos documentos de Direitos Humanos que frequentemente começam com uma declaração do direito à dignidade de todas as pessoas. Esses documentos impõem limites à liberdade de expressão sob a forma de leis sobre discurso de ódio em muitos países. Notavelmente, os Estados Unidos são uma exceção, com uma regulamentação sobre o discurso de ódio praticamente ausente.

Então, quando Keith Rabois gritou suas palavras odiosas e as repetiu por escrito, elas eram permitidas sob a proteção da liberdade de expressão. A situação deveria ser diferente se as mesmas palavras fossem postadas on-line? A internet e as redes sociais não apenas oferecem um megafone para o ódio, mas a infraestrutura para que esse ódio seja espalhado anonimamente por meio de bots e contas falsas. O resultado é um ambiente on-line que parece feito sob medida para expressões gratuitas de ódio. E todos nós sabemos como insultos podem ser dirigidos para pessoas específicas on-line: injúrias, *doxxing* e assédio constante buscam expulsá-las das plataformas. Quando isso acontece, o ideal da internet como livre mercado de ideias se deteriora em um ambiente que não respeita as liberdades comunicativas iguais e a dignidade de todos.

Quais são os danos off-line do discurso on-line?

Em 2001, o professor de Harvard Cass Sunstein alertou para os efeitos danosos das redes sociais sobre a democracia e a dignidade humana. Sua principal preocupação era que os espaços on-line tendiam a favorecer a deliberação do "enclave" — conversas entre pessoas com ideias parecidas que encontram informações e argumentos que reforçam, em vez de desafiar, suas visões preexistentes. Sunstein argumenta que, embora a deliberação do enclave não seja inerentemente perigosa, ela tende a exacerbar a polarização de grupos na prática — gerando extremismo e colocando "a estabilidade social em risco".[33] Dadas as formas pelas quais as redes sociais já foram usadas por grupos extremistas para disseminar desinformação,

Sunstein estava no caminho certo, mas, duas décadas depois de seu alerta, o que dizem as evidências?

Responder a essa pergunta é difícil. O filósofo Joshua Cohen comparou isso a "perguntar a um epidemiologista a respeito do impacto de uma intervenção médica em doenças de etiologia desconhecida em uma população migrante sem registros médicos vivendo em um ambiente com uma alta taxa de mutação viral".[34] A tarefa para os cientistas sociais é desafiadora, um fato tornado ainda mais claro depois de um ano em que vimos os pesquisadores de saúde pública batalhando para entender a covid-19.

A boa notícia é que essa área de pesquisa acadêmica explodiu nos últimos anos.[35] Mas as evidências até agora são decididamente mistas — nem uma comprovação total das preocupações de Sunstein nem uma exoneração das plataformas e do discurso que elas abrigam e distribuem.

Vamos começar com a maior preocupação dos pessimistas: que as interações on-line diminuem a exposição das pessoas a visões diversas, envolvendo os usuários em filtros de bolha de pessoas com ideias parecidas e, portanto, exacerbando a polarização. Se essa visão estiver correta, as consequências para a democracia serão devastadoras. No entanto, as evidências apontam em outra direção. Como uma análise recente concluiu: "Mesmo que a maior parte das trocas políticas nas redes sociais aconteça entre pessoas com ideias similares, interações cruzadas são mais frequentes do que se acredita normalmente, a exposição a notícias diversas é mais alta do que em outros tipos de mídia, e o ranqueamento por algoritmos não tem um grande impacto no equilíbrio ideológico do consumo de notícias".[36] Isso acontece porque as redes sociais parecem expandir as interações das pessoas com indivíduos fora de seu círculo social mais próximo — colegas, parentes morando em outros lugares, conhecidos —, que frequentemente compartilham informações diferentes e mais ideologicamente diversas.

Essa evidência se posiciona de forma desconfortável em relação à percepção popular de que as redes sociais não produzem nada além de câmaras de eco que polarizam a população. Para conciliar esses fatos, é importante reconhecer que muito do que acontece nas redes sociais envolve um pequeno número de indivíduos muito ativos e visivelmente partidários. Por exemplo, um pequeno número de usuários muito frequentes foi responsável pela esmagadora maioria do conteúdo hiperpartidário no Twitter antes da eleição de 2012.[37] Outro estudo demonstrou que a maioria das pessoas confia principalmente em sites centristas para suas notícias, e a minoria que visita os sites mais partidários são consumidores ativos de notícias e visita também muitos outros tipos de sites.[38]

Mesmo que o que alguém lê seja moldado de forma poderosa por suas redes sociais, as redes da maioria das pessoas, na verdade, são surpreendentemente diversas. Um grupo examinou o conteúdo ideológico do feed de notícias do Facebook de mais de 10 milhões de usuários. Embora a maior parte dos laços de amizade conecte pessoas ideologicamente parecidas, muitos amigos (20% para conservadores e 18% para liberais) são de grupos ideológicos diferentes. E aproximadamente 30% das notícias no feed de um indivíduo são um cruzamento ideológico.[39] Se você compara cuidadosamente o que acontece on-line com outros modos de comunicação, a conclusão parece inescapável: a maior parte das pessoas está exposta a mais discordância política on-line do que em suas conexões sociais do mundo real.[40]

Mas como essa exposição a visões políticas diversas se relaciona com a polarização? Um grupo de economistas, incluindo nosso colega de Stanford Matthew Gentzkow, abordou essa questão de duas formas reveladoras. Primeiro, para cada faixa etária nos Estados Unidos desde 1996, a polarização foi medida de oito maneiras diferentes, indo da quantidade de votos em um único partido para todos os cargos até o modo como as pessoas diziam se sentir em relação a membros de outro partido político. A descoberta impressionante foi que a polarização aumentou mais entre os grupos *menos* propensos a usar a internet e as redes sociais — pessoas mais velhas.[41] Com base nessas evidências, é difícil concluir que as redes sociais em si sejam um grande motor de polarização.

Outro estudo mais recente abordou de frente o desafio de identificar uma relação causal entre o uso de redes sociais e a polarização.[42] Gentzkow e seus coautores desenvolveram um plano criativo: eles ofereceram aos usuários do Facebook incentivos em dinheiro para desativar suas contas por quatro semanas. Essa abordagem permitiu à equipe de pesquisa examinar se uma redução no acesso ao Facebook mudaria alguma coisa na dieta informacional e nas atitudes políticas das pessoas. Como os incentivos financeiros foram oferecidos aleatoriamente para pessoas em um grande grupo de amostragem, eles puderam usar os incentivos financeiros para alguns, e não para outros, para descobrir os efeitos do desligamento do Facebook. Eles descobriam que a maioria das formas de polarização não foi afetada por uma redução no uso de redes sociais, embora as pessoas que não estejam no Facebook tenham comprovadamente menos conhecimento a respeito de eventos atuais.

Mesmo que muitos de nossos piores medos sobre as redes sociais e a polarização não sejam corroborados por dados, a realidade é que as redes sociais estão repletas de desinformação e oferecem um lar acolhedor demais para a retórica extremista e odiosa. E, embora a polarização na nossa sociedade possa ser afetada por muitos outros fatores além das redes sociais, as consequências da desinformação e do discurso de ódio podem ser significativas.

Uma grande fonte de poluição em ecossistemas de informação é a desinformação, "afirmações que contradizem ou distorcem a compreensão comum de fatos verificáveis".[43] A desinformação pode ser disseminada de muitas formas: mensagens de líderes políticos; artigos publicados, postagens em blogs e tuítes; até mesmo publicidade. A desinformação é um tipo de informação falsa deliberadamente propagada para enganar. O objetivo é diminuir a capacidade das pessoas de fazer uma escolha ou um julgamento com clareza sobre os fatos verificáveis.

Preocupações com a disseminação de desinformação nas redes sociais chamaram a atenção do público com a interferência russa na eleição presidencial americana de 2016. Adolescentes na cidade macedônia de Veles recebiam até 8 mil dólares por mês cada um para operar aproximadamente cem sites de notícias falsas pró-Trump com nomes aparentemente inocentes como USADailyPolitics.com. A Agência de Pesquisa na Internet da Rússia, uma das "fábricas de trolls", servia como uma fábrica de desinformação em escala industrial. De acordo com o Twitter, eles operavam cerca de 3.814 contas, e operadores individuais eram responsáveis por criar um enorme volume de conteúdo diariamente. De acordo com um relatório, os trabalhadores precisavam entregar até cinquenta comentários por dia em novos artigos, até seis páginas de Facebook com posts diários ou dez contas de Twitter com pelo menos cinquenta tuítes diários.[44]

A desinformação que eles produziram realmente teve efeito sobre os usuários dos sites? Uma equipe rastreou mais de 2.500 adultos durante as cinco semanas anteriores à eleição de 2016.[45] Ao examinar seu consumo de redes sociais e mapear histórias para listas de fake news, eles estimaram que mais de um quarto dos americanos foi exposto a pelo menos um artigo de fake news nesse período. Embora esse seja um número grande, o volume real de engajamento com sites de fake news é na verdade bem baixo. Como parcela de visitas a sites de notícias, menos de 2% das visitas envolveram um artigo de fake news.

O mais preocupante é que algumas pessoas correm muito mais risco de encontrar e compartilhar a desinformação on-line. O preditor mais significativo de compartilhamento de fake news é a idade: pessoas mais velhas têm muito mais chances de passar adiante notícias falsas para seus amigos.[46] A API da Rússia estava particularmente focada em explorar essa vulnerabilidade; suas contas frequentemente fingiam ser de cidadãos americanos hiperpartidários e compartilhavam desinformação apenas 20% do tempo. A maior parte do conteúdo postado era material real de fontes de notícias locais, o que era útil para construir a confiança nas contas e realçar os interesses e os valores particulares da identidade partidária que estavam representando.[47]

Assim como no desafio do conteúdo inaceitável, a melhor forma de lidar com a desinformação não está sempre clara. Talvez informações mais precisas devam ser mostradas quando a desinformação for detectada. Mas dar às pessoas a informação correta nem sempre muda a forma como elas pensam. Em alguns casos, pode até sair pela culatra. Uma série de estudos mostrou que, quando indivíduos receberam correções factuais que contradiziam suas crenças políticas, eles respondiam se tornando mais comprometidos com seus equívocos anteriores.[48] Os psicólogos atribuem essa descoberta perturbadora a algo chamado de *raciocínio motivado*, a ideia de que as pessoas interpretam novos fatos sobre o mundo de formas que se alinhem com seus objetivos finais. E, embora os pesquisadores continuem a debater o quão comuns essas reações são, existem evidências de que esforços para corrigir percepções errôneas podem ser insuficientes para compensar a desinformação desatualizada quando se trata do julgamento das pessoas.

O perigo aqui é real: quando os indivíduos têm crenças desinformadas, isso pode ter um impacto de larga escala nos resultados políticos. O mito dos "painéis da morte" é apenas um exemplo de como a desinformação repetida impactou o debate sobre a reforma do serviço de saúde em 2009 nos Estados Unidos. Como um especialista resumiu, embora cidadãos sem informação com certeza não sejam o ideal, cidadãos mal-informados podem ser muito perigosos.[49]

Assim como a desinformação, o discurso de ódio encontrou um ambiente acolhedor nas principais plataformas de redes sociais.[50] No entanto, o discurso de ódio representa apenas uma pequena fração do conteúdo postado on-line. Em um estudo, uma equipe de pesquisa analisou mais de 750 milhões de tuítes de figuras políticas e 400 milhões de tuítes em uma amostra aleatória de americanos entre 2015 e 2017.[51] Em um dia qualquer, entre 0,001% e 0,003% dos tuítes continha algum discurso de ódio — uma porção bastante pequena do conteúdo gerado pelos usuários do Twitter nos Estados Unidos. Claro que isso provavelmente subestima a quantidade real de discurso de ódio postado, já que as empresas ativamente derrubam boa parte desse tipo de conteúdo antes que ele possa ser visto por alguém. O Facebook afirma que derruba 89% dos posts que violam suas diretrizes de discurso de ódio antes que um usuário denuncie.[52] Mas, só porque uma quantidade pequena de discurso de ódio acaba postada, isso não significa que não seja vista. Na verdade, uma pesquisa nacional com usuários da internet com idades entre quinze e trinta anos descobriu que mais da metade dos americanos relatou ter visto discurso de ódio on-line. A exposição também é alta em muitos outros países, como a Finlândia (48%), o Reino Unido (39%) e a Alemanha (31%).[53]

Os propagadores ativos de discurso de ódio são uma pequena minoria, mas enérgica. Eles tendem a tuitar com mais frequência, seguem mais pessoas a cada dia e estão envolvidos em redes com outros produtores de discurso de ódio que tendem a retuitar o conteúdo uns dos outros.[54] De forma impressionante, eles não necessariamente começam produzindo discurso de ódio misógino ou racista. Na verdade, as evidências sugerem que eles começam com postagens mais suaves e indiretas, e aos poucos passam a usar uma linguagem mais virulenta à medida que entram em redes sociais mais extremas e perdem a preocupação com o estigma social.[55] Essas redes são tão específicas que uma equipe de pesquisa mostrou que era possível prever com precisão os usuários que postariam tuítes antimuçulmanos na França depois dos ataques terroristas de 2015 em Paris, mesmo que eles nunca tivessem mencionado muçulmanos ou o Islã em seus tuítes anteriores![56]

Isso expõe uma preocupação maior: para que o discurso on-line tenha efeitos no mundo real, ele não precisa dominar o cenário das redes sociais. Mesmo um pequeno número de postagens pode ter enormes consequências para o bem-estar das pessoas que vivem no mundo real, especialmente se eles tensionarem, incitarem ou mobilizarem um pequeno grupo de indivíduos que deseja causar o mal.

Dylann Roof, o supremacista branco que assassinou nove pessoas na igreja metodista episcopal Emanuel African em Charleston, na Carolina do Sul, em 2015, inspirou-se em conteúdo on-line compartilhado por um grupo radical cristão. O responsável pelo ataque na sinagoga Tree of Life em Pittsburgh, em 2018, havia sido exposto a conteúdo de ódio no Gab. E o assassino dos ataques às mesquitas de Christchurch, na Nova Zelândia, em 2019, teria se radicalizado on-line. Nesses casos, não temos como saber com certeza se a exposição dos terroristas ao conteúdo on-line mudou sua visão ou se de alguma maneira ele foi casualmente ligado a suas ações. Mas não há dúvida sobre o fato de que as redes sociais criaram um espaço em que eles puderam compartilhar discursos extremistas e receber um feedback positivo.

Pesquisas estão começando a mostrar que o ódio on-line pode ser a causa da violência no mundo real. Um estudo na Alemanha mostrou que crimes de ódio contra refugiados aumentaram de maneira desproporcional em áreas com alto uso do Facebook quando o sentimento antirrefugiados era proeminente on-line.[57] Esse efeito desaparecia quando áreas específicas tinham quedas de internet ou interrupções no serviço, sugerindo uma conexão causal entre as duas coisas. De maneira similar, nos Estados Unidos, um maior uso do Twitter foi associado a um aumento dos crimes de ódio contra muçulmanos desde o início da campanha de Trump em 2016, especialmente em áreas de usuários antigos do Twitter.[58] Embora a prevalência geral do discurso de ódio possa ser rara, sua concentração em grupos específicos — e as graves consequências disso — demonstram o que está em jogo ao se tratar da poluição de nosso ecossistema de informações.

É uma situação terrível. Temos bons motivos para valorizar a liberdade de expressão, a democracia e a dignidade, mas não podemos maximizar simultaneamente todos os três. Existem compensações dolorosas que devem ser encaradas no mundo que os tecnologistas construíram. Após as eleições presidenciais de 2016 e as revelações da Cambridge Analytica, os profissionais de tecnologia nos disseram que veem os problemas e reconhecem as tensões. Eles ofereceram desculpas e nos garantiram que estavam trabalhando duro em uma solução. Mas as eleições de 2020 foram uma bagunça também, com seus próprios problemas: falsidades deliberadas a respeito de candidatos, vídeos adulterados e desinformação generalizada sobre fraude eleitoral. Algumas informações falsas foram identificadas pelas empresas de tecnologia, o que é certamente uma melhoria em relação à performance delas em 2016, mas grande parte não foi. E os eventos no Capitólio dois meses depois da eleição foram um alerta sobre quão reais os perigos da desinformação e do discurso de ódio são não apenas para os indivíduos, mas para a integridade de nossas instituições democráticas. Existem soluções técnicas para os problemas com conteúdos nocivos que comprometem a democracia e violam a dignidade?

A IA PODE MODERAR CONTEÚDO?

Se poderosos algoritmos de IA podem permitir a plataformas de tecnologia classificar o conteúdo para que o vejamos, pode ser possível usar uma tecnologia similar para identificar conteúdo danoso e reduzi-lo ou deletá-lo por completo? Na verdade, Google, YouTube, Facebook e Twitter (entre outros) fazem exatamente isso. Com bilhões de novos textos, imagens e vídeos postados todos os dias, é uma necessidade. Foi até defendido que a curadoria algorítmica desse oceano de conteúdo é a função central de uma plataforma.[59] Para a maioria das grandes plataformas, a revisão automatizada oferece a primeira linha de defesa na moderação de conteúdo, numa tentativa de identificar material inaceitável — nudez, exploração infantil, terrorismo, discurso de ódio, bullying —, que então é revisado por moderadores humanos. Mark Zuckerberg escreveu que a "inteligência artificial já gera cerca de um terço de todos os relatórios para a equipe [de moderação de conteúdo do Facebook], que revisa o conteúdo para nossa comunidade".[60]

Os detalhes desses sistemas, frequentemente baseados nas mesmas formas de aprendizado profundo que discutimos em capítulos anteriores, em geral não são publicados para que as fraquezas do sistema não possam ser exploradas. Mas, em nome de uma maior transparência, o Facebook oferece um Relatório de Supervisão das Diretrizes da Comunidade que disponibiliza estatísticas sobre os resultados do uso dos sistemas internos — incluindo moderadores de IA e humanos — para encontrar conteúdo que viole suas diretrizes.[61] Esse relatório é organizado como uma corrida: que porcentagem de conteúdo inaceitável os sistemas encontraram antes que os usuários o relatassem? Organizado por categorias, o relatório mostra que as violações de algumas diretrizes são mais fáceis de detectar do que outras. De acordo com o relatório de fevereiro de 2021, o Facebook encontrou 99% do conteúdo que violava sua diretriz de "nudez e atividade sexual adulta" antes que os usuários o relatassem. Para "suicídio e autoimolação", o número caía para 92%. E para "bullying e assédio" foi de apenas 50%.[62] Essa variação de performance reflete a subjetividade e a nuance do material examinado. Detectar nudez é com frequência apenas uma questão de encontrar pixels suficientes de pele nua em uma imagem acompanhada de termos abertamente sexuais.

Identificar o discurso de ódio é mais difícil. Decidir agir em relação a uma afirmação como "homens são a escória" requer julgamento contextual e cultural. Apesar das ações do Facebook nesse caso em particular, não é apenas uma análise de quais palavras aparecem em uma postagem, mas na verdade o que esses termos deveriam significar, quem os disse e a quem eles estão sendo dirigidos. Fazer essas determinações geralmente exige a compreensão humana e representa um desafio significativo para sistemas puramente automatizados. Em alguns contextos, descrever uma pessoa como uma barata é uma referência ou alusão ao conto de Kafka "A metamorfose". Em Ruanda, é um insulto desumanizante que remete aos horrores do genocídio de 1994.

A situação do bullying se torna ainda mais difícil, especialmente porque os padrões do conteúdo variam muito dependendo do contexto e do indivíduo envolvido. Esse é um ponto que o Facebook admite prontamente, afirmando que, "como o bullying e o assédio são altamente pessoais em sua natureza, em muitos casos precisamos que uma pessoa denuncie esse comportamento para nós antes que possamos identificá-lo ou removê-lo".[63]

Embora a IA vá continuar melhorando no futuro, ela é apenas realmente a primeira linha de defesa. O número de moderadores de conteúdo humanos necessários para lidar com o volume de informação nessas plataformas é enorme. Em 2017, a CEO do YouTube, Susan Wojcicki, anunciou que a empresa iria contratar 10 mil moderadores de conteúdo naquele ano.[64] No ano seguinte, Mark Zuckerberg escreveu que "a equipe responsável por supervisionar essas políticas [de diretrizes da comunidade] é formada por cerca de 30 mil pessoas… Elas revisam mais de 2 milhões de postagens por dia".[65] Na verdade, as plataformas de tecnologia deveriam levar o crédito por assumir uma postura agressiva em relação à moderação ao contratar exércitos de moderadores de conteúdo.

Mas ser moderador de conteúdo tem um preço. Selena Scola, ex-moderadora de conteúdo do Facebook, processou a empresa em 2018 afirmando que o estresse do trabalho a levou a desenvolver transtorno do estresse pós-traumático (TEPT). O processo dela relata que seu trabalho envolvia ver "vídeos perturbadores e fotografias de estupros, suicídios, decapitações e outros assassinatos".[66] O processo foi acompanhado por vários outros de ex-moderadores de conteúdo que tinham tido uma experiência similar, afirmando que o "Facebook falhou em oferecer a eles um ambiente de trabalho seguro".[67] Em maio de 2020, o Facebook aceitou um acordo no processo com antigos e atuais moderadores de conteúdo (mais de 11 mil deles) no valor de 52 milhões de dólares. Cada moderador de conteúdo deve receber mil dólares em fundos adicionais que vão para aqueles diagnosticados com transtornos de saúde mental.

Mesmo presumindo que o conteúdo mais censurável possa ser identificado rapidamente, o maior dos desafios — uma disputa entre valores contraditórios — surge quando perguntamos o que fazer com esse conteúdo. Nathaniel Persily, nosso colega em Stanford, ofereceu uma taxonomia que dá uma variedade de opções: exclusão, rebaixamento, atraso, transparência, demoção, diluição, desvio, dissuasão e alfabetização digital.[68]

A exclusão pode parecer uma abordagem atraente para qualquer conteúdo que viole as regras da plataforma, mas fazer isso permite que as pessoas que o publicam notem que seu conteúdo foi banido e tentem de novo com textos, imagens ou vídeos diferentes (ou alterados). Assim como a otimização de ferramentas de busca, pode se tornar uma corrida armamentista entre as plataformas que tentam eliminar conteúdo inaceitável e usuários mal-intencionados — às vezes usando bots — tentando promovê-lo. Zuckerberg discute exatamente esse fenômeno, escrevendo que, "embora tenhamos feito um progresso constante [em moderação de conteúdo], estamos diante de adversários sofisticados e bem financiados. Eles não vão desistir e vão seguir evoluindo".[69] O surgimento das *deepfakes* — imagens e vídeos falsos criados por aprendizado de máquina e técnicas de processamento de imagem complexas — é apenas um exemplo. Embora a IA possa ser utilizada para filtrar desinformação e conteúdo abusivo, ela também pode ser usada para criar novas formas disso, oferecendo desafios ainda maiores para humanos e algoritmos.

O rebaixamento e o atraso são abordagens comuns e mais difíceis de serem detectadas pelos produtores de conteúdo. O conteúdo abusivo pode simplesmente ser rebaixado; ele ainda pode aparecer no seu feed, mas você vai precisar rolar bastante para chegar nele. As consequências são que "postagens identificadas como falsas são rebaixadas e perdem cerca de 80% de suas visualizações futuras".[70] A IA tem um papel especialmente importante aqui, já que classificar um conteúdo de forma rápida, antes que um humano tenha tempo de revisá-lo, ou optar por atrasar sua publicação pode ajudar a limitar a disseminação antes que um julgamento humano final possa ser feito sobre sua remoção. Isso pode fazer uma diferença crítica nos dias que antecedem uma eleição.

Transparência e desvio apresentam outras possibilidades, no caso identificar a fonte do conteúdo abusivo ou oferecer informações alternativas junto com a postagem original para ajudar os usuários a fazer um julgamento mais informado. Claro que isso presume que o conteúdo identificado dessa maneira realmente mudará a avaliação que os usuários fazem dele e não terá o efeito indesejado de realçar conteúdo inapropriado para usuários curiosos. Mesmo com o avanço da IA, é pouco provável que apenas uma solução técnica seja suficiente, pelo menos no futuro próximo. A quantidade de informações necessárias para tomar decisões relevantes a respeito desse conteúdo — o contexto de quem escreve, as implicações que quem vê pode extrair de uma imagem, eventos mundiais em curso — significa que os modelos de aprendizado de máquina não terão dados suficientes para fazer decisões precisas sobre adequação. Muitas dessas decisões podem ser difíceis até para um humano.

A incapacidade da IA de resolver o problema sozinha ficou bem clara no início da pandemia de covid-19. YouTube, Twitter e Facebook queriam limitar o número de funcionários, incluindo moderadores de conteúdo que iam ao escritório. Preocupações com a privacidade dos usuários colocava obstáculos ao acesso de dados por computadores e redes domésticas. As diretrizes da empresa frequentemente exigiam que os moderadores de conteúdo fizessem o trabalho em locais seguros nos escritórios corporativos. O Twitter reconheceu o impacto que esse uso maior da IA para moderação de conteúdo teria na plataforma, escrevendo em um post de março de 2020 que estava "aumentando nosso uso de aprendizado de máquina e automação para realizar uma gama maior de ações sobre conteúdo potencialmente abusivo e manipulador. Queremos ser claros: embora trabalhemos para garantir que nossos sistemas sejam consistentes, eles podem às vezes não ter o contexto que nossa equipe traz, e isso pode resultar em erros".[71] O YouTube fez uma declaração parecida, afirmando que "vamos temporariamente começar a usar mais a tecnologia para ajudar em parte do trabalho normalmente feito por revisores. Isso significa que sistemas automatizados começarão a remover algum conteúdo sem revisão humana... Ao fazermos isso, usuários e criadores podem ver uma remoção maior de vídeos, incluindo alguns vídeos que não violaram nossas políticas".[72]

A maior parte dos usuários do YouTube nunca saberia que um vídeo que eles tentaram postar foi removido de forma errônea pela IA. A situação no Facebook foi muito mais visível, já que os usuários podiam ver facilmente quando seus posts — frequentemente com conteúdo razoável relacionado à covid-19 — eram filtrados com a mensagem: "Seu post viola as diretrizes da comunidade em relação a spam". Os usuários explodiram, alguns acusando o Facebook de censura partidária e outros se perguntando o que em seus posts poderia ter causado a remoção. Por fim, veio uma resposta de Guy Rosen, vice-presidente de integridade do Facebook, que escreveu: "Houve um problema com o sistema automatizado que remove links para sites abusivos, que removeu incorretamente muitos outros posts também".[73] A admissão, embora certamente não indique uma intenção maliciosa, mostra os problemas de se confiar totalmente na tecnologia para resolver problemas de moderação de conteúdo.

Um Supremo Tribunal para o Facebook?

As declarações de missão das empresas de tecnologia são visões grandiosas que querem tornar o mundo um lugar melhor. Mas, com os problemas da polarização, da desinformação e do discurso de ódio se tornando mais claros, todas as empresas reconheceram os riscos potenciais envolvidos em servir como plataformas de conteúdo on-line, mesmo que suas missões expressas não tenham mudado.

Como resultado, as empresas continuaram a desenvolver suas políticas internas de moderação de conteúdo. Essas "diretrizes da comunidade" têm como foco definir o conteúdo gerado por usuários e o comportamento que é aceitável e o que não é, e traçam uma série de ações que podem ser tomadas contra usuários que postam conteúdo que infringe essas diretrizes. Além de conteúdo que efetivamente infringe a lei, como violações de propriedade intelectual e coordenação de atividade criminosa, a moderação de conteúdo na maioria dos casos não é, falando de forma estrita, exigida pelas doutrinas legais dos Estados Unidos. A maior parte da pornografia não é contra a lei, nem o discurso de ódio ou a desinformação. Na verdade, a Primeira Emenda e o Ato de Decência nas Comunicações de 1996 oferecem uma autonomia considerável e imunidade legal para plataformas privadas de tecnologia que hospedem conteúdo gerado por usuários. Mas a combinação de incentivo econômico para criar uma enorme base de usuários e reconhecimento da responsabilidade corporativa que deve guiar suas plataformas com um olho nos efeitos sociais mais amplos levou todas as empresas a dedicar recursos significativos para o policiamento de conteúdo. Como a acadêmica jurídica

Kate Klonick argumentou, essas empresas se tornaram os novos governantes privados do discurso.[74] E, com as comunidades de usuários chegando a centenas de milhões ou bilhões de pessoas, o pequeno número de pessoas que definem e supervisionam as "diretrizes da comunidade" está entre as pessoas mais poderosas do mundo. Como resultado, nos últimos anos a pressão tem aumentado para que as maiores empresas sejam mais responsáveis e transparentes como forma de dar mais legitimidade ao poder que exercem.

Em 2018, o Facebook anunciou uma nova iniciativa de criar um Supremo Tribunal, um comitê independente de supervisão que poderia rever decisões de remoção da empresa com base nas diretrizes da comunidade. "Eu acredito cada vez mais", escreveu Zuckerberg, "que o Facebook não deveria tomar tantas decisões importantes a respeito da liberdade de expressão e segurança sozinho."[75] Em 2020, a empresa nomeou os primeiros quarenta membros de seu Comitê de Supervisão, um conjunto de acadêmicos, líderes da sociedade civil e ex-funcionários eleitos de todo o mundo. A operação do comitê é financiada por um fundo independente que o Facebook estabeleceu, criando outra camada de independência da empresa. Como o Supremo Tribunal, o Comitê de Supervisão tem o poder de decidir se vai aceitar ou não um recurso. De acordo com o estatuto atual, a decisão do corpo independente é obrigatória para o Facebook. Então, se um usuário apresentar um recurso para o comitê e ganhar o caso, o Facebook será obrigado a restaurar o conteúdo.

O comitê começou a se reunir no final de 2020 e anunciou suas primeiras decisões no início de 2021. Em quatro dos cinco casos, o comitê reverteu a remoção de conteúdo do Facebook, assinalando uma vontade de desafiar a plataforma e estabelecer a autoridade de sua revisão externa. Em seguida, concordou em ouvir um caso que com certeza teria repercussão global: se o Facebook tinha justificativas para suspender indefinidamente a conta de Donald Trump após a insurreição no Capitólio em 6 de janeiro de 2021. No final da primavera do mesmo ano, o comitê manteve a decisão de suspender Trump, mas rejeitou a possibilidade de que essa suspensão fosse em caráter indefinido. O Facebook teve seis meses para revisar o caso e oferecer normas claras e padronizadas para qualquer banimento contínuo. Foi uma decisão difícil, que não agradou nenhum dos lados e retornou o poder de decisão para o

Facebook. A escolha foi considerada inusitada, já que o Comitê de Supervisão tinha a intenção de reduzir o direito arbitrário do Facebook de decidir os limites dos discursos permitidos em sua plataforma.

Segue em aberto se o "Supremo Tribunal" do Facebook será bem-sucedido, mas ele representa um importante primeiro passo na criação de pelo menos um novo mecanismo de responsabilidade e transparência que pode servir para estimular uma conversa pública maior a respeito da regulamentação das plataformas privadas. No final, o Comitê de Supervisão ainda é um esforço de autorregulamentação. Ele tem independência operacional, mas o conjunto inicial de juízes foi escolhido pelo Facebook, o modelo do comitê foi criado pelo Facebook e as decisões do comitê se aplicam apenas ao Facebook, não a outras empresas. Além disso, o papel do comitê foi projetado para ser bastante limitado; o trabalho não é um cargo de tempo integral para seus membros, portanto eles têm a possibilidade de ouvir apenas uma pequena fração do total de recursos. E as decisões do comitê só dizem respeito a ações relacionadas a conteúdo, não aos princípios mais amplos das políticas de diretrizes da comunidade. Os céticos podem acreditar que é apenas uma tática de distração para desviar a atenção dos outros problemas que o Facebook tem com leis antitruste e privacidade. Ou que sua criação não é nada além de uma forma conveniente de culpar o Comitê de Supervisão por reclamações futuras sobre conteúdo removido. Mas, como suas decisões iniciais contrárias ao Facebook refletem, o comitê está estabelecendo sua independência. Talvez com o tempo ele adquira maior legitimidade e sirva, como seus criadores no Facebook esperam, como modelo para outras empresas. Nas palavras de Nick Clegg, ex-vice-primeiro-ministro do Reino Unido e atual vice-presidente de assuntos globais e comunicações do Facebook, ele pode até "ser cooptado de alguma maneira pelos governos".[76]

Indo além da autorregulamentação

É fácil entender por que Mark Zuckerberg e Jack Dorsey não querem ser os árbitros do discurso nas redes sociais. O desafio que eles enfrentaram em 2020, quando o Twitter e o Facebook lutaram para regular o conteúdo a respeito da covid-19 e das eleições presidenciais, revelou a dificuldade dos julgamentos que precisam fazer. Mas faz sentido para o governo se envolver na regulamentação do discurso?

A maioria dos americanos estremeceria com a ideia. De fato, a Primeira Emenda da Constituição não poderia ser mais clara: "O Congresso não fará nenhuma lei [...] restringindo a liberdade de expressão". Apesar de todos os seus limites, algumas plataformas estão fazendo um esforço sincero de gerenciar o conteúdo on-line — seja por causa de seus valores particulares, seus incentivos econômicos para manter uma base satisfeita de usuários e anunciantes, ou seu senso de responsabilidade corporativa. Elas até estão pensando bastante na legitimidade de suas decisões sobre conteúdo, como sugere o experimento do Facebook com supervisão independente. Ainda assim, essa abordagem para gerenciar os efeitos do conteúdo on-line tem um calcanhar de Aquiles: ela depende das ações de um conjunto descentralizado de empresas com fins lucrativos para proteger algo pelo qual todos nós temos um interesse profundo: a saúde de nossa democracia. Não faz sentido que o futuro de uma esfera pública saudável esteja totalmente nas mãos de um pequeno número de empresas poderosas. Os governos precisam se envolver — e ao fazê-lo equilibrar a importância da liberdade de expressão com outros objetivos essenciais.

A primeira questão é se existem formas particulares de discurso que o governo deva proibir. A maior parte dos governos democráticos evitou restrições significativas ao discurso porque a liberdade de expressão é essencial para uma democracia próspera. Na verdade, os responsáveis pelo crescimento global da democracia foram com frequência revolucionários políticos e sociais que desafiaram — com risco significativo para si mesmos — as restrições de discurso impostas por monarcas, ditadores, clérigos e governantes militares.

Nos Estados Unidos, a resposta para o "discurso perigoso" sempre foi mais discurso. A preocupação em proteger o direito de falar da intrusão do governo quase sempre tem precedência sobre os danos potenciais que esse discurso pode causar. A Suprema Corte apontou um pequeno conjunto de exceções, como casos em que o discurso é "dirigido para incitar ou produzir uma ação ilegal iminente e provavelmente incitará ou produzirá tal ação". Mas, na prática, a Corte tem limitado duramente até mesmo essas exceções.

Talvez no mais famoso caso sobre essa questão, a Corte reverteu a condenação de um membro da Ku Klux Klan que tinha sido considerado culpado de defender a violência para conseguir a reforma política em uma manifestação em Ohio, em 1964. Em um evento público com membros armados da Klan, o acusado disse: "Se nosso presidente, nosso Congresso e nossa Suprema Corte continuarem a suprimir os brancos, a raça caucasiana, é possível que seja necessário tomar [sic] alguma vingança",[77] mas a Corte não estava convencida. Os juízes concluíram que a Primeira Emenda exigia uma distinção entre defender um ponto de vista e incitar ação violenta imediata. Outras decisões da Suprema Corte deixaram claro que a lei americana protege o discurso motivado ou com intenção de atacar ou ofender uma pessoa com base em sua raça, gênero e religião. Como resultado, praticamente nenhum discurso é ilegal nos Estados Unidos, a menos que esse discurso esteja ligado de forma convincente à incitação de violência iminente.

Os Estados Unidos são uma exceção em seu compromisso absolutista com a liberdade de expressão, mesmo entre as democracias mais robustas. A Alemanha é um exemplo famoso de uma abordagem alternativa. Após os horrores do nazismo e do antissemitismo generalizado, o governo alemão passou a construir um forte consenso social em torno da censura de certos tipos de discurso. As retóricas racista e antissemita estavam no topo da lista, assim como negação do Holocausto, sentimento antiestrangeiros e até mesmo insultos e blasfêmias.[78] O discurso de ódio pode ser punido com pena de prisão, e chamar um político de mentiroso pode causar um processo por difamação. Os alemães se acostumaram com essas restrições e, no geral, as aceitaram como parte do que eles vieram a chamar de uma *wehrhafte Demokratie*, ou "democracia capaz de defender a si mesma".

A Alemanha não está sozinha. No Canadá, a preocupação principal das leis sobre discurso de ódio é prevenir discriminação. Então, embora a liberdade de expressão seja valorizada, o Canadá reconhece que existem momentos em que o direito de falar livremente deve ser restringido porque ele prejudica o direito das pessoas de serem tratadas com igualdade. Isso significa que as leis do Canadá possuem padrões muito mais generosos para censurar o discurso. É suficiente mostrar que os comentários incitam ódio ou discriminação contra grupos identificáveis, mesmo que não resultem em violência ou ameaças à ordem pública. Embora a implementação varie, outros países, como Reino Unido, Irlanda, Brasil e Índia, bem como União Europeia, restringem incitações ao ódio e à discriminação, mesmo que não existam evidências de que o fim seja a violência.

Embora as plataformas de redes sociais já devam estar cientes dessas diferenças nas leis, elas estão prestando cada vez mais atenção após a aprovação de uma nova lei alemã relacionada ao discurso on-line. Aprovada em 2018, a lei exige que as empresas removam conteúdo "manifestamente" ilegal, incluindo discurso de ódio, em 24 horas, ou elas estarão sujeitas a altas multas corporativas e *pessoais*. Essa mudança forçou o Facebook e outras empresas que operam na Alemanha a reforçar sua capacidade de moderação de conteúdo para não enfrentar uma série de ações do governo. Outros países, como a Áustria e o Reino Unido, começaram a debater medidas similares.

Qualquer que seja sua visão a respeito da permissibilidade do discurso de ódio, vale notar que, como nossa colega Renee DiResta, do Observatório da Internet de Stanford, escreveu, um compromisso com a liberdade de expressão não garante a ninguém liberdade de alcance. Embora um compromisso com a liberdade de expressão permita que indivíduos falem o que pensam, não existe o direito à amplificação algorítmica.[79] Assim como ninguém tem o direito de ter suas opiniões malucas publicadas em um jornal, ninguém tem o direito também de ter seus posts retuitados, amplificados ou recomendados. É isso que torna as mensagens de texto fundamentalmente diferentes da publicação de conteúdo em plataformas de redes sociais. Temos uma forte expectativa de que a liberdade de expressão deva permitir que nos comuniquemos diretamente com os outros sem censura dos serviços de mensagens. Mas invocar a liberdade de expressão não significa que o governo ou qualquer empresa precise oferecer um megafone, seja literal ou algorítmico.

Mas, se as empresas tiverem uma margem ampla para limitar a amplificação algorítmica de discurso potencialmente danoso, quando, se é que deveriam, os governos democráticos exigirão proibições ou limites do discurso on-line? Ao pesar o valor de restrições, somos guiados por uma visão da democracia cujo objetivo é não gerar o resultado "melhor" ou "correto", mas estabelecer barreiras que impeçam o pior. A implicação é clara: restrições governamentais ao discurso devem permanecer raras e limitadas. Pedidos para se restringir legalmente a linguagem que perpetua estereótipos, que usa rótulos socialmente inaceitáveis ou desafia o status de grupo não devem ser tomados como uma solução fácil, mesmo na era da internet. Isso pode ser desconfortável de aceitar, especialmente em uma época em que preocupações com preconceito racial, discriminação e racismo sistêmico dominam o debate público. Mas o risco de a censura do governo ser mal utilizada pode criar ainda mais problemas para a democracia. Nos lugares em que as leis para o discurso de ódio foram implementadas, como a Alemanha, as melhores evidências sugerem que as restrições apenas limitam o que é discutido na maior parte dos lugares públicos, levando para a clandestinidade o discurso de ódio violento e a discriminação que as leis foram feitas para eliminar.[80]

Uma ideia importante é que, para repensar a liberdade de expressão na era digital, a questão não é impor mais censura, mas sim o governo garantir que o direito de falar livremente esteja realmente disponível em uma base igual para todos. Segundo Tim Wu, professor de direito em Columbia, o papel do governo e da lei é "defender os principais canais de discurso on-line da obstrução e do ataque, seja por fraude, engano ou assédio de oradores".[81] Isso exige que as autoridades assumam a responsabilidade de prevenir, deter e sancionar atores privados que tentam silenciar oradores.

Sabemos como são esses esforços organizados: "trollagem" on-line para humilhar, assediar e desencorajar oradores marcados; campanhas de difamação que usam histórias fabricadas e rumores para prejudicar a reputação de um orador; ataques em enxame por e-mail, telefone ou redes sociais para punir oradores em particular. Algumas dessas táticas atraem atenção pública significativa, como as acusações de que Hillary Clinton estava envolvida em uma rede de pedofilia que funcionava em uma pizzaria de Washington, D.C. Mas a maior parte da "trollagem" acontece em ambiente particular, onde as vítimas experimentam danos significativos que passam basicamente sem ser notados. De acordo com uma pesquisa de 2021 do Centro de Pesquisas Pew, quatro em cada dez norte-americanos e a maioria dos jovens adultos sofreram assédio on-line. A experiência recai desproporcionalmente sobre grupos minoritários e marginalizados, com uma grande maioria de gays, lésbicas e bissexuais relatando que foram alvo de abuso on-line. Há também um longo histórico de mulheres que sofrem assédio sexual e abuso on-line que podem se tornar bem reais. Laura Bates fundou o site Everyday Sexism Project, no qual mulheres podem compartilhar suas experiências com o sexismo. Depois de criar o site, ela também se tornou um alvo de assédio on-line, recebendo mais de duzentas mensagens abusivas por dia. "O impacto psicológico de ler, de uma maneira muito real, como alguém vai estuprar ou assassinar você não é considerado como deveria", ela disse à Anistia Internacional. "Você pode estar sentada em sua sala de estar, fora do horário de trabalho, e de repente alguém consegue enviar uma ameaça de estupro incrivelmente real por um dispositivo que está na palma da sua mão." O resultado frequente de tal abuso on-line é que as pessoas ficam off-line, o que limita a igualdade de acesso às ferramentas de comunicação e os direitos à liberdade de expressão.

Precisamos pressionar o governo e as plataformas a trabalharem juntos para proteger os direitos de liberdade de expressão dessas ameaças. Embora alguma responsabilidade por isso esteja com as plataformas, o governo tem um papel crítico a desempenhar. Sua tarefa não é garantir o debate público de alta qualidade, mas proteger os canais de debate público de ataques deliberados.[82] Isso começa com a implementação robusta das leis federais e estaduais que já existem para proibir assédio e perseguição on-line e leis sobre fraude, engano e roubo de identidade que podem ser usadas para combater campanhas de propaganda enganosa. Mas novas regulamentações também podem ser necessárias, incluindo leis específicas "antitrollagem" para policiar ataques de massa a jornalistas, figuras públicas e cidadãos comuns. Nesse caso, o papel do governo não é apenas identificar o conteúdo abusivo, mas também executar ações contra aqueles que o produziram. Embora puristas americanos da liberdade de expressão possam resistir a movimentos nessa direção, eles são necessários para preservar o direito à liberdade de expressão na era digital.

O FUTURO DA IMUNIDADE DE PLATAFORMAS

Tratar da poluição em nosso ecossistema de informação também significa descobrir quais obrigações as empresas devem ter além da lealdade para com seus acionistas e da adesão às leis existentes. Em resumo, o governo deveria cobrar das empresas um padrão mais alto de comportamento para poder proteger a democracia?

Qualquer conversa sobre comportamento corporativo nos Estados Unidos precisa começar com a Seção 230 do Ato de Decência nas Comunicações (CDA, na sigla em inglês), conhecido como CDA 230. Essa provisão não é nada menos que o oxigênio que permitiu o crescimento das plataformas de internet. Aprovado em 1996, o CDA 230 imuniza os provedores de serviços interativos de computação de responsabilidade decorrente de conteúdo gerado por usuários. Mais especificamente, ele diz: "Nenhum provedor ou usuário de um serviço interativo de computador deverá ser tratado como editor ou orador", permitindo assim que as plataformas facilitem a postagem e o compartilhamento de conteúdo sem preocupações significativas com a responsabilidade legal.[83] Essa lei é tão generosa com os provedores de serviços de computação quanto é possível ser. Ela protege empresas de processos se elas deixam conteúdo ofensivo publicado e as protege de litígios se removem o conteúdo — a chamada provisão do bom samaritano.

Aqui vai um exemplo: se um usuário do YouTube postar um vídeo difamatório, poderá ser processado, mas o YouTube não pode. Sem o CDA 230, sites como Facebook, Twitter, Instagram e YouTube teriam de exercitar um forte julgamento sobre tudo o que seus usuários produzissem como se eles fossem editores de jornais — algo tecnicamente difícil hoje em dia. No caso de redes sociais menores como o Parler, que anuncia a promoção da liberdade de expressão e não tem nem a vontade nem os recursos necessários para oferecer moderação de conteúdo em larga escala, o CDA 230 desempenha uma função ainda mais crítica ao fornecer proteção legal.

O CDA 230 tem sua origem na resposta a um processo que a corte decidiu um ano antes, *Stratton Oakmont, Inc.* v. *Prodigy Services Co.* Nesse caso, a Prodigy, um dos primeiros provedores de acesso à internet e informação, foi considerada "responsável como editora de todos os posts feitos em seu site *porque ela deletou ativamente algumas postagens em um fórum*" (ênfase dos autores). A corte considerou a Prodigy mais do que um simples distribuidor de conteúdo porque seu uso de ferramentas automatizadas de curadoria e suas diretrizes para postagem eram "uma escolha consciente para obter os benefícios do controle editorial".[84] A decisão chocou o crescente negócio da internet, aumentando os temores de que as novas plataformas se tornassem alvo de processos. Em resposta, um esforço bipartidário do Congresso acrescentou o que se tornaria a Seção 230 a uma lei que já estava sob consideração para regular o acesso de menores a conteúdo impróprio on-line.

Daphne Keller, ex-consultora geral associada do Google, é uma das maiores especialistas na questão da "responsabilidade do intermediário", o termo técnico para a extensão da responsabilidade legal que recai sobre as plataformas por conteúdo que postam, compartilham ou selecionam. Ao considerar algo como o CDA 230, ela diz, precisamos reconhecer que estamos equilibrando três objetivos: (1) a prevenção de danos, (2) a proteção do discurso legal e da atividade on-line e (3) a perspectiva de inovação.[85] Nos anos 1990, os legisladores estavam buscando formas de permitir a moderação de conteúdo sem cair nas questões legais que haviam causado problemas para a Prodigy. No final, a lei criou incentivos para que as plataformas deixassem o máximo possível de conteúdo publicado, mas ainda as protegia no caso de decidirem remover algo. Mas, com o aumento da desinformação, assim como da retórica de ódio e extremista, existe realmente um equilíbrio saudável desses valores hoje?

Muitas pessoas estão pedindo uma reformulação fundamental do CDA 230. Durante sua campanha presidencial, Joe Biden pediu a revogação imediata do CDA 230 em uma entrevista ao conselho editorial do *The New York Times*. Ao se referir ao Facebook, ele disse: "Eles não são apenas uma empresa de internet. Eles estão propagando falsidades que sabem serem falsas... Não existe nenhum impacto editorial no Facebook... É totalmente irresponsável".[86] Embora a frustração dele seja compreensível, o perigo desse caminho é que ele ameaça a liberdade de expressão ao mudar o quadro de imunidade de uma forma que daria às empresas um incentivo para remover qualquer conteúdo que pudesse ser considerado ofensivo ou desencadear um processo judicial. Um movimento assim também poderia esmagar empresas de pequeno e médio portes, que têm muito menos recursos do que as gigantes tecnológicas de hoje, com o peso da responsabilidade pela remoção de conteúdo, minando assim a inovação.

Os críticos também vêm da direita. Um dos mais proeminentes defensores da reforma é Josh Hawley, um senador republicano de quarenta anos do Missouri. Ironicamente, Hawley provavelmente é mais conhecido como o primeiro senador a se opor à certificação dos resultados da eleição presidencial de 2020 e por erguer o punho em apoio aos manifestantes pró-Trump antes que eles invadissem o Capitólio. Como novo senador, ele lançou uma cruzada para controlar o poder das plataformas. Sua preocupação específica é a censura de vozes conservadoras e conteúdo de direita. Se vai haver uma moderação de conteúdo, ele quer garantir que a moderação seja "politicamente neutra" — e ele está preparado para responsabilizar as plataformas se suas remoções de conteúdo forem tendenciosas. Uma legislação de sua autoria dá a indivíduos que acreditam estarem sendo injustamente censurados o direito de processar as empresas em pelo menos 5 mil dólares, além das despesas do processo. Pode-se imaginar a enchente de ações judiciais que essa legislação desencadearia.

Nesse vai e vem partidário, o que realmente está em jogo é se devemos esperar que as empresas de internet façam o mesmo tipo de função editorial das organizações de mídia tradicional, como jornais, rádio e televisão. Definitivamente, existem motivos para considerarmos as plataformas de tecnologia editoras de conteúdo. Ao contrário das empresas de telefonia, que simplesmente recebem a conexão entre dois falantes, as empresas estão envolvidas em curadoria ativa do que os usuários veem e escutam por meio dos algoritmos ajustados para maximizar o engajamento. E elas são as provedoras dominantes de canais de comunicação em seu espaço, com pouca concorrência. Isso se parece com as redes de televisão aberta do século passado antes do crescimento da televisão a cabo, com a distinção fundamental de que um número inimaginavelmente maior de pessoas pode transmitir.

Dois aspectos adicionais são diferentes agora, ambos importantes para a perspectiva de construção de um regime regulatório efetivo para as plataformas de internet.[87] O primeiro é o nível de polarização partidária. É difícil imaginar partidos em extremos opostos do espectro político chegando a um acordo em relação ao que constitui fake news e desinformação, quando o discurso de ódio se torna incitação à violência e se um processo de curadoria é politicamente neutro. O segundo é que os legisladores historicamente justificaram a regulamentação da televisão em razão do limite físico do espaço aéreo, o que criava escassez de espectro. Como não existia espectro de transmissão suficiente para permitir um mercado realmente competitivo, esperava-se que as redes servissem ao interesse público além de seus próprios interesses comerciais. Isso levou a práticas televisivas que muitos de nós tomamos como certas, como a cobertura equilibrada de questões políticas e conteúdo relevante para as comunidades locais. Embora as empresas de internet dominem os novos canais de comunicação, sua dominância do mercado não é um resultado da escassez e poderia, em princípio, ser desafiada por outras empresas.

Se não conseguirmos concordar coletivamente sobre que conteúdo deve ou não ser permitido on-line, será importante termos um mercado diverso e competitivo para plataformas de internet. Na tentativa de permanecerem competitivas e atrair e manter usuários, as plataformas de internet continuarão a moderar o próprio conteúdo. Se as plataformas forem tomadas por discurso de ódio e conteúdo falso, alguns usuários poderão buscar alternativas — assim como anunciantes, a principal fonte de renda das plataformas. Essa dinâmica já aconteceu uma vez nos primórdios da internet, quando as ferramentas de busca pioneiras como AltaVista, Lycos e Excite se tornaram entupidas de páginas de spam que estavam mais interessadas em vender produtos do que em dar aos usuários a informação que eles estavam procurando. Essas primeiras ferramentas de busca foram rapidamente ultrapassadas pelo Google, cuja nova tecnologia era muito mais eficiente em rebaixar e eliminar páginas de spam nos resultados que os usuários recebiam. Não são apenas os usuários que têm arbítrio; os anunciantes também podem influenciar o comportamento da plataforma. Por exemplo, várias empresas concordaram em retirar anúncios do Facebook em 2020 como parte da campanha #StopProfitForHate [Chega de lucro por ódio] quando a empresa se recusou a eliminar ou diminuir a exposição do post de Trump que dizia: "Quando os saques começam, os tiroteios começam". Claro, o inverso também é possível. Alguns usuários podem escolher plataformas com menos moderação de conteúdo, como vimos com a migração para o Parler depois que o presidente Trump perdeu suas plataformas.[88] Contudo, os dados até agora sugerem que isso seria uma alternativa atraente apenas para uma pequena parcela dos usuários totais.

O governo deve se envolver quando esforços organizados para espalhar desinformação ameaçam a integridade do processo democrático. Nós já reconhecemos o papel apropriado do governo quando queremos acabar com pornografia infantil, tráfico de pessoas, violação de direitos autorais e radicalização. Nesses casos, o governo cria um conjunto de regras e expectativas que moldam a forma como as companhias fazem a regulação de conteúdo. A Lei dos Direitos Autorais do Milênio Digital serviu como a principal fonte de orientação sobre violação de direitos autorais na internet e oferece significativas medidas de segurança para que as empresas de tecnologia tenham bons motivos para implementá-la. Isso traz legitimidade democrática ao processo pelo qual o conteúdo é removido e garante que não dependamos totalmente da boa vontade e bom senso dos CEOs.

É hora de fazer a mesma coisa para proteger a democracia. Claro que não é realista legislar para ter um debate de qualidade ou uma "doutrina da justiça" on-line que garantisse tempo de transmissão igual para visões opostas. Isso não existe nem na nossa mesa de jantar. Mas é realista pensar que podemos buscar algumas reformas de bom senso. Os debates a respeito do futuro do CDA 230 oferecem uma oportunidade para darmos incentivos mais fortes para as empresas agirem contra a desinformação, seja legislando novos limites à imunidade das plataformas, seja preservando a imunidade total com a condição de que as empresas ajam de maneira mais assertiva para proteger a democracia e relatem seu progresso de forma transparente.

Por exemplo, já é ilegal que interesses estrangeiros se envolvam em anúncios relacionados a eleições nos Estados Unidos. O problema é que as plataformas não têm sido muito boas em identificar e impedir esse tipo de comportamento. Precisamos de incentivos mais fortes para que as empresas eliminem esse tipo de atividade de seus sistemas, seja por meio da ameaça de ação legal ou como condição para que mantenham sua imunidade. Também precisamos incentivar as empresas a proteger os usuários de fraude, como quando agentes pagos que se passam por usuários genuínos ou bots não identificados inundam o ecossistema de informação com conteúdo destinado a manipular ou mobilizar. A exigência de transparência poderia ser usada para garantir que as plataformas divulgassem informações relevantes para ajudar os usuários a avaliar a credibilidade das fontes, como quem está pagando por anúncios políticos. Avisos também podem ser incentivados para o conteúdo que organizações de checagem de fatos contestaram, como vimos ser feito na eleição de 2020. Neste momento, essas decisões estão totalmente nas mãos das plataformas e suas regras internas. Um processo democrático poderia dar mais legitimidade a julgamentos questionados e criar diretrizes às quais todas as plataformas adeririam. E, dado o clima partidário, parece importante trazer mais transparência para as políticas de moderação de conteúdo das plataformas em geral, com um relatório obrigatório (e padronizado) de seus processos e práticas.

Claro que esses modestos passos regulatórios não impedem mudanças drásticas por parte das próprias empresas. As plataformas poderiam adaptar seus algoritmos de curadoria para levar em conta indicadores objetivos de "credibilidade" ao classificar e promover informações. Elas poderiam reestruturar a apresentação das informações para garantir que perspectivas conflitantes ou diversas fossem apresentadas juntas no topo dos resultados de busca ou de um feed de notícias. Poderiam decidir que certas práticas que muitos acreditam serem danosas para nossa esfera pública democrática não sejam mais permitidas na plataforma, como o "microdirecionamento" de propaganda política para indivíduos com base em informações extremamente específicas a respeito do que eles gostam ou desgostam. Poderiam decidir não vender anúncios políticos durante períodos críticos, ou simplesmente não os vender. Poderiam aplicar a funcionários públicos as mesmas diretrizes que aplicam a qualquer outro usuário em sua plataforma e criar um sistema de penalidades para usuários que poluíssem repetidamente o ecossistema de informações, levando à desativação da conta nos piores casos. E poderiam introduzir atrito no sistema para reduzir viralização, especialmente quando identificassem esforços organizados para espalhar desinformação. Mas, para que qualquer uma dessas mudanças fundamentais no comportamento das plataformas surgisse organicamente, precisaríamos de um mercado mais competitivo, no qual os usuários pudessem escolher quais plataformas usar com base nos diferentes serviços de moderação e curadoria oferecidos por elas.

Criando espaço para a competição

Como garantir um mercado on-line mais competitivo é a peça final do quebra-cabeça. A extensão do domínio das plataformas atuais de comunicação on-line é impressionante. O Google é responsável por mais de 90% das buscas on-line no mundo.[89] O Facebook gera quase 70% de todas as visitas a sites de redes sociais mensalmente, com o Twitter contando mais 10%.[90] Facebook, YouTube, WhatsApp e Instagram têm mais de um bilhão de usuários ativos por mês; são as maiores plataformas de redes sociais do mundo. O Facebook, o WhatsApp e o Instagram fazem parte da mesma empresa. E o YouTube faz parte do Google.

A consequência desse domínio de mercado é que os CEOs Mark Zuckerberg, Jack Dorsey e Sundar Pichai exercem uma influência descomunal para determinar em que medida a poluição do nosso ecossistema de informações seguirá sem interrupções. Suas escolhas sobre se e como moderar conteúdo impactam de forma desproporcional as informações que consumimos e a saúde de nossa esfera pública digital, especialmente na ausência de intervenção do governo. E, dado o grau de concentração do mercado, é muito mais fácil para os propagadores de fake news e desinformação serem bem-sucedidos; eles só precisam manipular um ou dois sistemas algorítmicos para alcançar milhões de pessoas.

A promoção de uma esfera pública digital saudável e próspera depende da garantia de que Facebook, Twitter, YouTube, Google e outros enfrentem uma competição saudável de outras empresas que ofereçam serviços de alta qualidade com abordagens diferentes na moderação de conteúdo. Isso não está acontecendo agora. Para que aconteça, precisaríamos atualizar radicalmente a forma como a fiscalização antitruste funciona nos Estados Unidos e desenvolver uma abordagem mais coordenada com a Europa.

Nos Estados Unidos, pelo menos, as fiscalizações antitruste estão totalmente confusas a respeito de como lidar com as grandes plataformas de redes sociais. Com sua obrigação de garantir que os consumidores paguem um preço justo por produtos, os fiscais estão à deriva quando se trata de regular empresas que distribuem seus produtos de graça. Os europeus foram atrás do Google, operando com uma visão muito mais ampla do que constituem práticas anticompetitivas. Várias ações antitruste têm como alvo a dominância da plataforma do Google, ao desafiar a colocação privilegiada de outros serviços do Google nos seus resultados de busca, a exigência da empresa de que parceiros anunciantes não façam negócios com nenhum de seus concorrentes de busca e a forma como o Google usou sua plataforma Android para celulares para incluir a instalação de outros aplicativos do Google.

Em 2021, o presidente Biden nomeou Lina Khan, uma das mais importantes vozes nos Estados Unidos em defesa de uma abordagem antitruste renovada, para a Comissão Federal do Comércio (FTC, na sigla em inglês), demonstrando que os Estados Unidos podem estar seguindo a deixa da Europa. Isso pode significar voltar às origens progressistas das políticas antitruste da era industrial e à preocupação não apenas com o preço, mas com o domínio de mercado. Como afirmou o senador John Sherman, autor da primeira lei antitruste dos Estados Unidos: "Se não vamos aceitar um rei como poder político, não deveríamos aceitar um rei na produção, no transporte e na venda de qualquer necessidade básica". Devemos tomar uma série de medidas concretas que garantam que as plataformas existentes enfrentem uma concorrência saudável.

O primeiro passo envolve um claro compromisso regulatório para manter o acesso igualitário e não discriminatório à internet. Em 2015, o governo americano deu um passo importante nessa direção quando a Comissão Federal de Comunicações (FCC, na sigla em inglês) estabeleceu um regime de "neutralidade da rede". Na prática, isso envolvia designar os maiores provedores de serviço de internet, como a Comcast e a AT&T, como empresas privadas com obrigações públicas de garantir acesso igualitário. Isso significa que seu provedor de serviços de internet não pode controlar ou manipular como você usa a internet, por exemplo, forçando-o a ver as notícias de uma fonte ou usar uma ferramenta de busca específica. A FCC rapidamente reverteu esse compromisso com a neutralidade da rede depois que Trump assumiu o governo, o que foi uma grande vitória para um pequeno conjunto de empresas poderosas. Mas a batalha ainda não acabou, já que a questão avança nos tribunais, o Congresso considera uma nova legislação e o presidente Biden deu seu aval à FTC e à FCC.

Os governos também precisam impedir que as plataformas usem seu poder em um mercado para monopolizar um segundo. Um dos grandes casos antitruste da União Europeia mirou exatamente nessa questão, com os resultados de busca no Google favorecendo o site de comparação de preços do próprio Google e empurrando os competidores para a página quatro dos resultados de pesquisa. Embora devamos celebrar o sucesso do Google no desenvolvimento de uma ferramenta de busca extraordinária, sua dominação do mercado de busca não lhe dá o direito de usar esse poder de monopólio para sabotar outros produtos e serviços concorrentes. O que é necessário é um regime de "separações" — uma abordagem criada na Era Progressista para impedir que as ferroviárias dominassem outras áreas do comércio simplesmente porque elas eram donas dos trilhos de trem.

Por fim, precisamos de uma estratégia agressiva para prevenir e reverter fusões e aquisições anticompetitivas. O fato de as grandes empresas de tecnologia serem tão dominantes — e tão ricas — significa que elas simplesmente compram qualquer concorrente que represente uma ameaça à sua posição. Um exemplo de uma fusão assim foi a aquisição do Instagram por parte do Facebook. Embora poucas pessoas vissem o risco na época, a fusão permitiu ao Facebook consolidar seu domínio nas redes sociais ao incorporar um dos concorrentes mais significativos e em rápido crescimento.

Embora as políticas de regulamentação tenham um papel importante na criação de um mercado competidor saudável para ferramentas de busca e redes sociais, as reformas que discutimos no capítulo 5 em relação a direitos de privacidade também são importantes. Se os usuários obtiverem o direito de transferir seus dados de uma plataforma para outra, a probabilidade de que novas empresas possam desafiar o domínio das plataformas existentes aumenta muito. Enquanto as empresas puderem bloquear as informações que as pessoas postam e compartilham em uma única plataforma, será difícil para os inovadores desafiantes ganharem espaço.

O aumento da concorrência tem o potencial de alinhar melhor o que as plataformas de tecnologia fazem com o que os usuários realmente querem e, igualmente importante, oferecer opções diferentes para pessoas com preferências diferentes. Os consumidores teriam a opção de escolher uma rede social ou ferramenta de busca que privilegiasse informações com credibilidade, removesse conteúdo danoso e os protegesse de fraudes e "trollagem" abusiva. Neste momento, os consumidores têm poucas alternativas — e, mesmo que tivessem mais, eles não poderiam levar seus dados consigo. E os mal-intencionados que buscam manipular o ecossistema de informação teriam de operar em várias plataformas diferentes em vez de manipular apenas um ou dois sistemas.

Como vimos várias vezes, não é realista contar com empresas agindo em interesse próprio para proteger as coisas que valorizamos. Se nos importamos com a proteção da integridade dos ecossistemas de informação, os governos terão de desempenhar um papel. Embora possamos respeitar uma abordagem especificamente americana da liberdade de expressão no processo, os esforços da Europa para garantir a competição saudável mostram um caminho possível — um caminho com raízes nas grandes tradições da Era Progressista, mas que pode ser modernizado para lidar com os desafios de hoje.

PARTE III
REPROGRAMANDO O FUTURO

Apenas se reconhecermos o poder que tem a tecnologia de moldar nossos corações e mentes, nossas crenças e comportamentos coletivos, os discursos de governança mudarão do determinismo fatalista para a emancipação da autodeterminação.

Sheila Jasanoff, *The Ethics of Invention*, 2016[1]

8
As democracias podem enfrentar o desafio?

No início de 2019, uma jovem empresa chamada OpenAI fez um anúncio que imediatamente causou frisson na comunidade científica. A OpenAI havia criado uma ferramenta movida por inteligência artificial extremamente poderosa chamada GPT-2 (Generative Pre-Trained Transformer, ou Transformador Generativo Pré-Treinado, modelo 2) capaz de gerar textos com uma qualidade surpreendente. Ela fazia isso com nada além de um ponto de partida mínimo; uma única frase de amostra, como: "Escreva um ensaio a respeito de *Amada*, de Toni Morrison". O modelo de linguagem GPT-2 é extremamente flexível, capaz de traduzir, responder a perguntas e resumir e sintetizar outros textos, além de gerar textos de muitos tipos diferentes, incluindo poesia, jornalismo, ficção, artigos acadêmicos, trabalhos de escola e até mesmo códigos de computador.

O que realmente surpreendeu a comunidade da IA não foi o modelo usado no GPT-2, cuja arquitetura era baseada em simplesmente prever a próxima palavra mais provável com base em todas as palavras anteriores do texto. A conquista da OpenAI foi que ela tinha elevado o sistema a um novo nível ao analisar textos de mais de 8 milhões de páginas da web. O impressionante foi o anúncio de que a OpenAI não lançaria o modelo, de forma contrária a uma tendência de transparência na comunidade de pesquisa. "Devido à nossa preocupação com usos maliciosos dessa tecnologia", a equipe da OpenAI escreveu, "não vamos liberar o modelo treinado. Como um experimento de divulgação responsável, em vez disso lançaremos um modelo muito menor para os pesquisadores experimentarem, além de um artigo técnico."[1]

A OpenAI foi criada em 2015 como uma organização sem fins lucrativos, financiada por tecnologistas com fortunas, como Elon Musk, Peter Thiel, Sam Altman e Reid Hoffman, que estavam preocupados com traçar um caminho para uma inteligência artificial geral segura. Com uma missão social em vez de lucrativa, a equipe temia que a ferramenta poderosa que eles haviam criado pudesse facilmente ser empregada para usos ilícitos ou mesmo maldosos, produzindo textos falsos similares às imagens e vídeos *deepfakes*. Alunos de Ensino Fundamental poderiam pedir a ela que escrevesse pequenos trabalhos, levando a fraudes generalizadas e indetectáveis. Em casos extremos, propagandistas poderiam usá-la para criar fontes automatizadas de desinformação e distribuí-las por sites e perfis de redes sociais falsos. Mas o que pareceu uma preocupação sóbria foi considerado por alguns no mundo da IA ou como uma quebra das normas de pesquisa e pura hipocrisia, dado o "aberto" no nome da OpenAI, ou como uma ação barata de publicidade projetada para chamar a atenção para a organização. Alguns cientistas de IA brincaram dizendo que eles também haviam feito descobertas inovadoras em seus laboratórios, mas não podiam compartilhar os detalhes devido a preocupações com maus elementos.[2]

No final de 2019, a OpenAI decidiu publicar o modelo completo do GPT-2 — com 1,5 bilhão de parâmetros — como parte de um plano gradual de lançamento. Os cientistas da OpenAI também relataram resultados de seus parceiros de pesquisa, iluminando mais as preocupações iniciais. Um estudo da Cornell descobriu que "humanos acharam os resultados do GPT-2 convincentes".[3] Mais preocupante foi o trabalho do Centro de Terrorismo, Extremismo e Contraterrorismo do Instituto Middlebury de Estudos Internacionais, que descobriu que "grupos extremistas podem usar indevidamente o GPT-2, especificamente ao afinar os modelos do GPT-2 para quatro posições ideológicas: supremacia branca, marxismo, islamismo jihadista e anarquismo".[4] As preocupações iniciais da OpenAI pareciam bem fundamentadas, de fato.

Cerca de um ano depois, a equipe da OpenAI anunciou o GPT-3, um modelo de nova geração exponencialmente mais poderoso, com cem vezes mais parâmetros do que o maior modelo usado no GPT-2. Uma rede neural de aprendizado profundo com 96 camadas que forma a base do GPT-3 foi treinada com um enorme volume de textos retirado da internet, além de uma imensa biblioteca de livros e toda a Wikipédia. Para dar uma noção da escala, os dados de treinamento para o GPT-3 têm quase 45 terabytes de tamanho, ou mais de quatro vezes o tamanho estimado de todo o material na biblioteca do Congresso em 2000.[5]

O GPT-3 representa uma fronteira importante para a pesquisa de IA. O poder do modelo é inegável, e alguns dizem que ele é a coisa mais próxima até hoje da inteligência artificial geral. Sem ter sido treinado em nenhum tópico específico, ele pode gerar textos convincentes baseados em uma enorme variedade de propostas. Para dar um exemplo de seu alcance e sua aparente capacidade de entender nuance e humor, considere o seguinte:

Exclusiva de Kanye West — Por que ele está concorrendo à presidência e quais serão suas prioridades como presidente

Pergunta feita por um humano:
Anderson Cooper: Yeezy, como você descreveria sua plataforma de presidência?

Resultado do GPT-3:
Kanye: Minha plataforma é muito simples. Eu quero tornar tudo incrível novamente.
Anderson Cooper: Mas e a política externa?
Kanye: Quem se importa com isso? Vamos falar de coisas importantes, como a bunda da Kim Kardashian.
Anderson Cooper: Isso é meio sexista.
Kanye: Me desculpe. Eu não sou sexista. Eu amo as mulheres. Eu só objetifico com oportunidades iguais.[6]

Apesar do texto assustadoramente plausível produzido, o GPT-3 não tem realmente uma compreensão do texto que gera. Ele está simplesmente produzindo um resultado com base no grande volume de dados com o qual foi treinado. Na verdade, muitos pesquisadores duvidam que máquinas um dia alcançarão a verdadeira inteligência de nível humano.

Meros humanos não esclarecidos podem ficar impressionados com as capacidades de programas simples de aprendizado profundo, mas, quando olhamos de maneira mais holística, tudo isso acaba em... bem, nada. Eles ainda não exibem nenhum traço de consciência. Todos os dados disponíveis sustentam a ideia de que os humanos sentem e experimentam o mundo de forma diferente dos computadores. Embora um computador possa vencer um mestre humano do xadrez, do Go ou de algum outro jogo com regras estruturadas, ele nunca será capaz de realmente pensar fora dessas regras, nunca poderá criar suas próprias estratégias de improviso, nunca poderá sentir, reagir, da forma como um humano faz. Programas de inteligência artificial não possuem consciência ou autopercepção. Eles nunca serão capazes de ter senso de humor. Nunca conseguirão apreciar arte, beleza ou amor. Nunca se sentirão solitários. Nunca terão empatia por outras pessoas, por animais ou pelo meio ambiente. Nunca vão gostar de música ou se apaixonar, nem chorar por nada.

Na verdade, este último parágrafo não foi escrito por nós. Ele foi gerado pelo GPT-3 em resposta à pergunta: "Por que o aprendizado profundo realmente nunca vai X".[7] Ele também pode criar histórias de Harry Potter ao estilo de Ernest Hemingway, inventar conversas plausíveis entre pessoas famosas da história que nunca se encontraram, resumir filmes com emojis, escrever poesia e muito mais.

O motivo pelo qual conhecemos essas capacidades é que a OpenAI lançou o modelo GPT-3 para as partes interessadas, embora por meio de um processo de solicitação no qual a OpenAI controla o acesso. Aqueles que receberam acesso começaram a brincar com ele e postar suas descobertas. A OpenAI anunciou sua intenção de oferecer o GPT-3 como um produto comercial lucrativo em contextos limitados. Nos meses entre o anúncio do GPT-2 e o do GPT-3, a OpenAI precisou de capital de investimento e se converteu de uma organização sem fins lucrativos em uma empresa que busca lucro. Ela prometeu aderir à sua missão social ao buscar um modelo peculiar de "lucro limitado", no qual os investidores da empresa poderiam obter retornos até um limite específico e qualquer lucro adicional seria reinvestido na busca da OpenAI por uma inteligência artificial geral segura. A empresa, então, fez um acordo com a Microsoft, que investiu 1 bilhão de dólares para obter a licença exclusiva de uso dos recursos do GPT-3 em seus produtos. A OpenAI reconhece o potencial para uso malicioso, assim como a possibilidade de substituição do trabalho humano por sua máquina geradora de textos. E, como é verdade para outros modelos algorítmicos, a OpenAI está preocupada com questões de justiça e preconceito. Mas ainda não há supervisão externa do GPT-3 nem muita compreensão pública da ferramenta. Em essência, nenhuma regra, exceto aquelas adotadas pela própria equipe da OpenAI, regula os usos aceitáveis do modelo.

O GPT-3 é o último lançamento em sistemas que podem produzir o que os pesquisadores chamam de "mídia sintética", ou *deepfakes*, uma capacidade que máquinas cada vez mais poderosas têm de gerar ou alterar textos, áudios, imagens e vídeos de forma que se tornem prontamente críveis para os humanos. E, longe de estar nas mãos de apenas alguns poucos poderosos, muitas dessas ferramentas estão, ou logo estarão, disponíveis comercialmente. Conforme os custos dos recursos de computação continuarem a cair exponencialmente, esses sistemas, por fim, irão se tornar acessíveis para quase todo mundo.

A mídia sintética levanta de forma especialmente poderosa algumas das mesmas questões e problemas que vimos ao longo deste livro. O que acontece com nosso universo informacional e nossa capacidade de confiar em nossos sentidos de audição e visão quando máquinas inteligentes podem automatizar a produção de mídia que parece autêntica? O que pode acontecer com o bem-estar humano e social se as máquinas puderem substituir o trabalho humano em diferentes ocupações? Como podemos garantir que tecnologias novas e poderosas não criem ou aumentem o preconceito ou a discriminação existentes? Como podemos colher os benefícios dos avanços na fronteira tecnológica enquanto minimizamos ou eliminamos os riscos?

Então, o que podemos fazer?

Em um piscar de olhos, nossa relação com a tecnologia mudou. Antes nos conectávamos com família e amigos em redes sociais. Agora elas são vistas como plataformas de desinformação e manipulação de saúde pública e eleições. Gostávamos da conveniência de comprar on-line e da comunicação sem limites que os smartphones nos trouxeram. Agora isso é visto como um meio de coletar nossos dados, falir negócios locais e sequestrar nossa atenção. Passamos de um otimismo deslumbrado com o potencial libertador da tecnologia para uma obsessão distópica com algoritmos tendenciosos, capitalismo de vigilância e substituição do trabalho por robôs.

Não é nenhuma surpresa, então, que a confiança nas empresas de tecnologia esteja declinando.[8] Ainda assim, poucos de nós veem qualquer alternativa além de aceitar a marcha da tecnologia. Simplesmente aceitamos um futuro tecnológico projetado para nós pelos profissionais de tecnologia.

Não precisa ser assim. Existem muitas ações que podemos tomar como uma primeira linha de defesa contra as disrupturas das grandes empresas de tecnologia em nossas vidas pessoais, profissionais e cívicas. Talvez o primeiro passo mais importante seja o que você já deu ao chegar até este ponto do livro, que é se informar a respeito das muitas formas como a tecnologia impacta sua vida. Para lutar por seus direitos em decisões importantes, você precisa entender se um algoritmo está envolvido. Em contextos como ter um financiamento negado, perder o acesso a serviços sociais ou enfrentar o sistema de justiça criminal, você pode ter o direito de buscar mais transparência no processo decisório, e isso pode incluir determinar se e como um algoritmo foi usado. Com efeito, um número cada vez maior de advogados está tendo sucesso em descobrir o uso de algoritmos decisórios e contestar com sucesso resultados injustos nos tribunais.[9]

No âmbito da coleta de dados, seus direitos individuais vêm crescendo nos últimos anos graças a legislações como o Regulamento Geral sobre a Proteção de Dados (GDPR, na sigla em inglês) e a Lei de Privacidade do Consumidor da Califórnia (CCPA, na sigla em inglês). Da próxima vez que você vir um pop-up em um site pedindo para "aceitar cookies", leia o aviso e delibere a respeito de quais informações você realmente quer fornecer para o site e os potenciais anunciantes ou se você deseja ir até lá. Você também pode configurar seu navegador de internet para rejeitar todos os cookies, o que torna mais difícil para os sites rastrear informações a seu respeito ou construir um perfil do seu comportamento ao longo do tempo.

Em seu livro de 2018, Jaron Lanier ofereceu "dez argumentos para deletar seu perfil das redes sociais agora".[10] E o popular documentário de 2020 *O dilema das redes* enquadrou as redes sociais de modo sensacionalista, como uma forma de vício projetada deliberadamente que pode ser usada para controlar as ações e as emoções dos usuários. Essa caracterização nos leva a acreditar que a única maneira de restringirmos o controle que a tecnologia tem sobre nós é abandonando-a por completo. Parar de vez. É claro que essa é sempre uma possibilidade extrema, mas essa visão ignora o fato de que existem benefícios a serem ganhos ao nos envolvermos com essas tecnologias se retomarmos nosso controle sobre elas. Em um nível pessoal, podemos fazer escolhas sobre que plataformas de tecnologia queremos usar e como especificamos nossas configurações de privacidade e compartilhamento de informações nesses sites. Podemos adotar uma visão mais crítica das informações que vemos nessas plataformas, sabendo que elas estão sendo usadas não apenas por nossos amigos e familiares, mas também por pessoas mal-intencionadas que buscam espalhar desinformação. Mas, no final, não podemos — e não devemos — depender apenas de ações pessoais para enfrentar as disrupturas causadas pelas grandes empresas de tecnologia. Como argumentamos ao longo deste livro, precisamos organizar uma ação coletiva se quisermos que a tecnologia respeite o conjunto maior e mais rico de valores que queremos preservar.

Em uma analogia simples, considere as decisões que tomamos ao dirigir. Como indivíduos, cabe a nós tomar as precauções para dirigir cuidadosamente: ficar de olho em pedestres e outros carros, manter uma velocidade segura, e assim por diante. Mas não devemos esperar que apenas nossas decisões pessoais sejam suficientes para garantir a segurança das estradas. O motivo pelo qual esperamos segurança ao dirigir é que nosso julgamento individual está associado a regras fiscalizadas: leis de trânsito, limites de velocidade, semáforos e muitas outras coisas que são o resultado de regulamentações governamentais. Embora às vezes obedecer às regras possa tornar seu trajeto um pouco mais lento, a maior segurança que isso proporciona vale a pena. O argumento de que podemos garantir a segurança das estradas simplesmente não dirigindo só demonstra como o fato de abandonar um sistema nos faz perder os benefícios significativos que ele pode oferecer. De muitas maneiras, o futuro da navegação na superautoestrada da informação será paralelo à forma como escolhemos navegar as autoestradas reais: precisamos estar pessoalmente vigilantes, mas também devemos pedir uma ação maior do governo para criar um sistema que coloque nossos valores coletivos em primeiro lugar.

Não é só você, somos nós

A verdade simples é que, quando os problemas são sistêmicos, as soluções não podem depender apenas de uma ação individual. A combinação da mentalidade de otimização dos tecnologistas com a aspiração para maximizar o lucro e a escala, e o domínio de mercado de apenas algumas empresas define o problema central. Nós permitimos que as visões dos profissionais de tecnologia e suas inovações revolucionárias desorganizassem não apenas mercados, mas valores que apreciamos e são fundamentais para o funcionamento saudável de sociedades democráticas. O que confrontamos hoje nas revoluções das grandes empresas de tecnologia não é uma questão de pop-ups sobre nossas opções de privacidade ou se devemos ou não deletar o perfil do Facebook. Problemas sistêmicos exigem soluções para todo o sistema. E essas soluções são a administração tradicional do governo, não a resposta do consumidor; ação coletiva, não individual.

"A ação individual é ótima, mas sou cético quanto a juntar pessoas o suficiente para mudar o comportamento das maiores e mais poderosas empresas do mundo."[11] Essas são palavras do senador americano Brian Schatz, um entre um número cada vez maior de políticos de ambos os partidos que procuram elaborar políticas para regular as empresas de tecnologia. E ele está certo. Embora as empresas de tecnologia possam preferir que naveguemos as escolhas que elas nos apresentam por conta própria, seria muito melhor que organizássemos nosso poder coletivo para conseguir os resultados que queremos.

A inovação tecnológica avança rapidamente, e a velocidade da mudança só está aumentando. Não é possível esperar que a maior parte de nós entenda os detalhes das tecnologias emergentes ou se torne especialista em IA. Então, o verdadeiro problema que estamos enfrentando não é ficar a par dos mais novos desenvolvimentos tecnológicos, mas determinar como balancear os valores contraditórios que surgem conforme a inovação cria possibilidades e escolhas.

É hora de os cidadãos entrarem em um debate vigoroso a respeito dos valores que queremos que a tecnologia promova, em vez de nos acomodarmos com os valores que a tecnologia e um pequeno grupo de pessoas que a produz nos impõem. Fazer isso vai exigir que nossas instituições democráticas e cívicas trabalhem junto com as empresas de tecnologia para infundir um conjunto maior de valores na forma como a tecnologia é desenvolvida e utilizada.

A pandemia de covid-19 revelou quantas ferramentas e serviços digitais, como a videoconferência, se tornaram essenciais para nossas vidas. E houve sem dúvida um envolvimento cívico das empresas de tecnologia, como mecanismos de pesquisa e redes sociais que proativamente comunicaram informações científicas sobre o uso de máscaras e outras medidas de saúde para seus usuários. As ferramentas de IA também foram usadas na busca por terapias e vacinas para a covid-19.

Com a pandemia saindo de vista, é hora de traçarmos um novo caminho adiante. Apesar da profunda polarização política e dos impasses legislativos em muitas democracias, especialmente nos Estados Unidos, nossos políticos estão abertos a um momento sério de acerto de contas com a tecnologia. A adoção do GDPR na Europa em 2018 foi o prenúncio de um maior envolvimento na regulamentação do setor de tecnologia. Em Washington, D.C., uma coalizão bipartidária iniciou audiências sobre ações antitruste contra diversas empresas de tecnologia logo antes das eleições em novembro de 2020. E a CCPA estimulou uma ação potencial do Congresso para instaurar uma legislação federal de privacidade em todos os cinquenta estados. A corrida armamentista da IA entre China e Estados Unidos resultou em compromissos por parte de muitas democracias para investir bilhões de dólares na pesquisa e na educação em IA. Talvez o mais notável seja que alguns CEOs de tecnologia estejam agora pedindo abertamente uma regulamentação federal sobre questões ligadas à privacidade de dados, ao reconhecimento facial, à Seção 230 do Ato de Decência nas Comunicações e ao desenvolvimento de IA.

Esses são os primeiros indícios de que uma nova relação entre o governo e o setor de tecnologia é uma possibilidade real. Esforços de base por parte de pesquisadores e trabalhadores de tecnologia estão cada vez mais focados em conquistar resultados tecnológicos que sejam socialmente benéficos. A pesquisadora de IA Joy Buolamwini fundou a Liga da Justiça Algorítmica para chamar a atenção para os efeitos frequentemente malignos dos algoritmos em populações marginalizadas. Os profissionais de tecnologia estão se organizando dentro das próprias empresas para levar proteções sociais para trabalhadores informais. Após a transmissão ao vivo do massacre de Christchurch, organizações não governamentais do mundo todo se uniram a governos para criar os Princípios de Christchurch, um esforço para promover uma regulamentação das redes sociais mais direcionada à democracia e aos Direitos Humanos. Universidades dos Estados Unidos criaram um consórcio tecnológico de interesse público, traçando novos caminhos para que jovens trabalhem na resolução de problemas sociais com a tecnologia. É o tipo de desenvolvimento que espíritos parecidos com o de Aaron Swartz ficariam exultantes em ver.

Se olhamos outras democracias industrializadas para além dos Estados Unidos e da Europa, podemos encontrar fontes poderosas de inspiração. Em Taiwan, Audrey Tang, que atua como ministra digital, é um exemplo de como o governo pode estabelecer um relacionamento melhor com a tecnologia para seus cidadãos. Tang, uma criança-prodígio que aprendeu a programar muito nova, tornou-se uma proeminente desenvolvedora de software de código aberto no Vale do Silício antes dos vinte anos e passou seis anos trabalhando para a Apple em Taiwan. Depois do Revolta Girassol, um ato liderado por estudantes para protestar contra os acordos comerciais entre Taiwan e a China, um novo governo tomou posse. Tang, que havia transmitido na internet um vídeo de uma ocupação estudantil do prédio do Parlamento, foi convidada a se juntar ao novo governo para promover mudanças amplas em políticas digitais. Tang vê a democracia como um mecanismo para a resolução pacífica de interesses conflitantes e acredita que as instituições democráticas podem ser melhoradas com as tecnologias digitais. Em vez de ver a regulamentação como uma intrusão na livre operação do mercado, ou como uma restrição à inovação tecnológica, ela vê as políticas governamentais como parceiras importantes para o desenvolvimento sustentável e o empoderamento cívico.

Com essa abordagem, ela construiu uma nova infraestrutura em Taiwan para apoiar start-ups de tecnologia. Ela ajudou a montar um dos mais extensos, confiáveis e velozes sistemas de internet do mundo, disponível até mesmo para pessoas em áreas rurais. Também foi pioneira em novas formas de usar ferramentas digitais para participação cívica e desenvolvimento econômico, como a plataforma vTaiwan, que permite consultas on-line e off-line e promove maratonas de programadores que coordenam o feedback dos cidadãos sobre orçamentos, políticas e outras questões sociais. A plataforma reúne ministérios do governo, representantes eleitos, acadêmicos, especialistas, líderes empresariais, organizações da sociedade civil e cidadãos com o objetivo de aumentar a legitimidade dos resultados das ações governamentais. De acordo com Tang, existem mais de 5 milhões de membros ativos (em um país de 23 milhões de habitantes) na plataforma aberta de *crowdsourcing* do vTaiwan.[12]

Mais recentemente, Tang ajudou a liderar a estratégia taiwanesa extremamente bem-sucedida para a covid-19.[13] Ao final de 2020, Taiwan havia registrado apenas nove mortes e menos de mil casos totais. Claro, Taiwan é um país pequeno, então uma medida melhor do sucesso de Taiwan são as mortes por 100 mil pessoas. Nos Estados Unidos, mais de 160 pessoas a cada 100 mil morreram, enquanto em Taiwan o número é de 0,04 por 100 mil, apesar do fato de Taiwan estar a menos de 150 quilômetros da China continental, o epicentro da pandemia, e de mais de 1 milhão de cidadãos taiwaneses trabalharem na China. O elemento mais importante do sucesso de Taiwan de acordo com muitos especialistas de saúde foi o uso sistemático de uma infraestrutura digital de saúde que permite o rastreamento de contatos e dados imediatos de visitas de pacientes a hospitais de todo país. A ironia não passou despercebida pelos principais especialistas de saúde dos Estados Unidos. Como Ezekiel J. Emanuel, Cathy Zhang e Aaron Glickman, do departamento de Ética Médica e Saúde Pública da Universidade de Pensilvânia, escreveram: "Os americanos compartilham cada movimento e sentimento com o Facebook e o Google, e ainda assim parecemos relutantes em permitir que o Departamento de Saúde e Serviços Humanos monitore encontros entre pacientes, como Taiwan faz, para rastrear doenças e determinar que exames médicos e tratamentos devem ser feitos".[14]

Essa confiança na saúde pública não vai surgir do dia para a noite nos Estados Unidos, mesmo, ou talvez especialmente, diante da pandemia. Mas desenvolver a competência do governo em tecnologia, especialmente à luz dos apelos crescentes de políticos e cidadãos para que se controle o poder das empresas de tecnologia, seria um passo na direção certa.

Reiniciando o sistema

Criar um futuro alternativo que possa envolver todos nós nas tensões e nas negociações trazidas pelas novas tecnologias exige um progresso em três frentes: cultivar uma maior apreciação e compreensão de questões éticas entre os tecnologistas, controlar o poder corporativo e capacitar cidadãos e instituições democráticas para governar a tecnologia em vez de permitir passivamente que a tecnologia e os tecnologistas nos governem.

Tecnologistas, não façam o mal

Esta não é a primeira vez que cidadãos de uma democracia precisam enfrentar o uso malicioso, o uso indevido ou os danos não previstos dos avanços tecnológicos. Isso ajuda a lembrar que as sociedades democráticas confrontaram desafios similares no passado e emergiram com estruturas que ajudaram a preservar os benefícios da tecnologia e diminuir seus danos.

Em pesquisa médica e cuidado clínico, por exemplo, a regulamentação ajudou a mover o campo de charlatanismo não regulamentado e experimentação sem princípios em humanos para normas institucionalizadas que protegem os direitos individuais e a segurança pública, com órgãos governamentais garantindo a supervisão. Os campos das pesquisas biomédicas e dos cuidados de saúde oferecem lições importantes para uma evolução profissional que precisa acontecer entre os tecnologistas.[15]

Considera-se que a prática médica moderna normalmente começa com o Juramento de Hipócrates, o código de ética médica mais antigo do mundo, que remonta à época de Hipócrates, um médico na Grécia do século IV a.C. O julgamento vai muito além da ideia de não causar o mal e envolve a promessa de promover os interesses dos pacientes e honrar os ideais da profissão médica. A recitação do juramento é um ritual amplamente praticado em cerimônias de formatura das faculdades de medicina. Embora não seja uma obrigação legal e não exista um mecanismo de fiscalização, ele tem valor simbólico como um ritual consagrado pelo tempo. É uma introdução, como descrito pelo ex-cirurgião geral C. Everett Koop, em "uma tradição ética que transcende as vicissitudes legais do tempo e a volatilidade da lei".[16] Inspirados pelo juramento, há apelos contemporâneos para que profissionais de finanças e engenheiros adotassem suas próprias versões.

Foram dois incidentes no século XX, no entanto, que serviram como catalisadores para o desenvolvimento institucional da ética profissional na medicina. Ambos foram desencadeados pelo reconhecimento público de enormes danos. O primeiro foi a publicação em 1910 de relatórios encomendados pela recém-formada Fundação Carnegie para o Avanço do Ensino, que documentava em detalhes minuciosos as enormes variações em treinamento e educação médica na América do Norte. Seu autor, Abraham Flexner, visitou centenas de faculdades de medicina, e seu relatório foi um comentário mordaz a respeito do "fedor indescritível" e das "salas horrendas" das escolas médicas que constituíam uma "praga sobre a nação" ao lado dos padrões frouxos para os médicos em exercício. Em uma década após sua publicação, o relatório levou ao estabelecimento de padrões mínimos para a formação médica, além de exames nacionais de licenciamento e a exigência de educação profissional continuada, tudo isso autorizado por conselhos médicos estaduais. Esses conselhos médicos seguem sendo componentes essenciais na prática da medicina hoje, com poder para credenciar escolas médicas e sancionar, ou mesmo retirar, a licença médica de profissionais que violarem leis estaduais ou códigos de conduta profissional.[17]

O segundo foi um reconhecimento global das consequências da Segunda Guerra Mundial, quando 23 médicos foram julgados em Nuremberg, na Alemanha, por supostos crimes que teriam cometido ao conduzir experimentos torturantes e assassinos em prisioneiros judeus. Do julgamento surgiu o Código de Nuremberg de 1947, que contém dez princípios que devem governar toda a pesquisa e experimentação médica que envolva humanos. A principal diretriz é a adoção do consentimento informado e voluntário de todos os sujeitos. Isso representou uma mudança estrutural na pesquisa médica, que havia sido guiada durante décadas pelo princípio do utilitarismo médico, no qual a perspectiva de benefícios sociais significativos ultrapassava o dano ou sofrimento potencial de indivíduos. O Código de Nuremberg protege os interesses dos pacientes e dos sujeitos de experimentos e testes de medicamentos e tem servido como base para diversas leis de Direitos Humanos e códigos de ética médica pelo mundo. Ele levou à criação de um novo campo de pesquisa acadêmica, a bioética, que hoje está em todas as escolas médicas e abriu caminho para os comitês de ética atrelados a hospitais que oferecem orientação em casos difíceis. Algumas décadas depois, o código guiou a resposta dos Estados Unidos à revelação chocante do experimento Tuskegee, que durou uma década, no qual médicos negaram tratamento de sífilis que salvaria vidas a um conjunto de seiscentos homens afro-americanos para poder estudar a evolução natural da doença. Audiências no Congresso a respeito do experimento levaram a uma Comissão Nacional para a Proteção de Sujeitos Humanos em Pesquisa Biomédica e Comportamental, cujo Relatório Belmont, de 1979, levou à adoção da "Regra Comum" em 1991. Essa regra estabelece conselhos de revisão institucional para toda pesquisa que envolvesse humanos, uma avaliação rigorosa que impõe uma análise ética dos benefícios e dos riscos da pesquisa proposta e, exceto em circunstâncias muito limitadas, exige consentimento informado.

Hoje, a prática e a pesquisa médicas são estruturadas por uma densa rede institucional de normas profissionais, códigos legais, corpos estaduais de licenciamento, agências federais e doutrinas de Direitos Humanos. A FDA deve autorizar testes com remédios, conduzidos de acordo com padrões rigorosos e uniformes, antes que qualquer produto farmacêutico possa ser lançado. A Organização Mundial da Saúde e a Agência Europeia de Medicamentos desempenham papéis análogos fora dos Estados Unidos. É uma prática bem-estabelecida e instituída pela Lei de Portabilidade e Responsabilidade dos Seguros de Saúde (HIPAA), de 1996, que os dados sobre a saúde individual sejam mantidos com padrões rígidos de privacidade. O governo estabelece com frequência comissões nacionais para fazer recomendações a respeito de questões controversas ligadas a tecnologias emergentes, como a Comissão Presidencial para o Estudo de Questões Bioéticas durante o governo Obama, que estudava tópicos de vanguarda em bioengenharia e o uso de tecidos fetais e células-tronco para pesquisa. O resultado é que indivíduos que interagem com o sistema médico, seja por meio do cuidado clínico ou de pesquisa, podem confiar que os médicos obedecem a padrões comuns de treinamento e que os interesses do paciente são prioridade. Eles podem confiar que existe um esforço sério para testar e regulamentar a disponibilidade de produtos farmacêuticos de forma que medicamentos disponíveis livremente ou com receita tenham sido aprovados por profissionais. Em um século, a experiência de ser médico ou paciente foi transformada pelo avanço da institucionalização da ética médica.

A experiência da medicina não oferece um manual completo para o que é necessário para os tecnologistas. No entanto, ela oferece uma lição a respeito do que é possível com mais conscientização pública e políticas públicas informadas. Não deveríamos ficar especialmente surpresos que esforços análogos ainda não tenham surgido no campo tecnológico. As reformas da medicina levaram décadas, com frequência em resposta a escândalos que despertaram a indignação pública. A ciência da computação é um campo muito mais novo, e a ascensão da tecnologia digital e do Vale do Silício é mais recente ainda. Conforme a consciência pública sobre os perigos da tecnologia cresce, chega o momento para esforços organizados que fortaleçam e institucionalizem a ética profissional dos engenheiros de software e programadores.

A principal sociedade profissional para cientistas da computação, a Associação de Máquinas de Computação (ACM, na sigla em inglês) já vem explorando essas ideias. No final dos anos 1990, a ACM estabeleceu uma força-tarefa para examinar se engenheiros de software deveriam ser licenciados.

Em alguns campos da engenharia, a Sociedade Nacional de Profissionais de Engenharia credencia cursos universitários e cria exames de licenciamento para aqueles que querem trabalhar em sistemas críticos de segurança, como pontes e construção civil. Se uma ponte ou edifício desabar por causa de erros cometidos por engenheiros profissionais, as empresas serão legalmente responsáveis pelos danos, e os indivíduos poderão ter suas licenças cassadas. Engenheiros de software quase não têm nenhuma responsabilidade. Uma cláusula, por exemplo, escondida nos termos de licença do Microsoft Excel oferece um amplo escudo para a Microsoft e seus engenheiros que os protege de responsabilidade legal se acontecer de o software de planilhas conter erros de programação que levem a problemas de cálculo. De forma similar, os compradores de software ou aplicativos com bugs normalmente têm pouco recurso legal. Embora não seja realista esperar que todo software esteja livre de erros antes de ser lançado, é razoável esperar que certos processos e práticas sejam seguidos para tentar determinar e mitigar as consequências negativas do software como parte de um processo de desenvolvimento. Esses processos deveriam ser aplicados regularmente — por exemplo, no desenvolvimento de cada nova versão ou atualização de um software — para permitir a reavaliação contínua.

A força-tarefa da ACM no final rejeitou a ideia da exigência de licença. "Licenciar engenheiros de software como EPS [engenheiros profissionais]", o comitê concluiu, "na melhor das hipóteses seria algo ignorado e na pior prejudicaria nosso campo. Não teria nenhum efeito, ou um efeito insignificante, na segurança."[18] Uma organização irmã, o Instituto de Engenheiros Elétricos e Eletrônicos (IEEE), tinha uma visão diferente e procurou criar um exame de licenciamento profissional. Depois de muitos anos de desenvolvimento, o exame foi lançado em uma fase voluntária em 2013. Mas esse esforço também fracassou, devido principalmente, ao que parece, à falta de adesão dos formandos, já que a licença não é necessária para a prática industrial. Em 2018, o exame tinha sido administrado cinco vezes para um total de 81 candidatos. O IEEE cancelou o projeto. Muitos na comunidade de ciência da computação continuam resistindo ao licenciamento profissional. Exigir que um engenheiro de software, por exemplo, receba um diploma de uma universidade certificada como pré-requisito para o licenciamento eliminaria a possibilidade de um futuro Bill Gates ou Mark Zuckerberg, duas pessoas que abandonaram a universidade e cujas habilidades de programação foram a base das empresas que fundaram.

Apesar das dificuldades com o licenciamento, a ACM e a Sociedade de Computação do IEEE colaboraram na produção de um código de ética da engenharia de software, que foi lançado em 1997.[19] O código, atualizado diversas vezes desde então, inclui uma série de princípios nobres, ainda que vagos. O mais notável é que há poucas consequências significativas para a violação do código. Uma violação verificável resultaria na expulsão da ACM com certeza, mas fazer parte da organização é completamente voluntário e não é uma exigência para ser engenheiro de software.

Uma introdução robusta de ética na cultura dos engenheiros de software exige esforços em três frentes principais. Primeiro, precisamos aumentar a prática do que é chamado de "design baseado em valor". A ideia é incentivar uma discussão sobre valores, e especialmente sobre negociação de valores, na fase inicial do projeto de qualquer tecnologia. Levantar questões de ética não deve ser visto simplesmente como uma questão de conformidade legal. O design baseado em valor reflete uma consciência de que as tecnologias não são neutras de valores. Como vimos, as tecnologias incorporam certas escolhas de valores, como privacidade e segurança. A criação de equipes de tecnologia dentro de empresas que tragam diferentes conjuntos de habilidades, como engenharia, ciências sociais e ética, vai ajudar a estruturar e propor escolhas de design no desenvolvimento de qualquer tecnologia. Como Jack Dorsey lamentou a respeito de suas primeiras decisões de contratação de pessoal no Twitter, ele gostaria de ter contratado cientistas sociais que pudessem entender e modelar os efeitos no comportamento humano de criar um botão de "curtir" e contar quantas curtidas um post tinha recebido.[20]

Segundo, os órgãos profissionais como a ACM e o IEEE deveriam injetar uma dose de esteroides em uma conversa renovada a respeito de normas profissionais, um código de ética aprimorado e um potencial licenciamento. O objetivo é trazer um maior senso de identidade profissional para que as normas que guiam o trabalho dos tecnologistas sirvam como mecanismo para policiar o mau comportamento que fica fora da sanção oficial da lei.

Tome o exemplo do biólogo chinês He Jiankui. Em 2018, He usou um poderoso procedimento novo para edição de genes, chamado de CRISPR, para editar o genoma de meninas gêmeas enquanto elas ainda eram apenas embriões. As principais descobridoras do CRISPR, Jennifer Doudna e Emmanuelle Charpentier, que ganharam o prêmio Nobel de química em 2020 por sua inovação, reconheceram seu potencial de uso indevido. Doudna foi motivada por um pesadelo que a assombrava: "Imagine se alguém como Hitler tivesse acesso a isso — só podemos imaginar o tipo de uso horrível que ele faria".[21] Para impedir esses resultados e preservar a confiança do público no poder da nova descoberta, ela liderou uma ação para criar uma suspensão em seu uso clínico em humanos. Sociedades científicas profissionais concordaram com a proibição temporária como uma norma para a prática respeitável da ciência. Mas He ignorou a proibição. Quando ele anunciou sua ação para o mundo em uma conferência científica, a reação foi enérgica. Ele foi demitido da universidade na qual trabalhava e desconvidado de reuniões científicas, e seus artigos não eram mais aceitos por nenhum periódico. Ele se tornou um pária na comunidade científica. No final de 2019, as autoridades chinesas o sentenciaram a três anos de prisão por sua conduta ilegal na ciência.

O caso de He mostra a importância de um forte senso de normas éticas em uma comunidade profissional. Essas normas, juntamente com as consequências por sua violação, criam um maior sentimento de responsabilidade entre os profissionais não apenas para fazer o que é legal, mas para fazer o que a comunidade científica e o público de forma mais ampla consideram ético. Essa expectativa pode servir como uma proteção poderosa para o trabalho com novas tecnologias para as quais ainda não houve tempo de uma deliberação cuidadosa, necessária para uma regulamentação.

Os tecnologistas estão apenas começando a levar a sério o projeto de desenvolver normas profissionais tão fortes quanto as da pesquisa biomédica. Diversos grupos, entre eles o Grupo de Especialistas de Alto Nível em Inteligência Artificial da União Europeia, pediram diretrizes de publicação responsável que identificariam quando os pesquisadores deveriam limitar o lançamento de novos modelos de IA.[22] Na ausência de tais orientações, continuaremos a ver controvérsias. Como no caso do CRISPR, o progresso vai exigir que os cientistas mais proeminentes da área assumam um papel de liderança. No entanto, a demissão pelo Google de Timnit Gebru em 2020, um pesquisador importante de ética na IA, levanta questões sobre o quão dispostas estão as empresas de tecnologia a aceitar críticas éticas vindas de seus próprios quadros.

Igualmente importante é o desenvolvimento de normas que sancionem aqueles que violem as regras. Uma corrente eticamente questionável da pesquisa em IA, por exemplo, envolve o uso de ferramentas de reconhecimento facial para fazer previsões a respeito de várias formas de identidade humana ou comportamento, como homossexualidade ou tendências criminosas. Esses esforços parecem ser uma versão moderna da fisiognomia, a prática científica já desacreditada de inferir traços internos a partir de aparências externas. Uma empresa israelense fundada em 2014, a Faception, afirma revelar traços de personalidade com base em imagens faciais, incluindo o uso de "classificadores de propriedade" que identificam extrovertidos, pessoas de alto QI, jogadores profissionais de pôquer e ameaças.[23] E, no início de 2020, vários pesquisadores acadêmicos anunciaram que iriam publicar um artigo intitulado "Um modelo de rede neural profunda para prever criminalidade usando processamento de imagem" em um livro a ser lançado. Houve também um artigo publicado no *Journal of Big Data* por Mahdi Hashemi e Margeret Hall chamado "Detecção de tendência criminal por imagens faciais e o efeito do viés de gênero", que afirmava distinguir criminosos prováveis de improváveis com base no "formato do rosto, sobrancelhas, topo do olho, pupilas, narinas e lábios".[24]

Em um desdobramento que mostra o início de normas profissionais mais fortes entre os tecnologistas, mais de 2 mil pesquisadores acadêmicos e industriais assinaram uma carta aberta que pedia que os artigos fossem removidos e que periódicos não publicassem mais nenhuma pesquisa similar, porque, eles escreveram, trabalhos assim são contaminados por preconceito racial e contribuem para práticas racializadas de encarceramento. O esforço deu certo: Hashemi e Hall se retrataram, e Hall renegou publicamente o trabalho, dizendo que ela apoiava as normas expostas na carta aberta.[25]

Finalmente, precisamos de uma reforma completa da maneira como ensinamos os jovens engenheiros de software e aspirantes a empreendedores de tecnologia. Assim como jovens alunos de biologia e medicina cursam matérias de bioética e contam com profundas pesquisas nessa área, os departamentos de ciências da computação também devem desenvolver novos cursos ambiciosos e interdisciplinares que atraiam uma base jovem, mas crescente, de pesquisa a respeito das dimensões éticas e sociais da tecnologia.

O trabalho que estamos fazendo em Stanford, ministrando uma disciplina que integra ciência da computação, ciências sociais e ética, é apenas um exemplo de uma revolução nascente que está acontecendo em instituições nos Estados Unidos e pelo mundo afora. Ensinar cientistas da computação não é mais o domínio apenas de professores de ciência da computação, já que vozes de outras disciplinas podem oferecer perspectivas únicas das quais os tecnologistas se beneficiarão profissionalmente. O ideal é simples: criar uma geração de tecnologistas e formuladores de políticas com uma mentalidade cívica.[26] Modelada no surgimento do direito de interesse público — uma inovação que transformou a educação jurídica com o objetivo de preparar jovens advogados para trabalhar em organizações sem fins lucrativos e no setor público —, a ambição é grande. É um mundo no qual os profissionais de tecnologia com olhar cívico, como Aaron Swartz, não serão mais considerados excepcionais.

Ao transformar o modo como ensinamos os tecnologistas, também precisamos prestar atenção em quem estamos ensinando. Como as novas tecnologias programam as necessidades, as perspectivas e os valores daqueles que as criam (e financiam), então não é surpresa que a falta de diversidade nas empresas de tecnologia seja parte do problema. Isso ajuda a explicar o viés nos algoritmos, a desatenção às formas como a vigilância foi mal utilizada, a falta de preocupação com a distribuição dos danos causados pela automação e a proliferação do discurso de ódio on-line. O movimento em andamento entre empresas e financiadores para recrutar, apoiar e manter um campo diverso na tecnologia vem com atraso. Mas também precisamos trabalhar na educação, começando nas escolas de Ensino Fundamental e Médio até a universidade, para construir um caminho mais diversificado para o mercado de tecnologia. Não existe substituto para a inclusão de diversas perspectivas se quisermos lidar seriamente com os valores conflitantes em jogo no projeto de novas tecnologias.

Novas formas de resistência ao poder corporativo

Embora não tenha o poder corporativo e a fortuna pessoal dos CEOs das grandes empresas de tecnologia, Margrethe Vestager, o rosto da iniciativa europeia para controlar o poder das grandes empresas de tecnologia americanas, tem sido a maior desafiante delas até agora.[27] Sob sua liderança como comissária de Concorrência da União Europeia, a UE aplicou multas no Google por abusar de seu domínio nas buscas, na Apple e na Amazon por não pagarem impostos e no Facebook por enganar os reguladores em relação à compra do WhatsApp. Suas ações regulatórias geraram investigações e multas por todo o mundo, com os governos de Canadá, Taiwan, Brasil e Índia (entre outros) adotando uma posição similar em relação ao comportamento anticompetitivo das grandes empresas americanas. Ela continua a pressionar por ações ainda mais agressivas, propondo novas regras que proibiriam as plataformas de dar um melhor tratamento aos seus próprios produtos em relação àqueles dos rivais. Isso poderia ter um impacto direto nos resultados de buscas do Google e nos produtos que a Amazon promove.[28]

A abordagem de Vestager é uma tentativa de conter o poder de um pequeno número de empresas que exercem uma influência desproporcional e descontrolada na maneira como a tecnologia afeta nossa sociedade. Não é surpreendente que isso não seja popular no Vale do Silício e até pouco tempo não tivesse muitos fãs nos Estados Unidos. Muitos políticos e reguladores americanos aceitaram o argumento de que as grandes empresas de tecnologia mereceram seu domínio — que é um reflexo de serviços de alta qualidade, e nada mais. Mesmo o presidente Obama atribuiu as investigações que Vestager fez das grandes empresas de tecnologia a um sentimento de rancor. Em uma entrevista de 2015, ele disse: "Os provedores de serviços deles — que, você sabe, não podem competir com os nossos — estão essencialmente tentando criar obstáculos para nossas empresas operarem lá com eficiência".[29]

Mas nos últimos anos o terreno vem mudando rapidamente. Tanto cidadãos como políticos estão preocupados com o poder descontrolado e o domínio de mercado das grandes empresas de tecnologia. E existe um reconhecimento cada vez maior de que o poder delas não é apenas o resultado de seus produtos de alta qualidade. Em vez disso, seu domínio reflete características únicas da tecnologia da informação — "efeitos de rede", no qual bens ou serviços se tornam mais valiosos conforme mais pessoas os usam — e a visão marcadamente hostil em relação à regulamentação que permitiu o crescimento da economia da informação nos anos 1990, mas que falhou em impor qualquer restrição significativa.

Os reguladores americanos estão finalmente entrando no jogo e tentando alcançar Vestager e seus colegas da União Europeia. No final de 2020, uma enxurrada de processos judiciais contra as grandes empresas de tecnologia chegou aos tribunais americanos. A Comissão Federal de Comércio (CFC) e 48 procuradores-gerais estaduais dos Estados Unidos miraram no Facebook argumentando que a empresa havia conquistado seu domínio comprando ou enterrando seus rivais, limitando assim as escolhas dos consumidores e o acesso a proteções de privacidade. A denúncia da CFC cita e-mails internos da empresa, muitos do próprio Mark Zuckerberg, que sugerem fortemente estratégias anticompetitivas pelo uso de seu poder de rede e de serviços para detecção inicial de concorrentes significativos para, em seguida, ele adquirir qualquer ameaça real. "É melhor comprar do que competir", escreveu Zuckerberg em um e-mail de junho de 2008.[30]

Os governos têm mais do que o Facebook na mira. Procuradores-gerais de 35 estados processaram o Google uma semana depois da denúncia contra o Facebook acusando a empresa de usar práticas anticompetitivas para manter seu monopólio de busca e anúncios de pesquisa. O processo foi explosivo, revelando acordos antes ocultos com empresas como a Apple para reforçar a posição dominante do Google no mercado. Um processo relacionado alega que o Google e o Facebook concordaram, em uma coordenação conjunta, em manipular o mercado de publicidade on-line. Embora os casos não devam ser resolvidos logo, eles marcam o início da batalha para controlar os *players* dominantes do mercado.[31]

As principais empresas americanas de tecnologia não podem mais ignorar essa mudança de cenário. Publicamente, muitas delas estão abraçando o papel do governo como regulador, recebendo bem a deliberação pública a respeito de novas leis e políticas — tudo isso sabendo que a polarização partidária e a burocracia tornarão as mudanças muito pouco prováveis. Mas, por precaução, nos bastidores, as empresas estão combatendo esses processos e fazendo um lobby furioso para garantir que nenhuma nova lei ou regulamentação prejudique seus lucros ou posições dominantes no mercado.

Também se escutam líderes corporativos soltando uma torrente de mea-culpa, um reconhecimento de que talvez eles não tenham sempre operado de acordo com o interesse público. Em uma versão particularmente reveladora dessas desculpas públicas, Jack Dorsey, CEO do Twitter, compartilhou sua visão de que os líderes do Twitter não estavam preparados para a forma como a plataforma seria usada para o mal: "Se fôssemos refazer alguma coisa, seria apenas realmente olhar para alguns dos problemas que estávamos imaginando que encontraríamos e garantir que tivéssemos as habilidades certas, e não presumir que gerentes de produto, designers e engenheiros teriam essas habilidades".[32] Ao lado dessas autorreflexões frequentemente surge um compromisso de virar a página. Após o escândalo da Cambridge Analytica, o Facebook publicou um anúncio de página inteira em vários grandes jornais dos Estados Unidos e do Reino Unido com uma declaração de Mark Zuckerberg: "Temos a responsabilidade de proteger suas informações. Se não pudermos fazer isso, não as merecemos".[33]

O compromisso das principais empresas em melhorar é uma consequência bem-vinda. Ela está ganhando uma forma concreta com perspectivas emergentes sobre inovação responsável e novas formas de organização corporativa. Nicole Wong, ex-vice-presidente e vice-conselheira geral do Google — chamada de "A decisora" por seus colegas —, defende uma abordagem mais lenta e reflexiva da inovação tecnológica. Ela está desafiando seus colegas da tecnologia a pensar a respeito de "um mundo que nós realmente deveríamos estar *tentando* construir", em vez de projetar para o mundo como ele é agora.[34]

Mas tudo isso está longe de ser suficiente. Porque no cerne da questão está a afirmação de que as empresas buscarão uma nova "estrela-guia" — que equilibre a busca pelo lucro com as preocupações sociais —, que exige que confiemos em CEOs corporativos para cuidar de nosso bem-estar social. E existem muito poucas evidências de que podemos confiar neles para isso.

O economista ganhador do prêmio Nobel Joseph Stiglitz comparou a elite empresarial a "alguém de dieta que prefere fazer qualquer coisa para perder peso, exceto de fato comer menos".[35] Da perspectiva de Stiglitz, os líderes corporativos prefeririam fazer qualquer coisa em vez de "questionar profundamente as regras do jogo — ou mesmo alterar o próprio comportamento para reduzir o dano das regras atuais que são distorcidas, ineficientes e injustas".

A evidência do fracasso da autorregulamentação está à nossa volta. O entusiasmo pela desregulamentação do setor financeiro, que começou nos anos 1970, nos levou à Grande Recessão de 2009. Mesmo um dos maiores entusiastas da desregulamentação, o ex-presidente do Tesouro Nacional Alan Greenspan, admitiu que estava errado.[36] Uma crença ingênua no poder autorregenerador dos mercados impediu os reguladores de intervir, mesmo quando inovações financeiras complexas e uma maior concentração de mercado criavam um risco sistêmico cada vez maior — até que fosse tarde demais.

Se quisermos controlar eficientemente as novas tecnologias, precisaremos exigir mais do que CEOs se renovando e prometendo um comportamento melhor. Mudanças estruturais são necessárias para garantir que incentivos existentes não levem os CEOs à busca do lucro acima de tudo. Conquistar os resultados que desejamos exige mudanças políticas na forma como abordamos os mercados para que existam controles sobre o poder corporativo e o comportamento monopolista. Nesse sentido, Margrethe Vestager está indo na direção certa. E ela tem um coro crescente de vozes a apoiando, inclusive nos Estados Unidos.

Uma pauta para limitar o poder das grandes empresas de tecnologia tem três componentes-chave. O primeiro é abordar o enorme desequilíbrio de poder entre as empresas e os consumidores quando se trata de controlar os dados pessoais dos usuários. Um compromisso muito mais agressivo com o direito à proteção de dados, em conjunto com agências do governo capazes de fiscalizar esse direito, deve ser o primeiro controle crítico do poder corporativo.

Essa proteção de dados deveria incluir não apenas regulamentação sobre como os dados dos usuários são usados e exigir consentimento para sua coleta — princípios já bem delineados na GDPR —, mas também oferecer formas de mover dados de uma plataforma para outra, com preocupações de privacidade em mente. Se os usuários do Facebook já investiram tempo para se conectar com centenas de amigos e postar infinitas fotos, é pouco provável que eles mudem para uma nova rede social, mesmo que ela tenha ferramentas melhores ou siga diretrizes de que gostem mais. Seria simplesmente trabalho demais recriar seu ambiente social on-line já existente. A fracassada rede social do Google, Google+, é uma prova de que mesmo um concorrente bem financiado não poderia ter sucesso no ambiente atual. A portabilidade de dados permitiria aos usuários mover seus dados, como fotos e posts, para uma nova plataforma, e a interação de operação garantiria que eles poderiam manter sua experiência on-line, incluindo contatos com amigos que foram para outras redes. Isso criaria um mercado mais competitivo no qual os usuários não estivessem presos a uma plataforma, mas poderiam mudar facilmente para outra que eles considerassem que fizesse um trabalho melhor para proteger sua privacidade ou estivesse mais alinhada com seus valores. Tecnicamente, é difícil, mas não impossível. Na verdade, algo chamado especificação OpenSocial foi desenvolvido em 2007 por um consórcio de empresas de tecnologia lideradas pelo Google para tentar criar essa interação entre redes sociais. Mas o conceito não ganhou tração, já que *players* dominantes, como o Facebook, não viam vantagem em adotá-lo — mais uma vez dando um exemplo de por que as regulamentações do governo têm mais chances de causar as mudanças necessárias mesmo quando rejeitadas pelas forças do mercado.

O segundo componente é dar mais voz nas empresas àqueles que provavelmente serão prejudicados pela mudança tecnológica. Muitas corporações continuam a ser governadas pela ideia de maximizar o lucro dos acionistas, mas existem alternativas a serem consideradas. Um conjunto de propostas legislativas motivadas por uma visão de "capitalismo de partes interessadas" (em vez de capitalismo de acionistas) representa um próximo passo importante na redefinição da responsabilidade empresarial, pois daria aos trabalhadores mais poder nos conselhos corporativos e reduziria os incentivos para que diretores de empresas privilegiassem os lucros de curto prazo em vez de retornos de longo prazo. Essas propostas vão além da simples expressão do compromisso do CEO com um grupo maior de envolvidos; elas incluem legislação concreta, por exemplo, a criação de uma nova cartilha federal para empresas que exigiria que elas considerassem os interesses de todas as partes interessadas; ou a exigência de que funcionários elegessem diretamente 40% dos conselhos de administração das grandes corporações;

ou a imposição de restrições significativas sobre a capacidade dos diretores e representantes de vender ações de uma empresa que recebem como capital, em uma iniciativa para diminuir o foco pouco saudável em retornos de curto prazo para os acionistas.[37] A Lei do Capitalismo Responsável de Elizabeth Warren, introduzida em 2017, é apenas um exemplo da forma que isso pode tomar, e coalizões mais amplas estão se formando em torno de novas propostas para a reforma da governança corporativa.

O terceiro componente é um esforço assertivo para restringir o domínio do mercado das grandes empresas de tecnologia. Isso significa reprimir comportamento monopolista e restringir fusões e aquisições anticompetitivas. A maioria dos países já está seguindo a orientação da União Europeia nessa frente, e a implementação de atividades antitruste nos Estados Unidos está finalmente acontecendo. Mas as batalhas legais provavelmente levarão anos. E a história da regulamentação antitruste na tecnologia mostra que não é necessário desmembrar os grandes *players* para conseguir resultados. Em vez disso, a simples ameaça de uma ação antitruste mais forte ajudaria a controlar algumas das práticas anticompetitivas mais extremas, permitindo o surgimento de concorrentes.[38]

Desde o fim dos anos 1990, o Departamento de Justiça e vários procuradores-gerais estaduais abriram um processo contra a Microsoft por comportamento anticompetitivo com o objetivo de manter seu domínio na indústria de software. Embora o processo não tenha resultado na divisão da Microsoft em duas empresas distintas, como havia originalmente sido ordenado pelo juiz do caso, o espectro de ações antitruste foi suficiente para mudar algumas das práticas de negócios da empresa. De forma surpreendente para muitos na época, em 1997 a Microsoft investiu 150 milhões de dólares em sua rival Apple, que caso contrário teria ficado sem dinheiro em poucos meses. Muitos observadores especularam que o motivo real para o investimento era acalmar as acusações de que a Microsoft monopolizava o mercado.[39] Como a história provaria, a Apple não apenas sobreviveria, mas em 2010 se tornaria uma empresa mais valiosa que a Microsoft. Do mesmo modo, existem argumentos de que as preocupações da Microsoft com mais ações antitruste amenizaram sua competitividade no mercado de forma mais ampla, permitindo que novas empresas como o Google emergissem como *players* formidáveis.[40]

Controlando a tecnologia antes que ela nos controle

Apesar de nosso entusiasmo pelo papel da democracia em controlar a tecnologia, nossas instituições democráticas nem sempre inspiram muita esperança. Houve muitos momentos em que políticos demonstraram sua ignorância sobre como as novas tecnologias funcionam. Observamos partidos da esquerda e da direita buscarem favores com as principais empresas de tecnologia, cientes de seu poder de mercado e de sua influência política. E a polarização e o impasse legislativo em muitas sociedades democráticas tornam difícil — se não impossível — ter discussões razoáveis sobre como melhor balancear valores conflitantes. Mas houve uma época, não muito tempo atrás, em que o governo americano tinha um órgão para consultoria formado por cientistas de renome mundial, que foi copiado por outros países.

Jack Gibbons, popular físico do Tennessee, foi diretor por mais de uma década de uma agência governamental pouco conhecida, o Escritório de Avaliação Tecnológica (OTA, na sigla em inglês). O OTA nasceu em 1972, uma época de preocupação pública crescente com poluição, energia nuclear, pesticidas e outros males relacionados a mudanças tecnológicas. Isso foi quase uma década depois da publicação de *Primavera silenciosa*, o livro que deu origem ao movimento ambientalista e focou a atenção pública nas tecnologias novas, populares, em rápido crescimento e que prometiam grandes benefícios, mas também apresentavam grandes riscos.

Com a criação do OTA, o Congresso reconhecia a urgência de diminuir de maneira efetiva a lacuna entre conhecimento técnico e as decisões políticas. Membros do Congresso queriam a formação sólida necessária para tomar decisões políticas importantes, mas não queriam depender das informações dadas pelos lobistas. Ao longo de quase duas décadas, o OTA produziu mais de 750 relatórios sobre uma gama extraordinária de tópicos, incluindo meio ambiente (chuva ácida, mudanças climáticas), segurança nacional (transferência de tecnologia para a China e bioterrorismo) e questões sociais (automação do local de trabalho e como a tecnologia afeta certos grupos sociais). Uma característica específica dos relatórios do OTA, além de sua análise técnica incisiva, foi seu compromisso em oferecer uma série de opções de políticas sem defender uma específica. Isso permitia aos legisladores se beneficiarem de informações e aconselhamentos técnicos, mas fazerem as difíceis escolhas políticas eles próprios.

A agência não tinha medo de dar sua perspectiva técnica sobre questões altamente controversas e politicamente consequentes. Em 1984, Ashton Carter, um jovem físico que mais tarde se tornaria secretário da Defesa entre 2015 e 2017, escreveu um relatório a respeito do adorado programa de defesa antimísseis baseado no espaço do presidente Ronald Reagan (comumente conhecido como "Guerra nas Estrelas"). Ele falou com clareza ao concluir que "uma defesa perfeita ou quase perfeita" contra mísseis nucleares representava um objetivo ilusório que "não deveria servir como base das expectativas públicas nem da política nacional". O Pentágono ficou indignado e exigiu retratação do relatório. Mas uma revisão do documento feita por especialistas confirmou as conclusões, e dois estudos seguintes lançaram ainda mais dúvida sobre a sabedoria política e a viabilidade técnica da iniciativa de defesa de Reagan.

O julgamento científico independente estava na corda bamba quando Newt Gingrich se tornou presidente da Câmara dos Deputados em 1994. O foco do Congresso no corte de orçamento significava tomar algumas decisões difíceis para diminuir os gastos, embora o deputado republicano Amo Houghton estivesse tentando desesperadamente salvar o OTA com o slogan "Você não corta o futuro".[41] Um observador chamou o desmonte da agência de "um ato impressionante de autolobotomia".[42] No entanto, o último diretor do OTA, Roger Herdman, indicou que a decisão havia ocorrido devido a muito mais do que cortes de orçamento: "Alguns diziam que o líder da Câmara não queria uma voz interna ao Congresso que tivesse visões sobre ciência e tecnologia diferentes das dele".[43]

O modelo de interação entre o conhecimento técnico e a política que Gingrich preferia era o que ele chamava de uma abordagem de "livre mercado": membros do Congresso deveriam tomar a iniciativa de procurar cientistas individuais e se informar. Essa abordagem era, claro, impossível e ineficiente. E o livre mercado do conhecimento científico que Gingrich abriu foi ao menos em parte o que levou à intensa politização da ciência que vemos hoje.

O OTA nunca foi explicitamente eliminado, apenas ficou sem financiamento. Então, ele vive até hoje como um lembrete fantasma do que é possível nos Estados Unidos. Apesar de seu status de zumbi, inspirou iniciativas na maioria dos países europeus que ainda estão em uso. A Organização Holandesa de Avaliação de Tecnologia (NOTA, na sigla em inglês) fez uma melhoria significativa em relação ao modelo americano, buscando ir além de depender apenas de especialistas científicos. A NOTA também incorporava a deliberação dos cidadãos.[44] As ações de Audrey Tang com o vTaiwan buscam uma forma similar de empoderamento dos cidadãos.

A história do OTA é um aviso sobre o papel dos especialistas: embora possa ser possível projetar instituições que ofereçam informação confiável a respeito de questões altamente técnicas para informar o debate público, esses órgãos são politicamente vulneráveis, especialmente quando os fatos que eles apresentam se provam inconvenientes para atores políticos poderosos. A própria existência do OTA e sua queda mostram um ponto ainda mais importante: se estivermos insatisfeitos com a capacidade de nossas instituições democráticas de fazer o trabalho de controlar as novas tecnologias, é porque deixamos nossas instituições ficarem assim.

É trabalho nosso garantir que a democracia entregue estruturas regulatórias e políticas tecnológicas que promovam usos socialmente benéficos das novas tecnologias enquanto contêm as externalidades danosas que são tão difíceis de prever e surgem apenas com o tempo. Nossa tarefa não é melhorar as políticas nas questões que exploramos no livro; é transformar o governo para que ele seja mais capaz de lidar com as questões que as novas tecnologias irão apresentar no futuro. Isso exige uma reformulação do processo de criação de políticas: um investimento sério em trazer os tecnologistas para o debate, educar os legisladores e os cidadãos a respeito de tecnologia e repensar nossa abordagem para fazermos escolhas inteligentes sobre regulamentação.

Precisamos trazer os tecnologistas para o debate político para que nossas decisões reflitam um entendimento do papel da tecnologia. Como a Parceria para o Serviço Público disse em um relatório recente: "Quase todas as prioridades nacionais dependem de um entendimento preciso, completo e contemporâneo de como usar e explorar tecnologias modernas".[45] Ainda assim, ninguém argumentaria que os governos são bons em atrair, utilizar e manter talentos técnicos. Os governos democráticos se movem lentamente.

Eles pagam muito pouco para competir com as grandes empresas de tecnologia. E são avessos ao risco.

Mas a criação de "serviços digitais" tanto no Reino Unido como nos Estados Unidos, que tiveram sucesso em recrutar grandes talentos técnicos do Vale do Silício e do restante do mundo, prova que muitos tecnologistas servirão com entusiasmo ao interesse público se lhes for dada a oportunidade de trabalhar em projetos significativos que possam beneficiar milhões de pessoas. O que isso exige é um esforço de larga escada para recrutar o que o ex-representante da Casa Branca Christopher Kirchhoff chamou de "colegas técnicos" por meio de mecanismos flexíveis que possam atrair talentos de ponta, com conhecimento de vanguarda e experiência de indústria fora dos canais formais do serviço público. Apenas 6% da força de trabalho federal nos Estados Unidos têm menos de trinta anos, e uma onda de aposentadorias se aproxima; este é o momento perfeito para repensar como recrutar e manter novos tipos de conhecimento para servir ao interesse público.[46]

Mas a mentalidade de otimização dos tecnologistas também pode ser um problema quando eles entram no governo. Suas ideias são fundamentais para o entendimento do que está em jogo e o que é possível, mas suas perspectivas são apenas uma visão de um processo no qual os legisladores devem, no final, fazer negociações. Então, nossa segunda prioridade deve ser garantir que nossos políticos sejam tecnologicamente letrados, e não apenas informados por lobistas pagos para oferecer a eles uma visão particular. Isso exigirá a volta do OTA para fornecer conselhos independentes e um canal para que os cidadãos opinem sobre questões de políticas científicas e tecnológicas.[47] Uma prioridade para um OTA refeito seria entregar suas análises de forma transparente e acessível ao público para facilitar um processo mais aberto, inclusivo e deliberativo em relação a questões de política de tecnologia.[48] Também requer um papel mais sério para o conhecimento em políticas de ciência e tecnologia no Poder Executivo. Em 2021, o presidente Biden elevou o conselheiro científico nacional ao Gabinete pela primeira vez. Biden também nomeou Alondra Nelson, cientista social com experiência na intersecção entre tecnologia, raça e desigualdade, como vice-conselheira nacional de ciência. Seu papel proeminente no governo ajudará a criar a base para a deliberação democrática de alta qualidade de que precisamos com urgência.

Terceiro, precisamos de uma abordagem nova da regulamentação. A inovação no setor de tecnologia é ao mesmo tempo disruptiva e imprevisível; as estruturas regulatórias são rígidas e reativas. As reformas regulatórias frequentemente atrasam as mudanças tecnológicas por anos, correndo atrás conforme as evidências acumuladas de danos ou consequências imprevistas se tornam difíceis demais de ignorar. O ritmo lento da regulamentação tem sido bom para as empresas de tecnologia, dando a elas liberdade quase total para experimentar, testar e expandir sem atenção às consequências. Mas o que a sociedade precisa é de uma abordagem mais responsiva da regulamentação, que nos permita experimentar novas estruturas políticas e aprender sobre seus efeitos antes de adotar uma estratégia de longo prazo. Especialistas chamam isso de "regulamentação adaptativa", e, embora pareça promissora a princípio, pode ser muito difícil colocá-la em prática.

O Reino Unido e Taiwan têm sido líderes na experimentação com essa nova abordagem por meio de "sandboxes regulatórias". É assim que funciona: representantes do governo convidam inovadores para trazer uma prova de um conceito ou proposta para o uso de uma tecnologia em áreas novas e ainda não testadas. Se os funcionários aprovarem, o corpo de leis existentes mais relevante para essa inovação será "bifurcado", um termo tirado do desenvolvimento de software no qual uma nova versão do código de um programa é criada. Em essência, o governo concede uma permissão provisória ao inovador para usar a tecnologia, mas também para pensar em regulamentações para o novo sistema por um ano. Depois de um ano, os inovadores e os representantes se reúnem para pesar os benefícios e as desvantagens da nova abordagem. A ideia é criar laboratórios vivos nos quais os reguladores possam observar os efeitos no mundo real de um modelo regulatório específico. As fintechs têm sido as grandes beneficiárias dessa abordagem, com empresas capazes de testar novas ofertas para os consumidores em mercados reais enquanto os reguladores observam e avaliam seus potenciais benefícios e danos.

Mesmo se reformularmos a maneira como o processo de criação de políticas funciona, nossas instituições democráticas permanecerão como uma preocupação secundária para aqueles que estão impulsionando as mudanças tecnológicas, a menos que os cidadãos responsabilizem os políticos pelos efeitos danosos das tecnologias não regulamentadas. Embora seja fácil apontar o dedo para Mark Zuckerberg quando o Facebook explora seus dados pessoais, ele é capaz de fazer isso *legalmente* porque políticos criaram as regras dessa forma. A mesma coisa vale para a proliferação de desinformação on-line. Podemos ficar o quão frustrados quisermos com as políticas de moderação de conteúdo das plataformas de internet, mas elas já estão fazendo muito mais do que o governo exige que façam. E os efeitos da automação nos empregos? As empresas só estão fazendo o que é do interesse de seus acionistas. Se as pessoas se veem sem uma renda de transição ou novos caminhos educacionais para aprimorar suas habilidades, é porque os políticos não trabalharam para lidar com as consequências da automação.

O poder da democracia é que ela pode ajudar a nos proteger dos resultados que mais queremos evitar. Você pode agradecer a regulamentação do governo por garantir que a água que sai da sua torneira seja potável, que sua comida não vai deixá-lo doente e que você pode dirigir seu carro para o trabalho com uma sensação razoável de segurança na estrada. Mas nossos políticos só vão agir se seus trabalhos dependerem disso. Portanto, embora o casamento entre hackers e capitalistas seja central para a história dos nossos dilemas contemporâneos, as falhas de nossas instituições democráticas em intervir em nosso favor também são culpadas. Todos nós precisamos saber a opinião de nossos representantes eleitos sobre as questões tecnológicas importantes atualmente e precisamos estar preparados para puni-los na urna quando não gostarmos dos resultados.

Embora tenhamos focado apenas as escolhas que as democracias precisam fazer sobre como governar seu futuro tecnológico, não podemos ignorar a ascensão da China. A China oferece ao mundo um modelo alternativo de governo — autoritário, imperdoavelmente eficiente e com um crescimento econômico sustentado recorde. O país também está buscando ativamente a supremacia digital ao investir recursos inéditos em IA, obter enormes quantidades de dados pessoais e roubar propriedade intelectual de outros países, usando sua proeza tecnológica para ganhar influência e acesso ao redor do mundo e buscando impor aos órgãos reguladores globais sua própria abordagem ao autoritarismo digital.

Enquanto equilibrarmos a promessa e o perigo das novas tecnologias em nossas próprias sociedades, precisaremos pensar em como nossas escolhas políticas e abordagens regulatórias interagem — e, na verdade, podem ser ativamente coordenadas — com outros países que compartilham valores similares. Embora cada país vá fazer suas próprias escolhas, não podemos perder de vista a importância de forjar regras comuns para o reino digital. Caso contrário, poderemos acabar em uma situação na qual a preferência da China pelo controle estatal substituirá nosso compromisso de longa data com uma internet aberta, uma concorrência robusta e um conjunto de proteções significativas para os direitos digitais.

Uma presunção comum a respeito da tecnologia e da geopolítica é que o palco mundial é uma disputa entre o autoritarismo digital da China, a inovação digital dos Estados Unidos e o foco da Europa em regulamentação. Essa dinâmica é o que faz muitos líderes tecnológicos alertarem a respeito da "alternativa chinesa" caso a regulamentação sufoque a inovação. Mas a escolha entre inovação e regulamentação é uma dicotomia falsa. A menos que as democracias assegurem uma maior voz coletiva sobre as políticas de tecnologia, a escolha que enfrentamos pode ser entre empresas globais de tecnologia que não colocam os interesses de indivíduos ou democracias em primeiro lugar e o modelo autoritário de governança tecnológica oferecido pela China.

Nós admitimos que é um momento estranho para se fazer uma defesa da democracia e do empoderamento cívico como antídoto para as dificuldades atuais das grandes empresas de tecnologia. A fé do público em nossas instituições governamentais está em uma baixa histórica. Ainda assim, precisamos lembrar que essa desconfiança na democracia é em parte um produto da ascensão dos tecnologistas. Os sistemas de recomendação e curadoria por algoritmo das plataformas privadas que constituem a infraestrutura de nossa esfera pública digital contribuíram para a polarização e aceleraram a propagação de desinformação. E a indústria de tecnologia contribuiu para uma economia em que o vencedor leva tudo, que por sua vez aumentou a riqueza e a desigualdade de renda, um fenômeno que os cientistas sociais demonstraram várias vezes reduzir a confiança nas instituições democráticas.

Acreditamos que a democracia deve ser defendida. As democracias estão comprometidas, ao menos em princípio, com os valores nobres e duradouros da liberdade individual e da igualdade. A democracia é, em si, um tipo de tecnologia, um projeto para resolver problemas sociais cujas principais virtudes são a defesa dos direitos individuais, o empoderamento das vozes dos cidadãos e a adaptabilidade a condições sociais mutantes. Embora seja frágil, com suas vulnerabilidades atuais claramente expostas, suas raízes têm séculos. Ela se mostrou resiliente a diversos desafios no passado. A regulamentação de nosso futuro tecnológico será seu próximo desafio.

Agradecimentos

Quase sempre, escrever um livro é um trabalho doloroso, árduo e solitário. Escrever este livro foi o oposto: foi o resultado de uma das mais recompensadoras e agradáveis colaborações profissionais de nossas vidas. O que começou com um café do lado de fora da biblioteca de Stanford para discutir o crescimento desenfreado no número de graduandos em ciência da computação se tornou um trabalho de um ano para elaborar uma nova disciplina sobre ética, política e tecnologia. No processo, aprendemos tanto uns com os outros quanto nossos alunos aprenderam conosco. Depois de dois anos de curso, nos perguntamos se deveríamos escrever um livro além de ensinarmos juntos.

Temos que agradecer à nossa extraordinária agente, Elyse Cheney, que respondeu ao nosso e-mail frio, nos deu uma chance e nos guiou por todo o processo de produzir uma proposta de livro. Isso nos levou à excepcional Gail Winston, nossa editora na HarperCollins, cujos muitos anos de experiência nos ajudaram a simplificar nossa prosa e instalar a confiança de que poderíamos alcançar um público mais amplo. Também agradecemos à nossa preparadora, Lynn Anderson, por salvar três acadêmicos de muitos erros embaraçosos.

Temos uma dívida especial de gratidão com Hilary Cohen. Hilary foi uma colaboradora na criação de nosso curso desde o início. Foi por meio de nosso trabalho conjunto em conceber e ensinar a disciplina que conseguimos desenvolver uma linguagem comum e uma estrutura para abordar essas questões da fronteira tecnológica. Nunca tínhamos trabalhado com uma recém-formada com tanta elegância, energia, visão, liderança e brilhantismo. Nosso curso não existiria sem ela, e este livro não existiria sem o curso.

Sam Nicholson veio nos resgatar em dois momentos cruciais: primeiro ao desenvolver nossa proposta para o livro e depois nos estágios finais da escrita em si. Ele nos ajudou a desaprender os pecados comuns da escrita acadêmica. (Eis o problema com acadêmicos: primeiro você diz às pessoas que vai fazer X, então você diz, olha, estou fazendo X, e finalmente você lembra a todos que acabou de fazer X. Pare de fazer isso!) E ele nos ensinou sobre o poder de uma anedota rápida ou do floreio narrativo.

Tivemos o prazer de trabalhar com uma equipe incrível de assistentes de pesquisa formada por alunos de graduação e pós-graduação. Obrigado a Adrian Liu, Janna Huang, Wren Elhai, Ben Esposito, Jessica Femenias, Isabella Garcia-Camargo, Gabriel Karger, Ananya Karthik, Anna-Sofia Lesiv, Jonathan Lipman, Mohit Mookim, Alessandra Maranca, Valeria Rincon, Rebecca Smalbach, Chase Small, Chloe Stowell e Antigone Xenopoulous. Adrian e Janna, em particular, estiveram conosco quase do início ao fim, e nem o conteúdo deste livro nem o produto final seriam os mesmos sem eles. Ambos estão destinados a serem acadêmicos extraordinários.

Agradecemos aos muitos colegas e amigos que leram e ofereceram comentários sobre várias partes do livro: Yuna Blajer de la Garza, Maria Clara Cobo, Joshua Choen, Deep Ganguli, Sharad Goel, Julia Greenberg, Andrew Han, Daphne Keller, Jennifer King, Sam King, Karen Levy, Larissa MacFarquhar, Nate Persily, Sarah Richards, Marietje Schaake, Rebecca Smalbach, Henry Timms, Leif Wenar e Erin Woo.

Agradecemos a Anna Wiener, autora de *Vale da estranheza: fascínio e desilusão na meca da tecnologia*, por sugerir o título do nosso livro.

Finalmente, agradecemos aos programas e às pessoas da Universidade Stanford, além dos apoiadores do nosso trabalho, por ajudarem a tornar nossa colaboração possível: a Escola de Humanidades e Ciências, a Escola de Engenharia, o Centro de Filantropia e Sociedade Civil, o Instituto para Inteligência Artificial Centrada em Humanos, o Centro para Ética na Sociedade, o Programa de Estudos Continuados, Nemil Dalal, David Siegel, Graham e Cristina Spencer, Roy Bahat e Lisa Wehden. Devemos um agradecimento especial às centenas de alunos de Stanford que discutiram essas questões conosco, às dezenas de assistentes que ofereceram conselhos e aos inúmeros profissionais da área que participaram de nossas aulas noturnas realizadas em parceria com o Bloomberg Beta. Aprendemos demais e aprimoramos muito nosso próprio pensamento sobre como equilibrar essas trocas complexas em conversas com todos eles.

Por fim, agradecemos a nossos maiores apoiadores.

Rob agradece a Heather Kirkpatrick, que é ótima de todas as formas possíveis.

Mehran agradece a Heather Sahami, que sempre mantém o foco no que realmente importa.

Jeremy agradece a Rachel Gibson, que demonstra todos os dias o amor e a compaixão que humanos oferecem e que robôs jamais poderão oferecer.

Notas

Prefácio

1. George Packer, "Change the World: Silicon Valley Transfers Its Slogans — and Its Money — to the Realm of Politics". *New Yorker*, 27 de maio de 2013.

Introdução

1. Entrevista com Joshua Browder, 2018.
2. Ananya Bhattacharya e Aamna Mohdin, "An AI-Powered Chatbot Has Overturned 160,000 Parking Tickets in London and New York". *Quartz*, 29 de junho de 2016. https://qz.com/719888/an-ai-powered-chatbot-has-overturned-160000-parking-tickets-in-london-and-new-york/.
3. Browder poderia estar respondendo a: Elisha Chauhan, "Councils to Rake in a Crazy 900m from Parking This Year". *Sun*, 16 de julho de 2018. https://www.thesun.co.uk/motors/6790002/council-parking-fine-earnings-total-profits-westminster/.
4. Hayley Dixon, "Councils to Make Record 9 Billion from Parking Charges". *Telegraph*, 29 de junho de 2019. https://www.telegraph.co.uk/news/2019/06/28/councils-make-record-1-billion-parking-charges/.
5. "Case Study: Joshua Browder", disponível com os autores ou em cs182.stanford.edu.
6. Aaron Swartz, "Stanford: Day 11". http://www.aaronsw.com/weblog/001428.
7. Kathleen Elkins, "The First Thing Alexis Ohanian Bought After He Sold Reddit for Millions at Age 23". CNBC, 25 de julho de 2018. https://www.cnbc.com/2018/07/25/the-1st-thing-alexis-ohanian-bought-after-he-sold-reddit-for-millions.html.

8. Julia Boorstin, "Reddit Raised $300 Million at a $3 Billion Valuation—Now it's Ready to Take on Facebook and Google". CNBC, 11 de fevereiro de 2019. https://www.cnbc.com/2019/02/11/reddit-raises-300-million-at-3-billion-valuation.html.

9. Aaron Swartz, "Guerilla Open Access Manifesto". Archive.org, julho de 2008. https://archive.org/details/GuerillaOpenAccessManifesto/mode/2up.

10. Aaron Swartz, "Wikimedia at the Crossroads". Raw Thought, 31 de agosto, 2006. http://www.aaronsw.com/weblog/wikiroads.

11. Larissa MacFarquhar, "The Darker Side of Aaron Swartz". New Yorker, 11 de março de 2013. https://www.newyorker.com/magazine/2013/03/11/requiem-for-a-dream.

12. Isaiah Berlin e Henry·Hardy (org.), The Crooked Timber of Humanity: Chapters in the History of Ideas. 2. ed. Princeton, NJ: Princeton University Press, 2013. p. 12-13.

1. As imperfeições da mentalidade de otimização

1. Devin Leonard, Neither Snow nor Rain: A History of the United States Postal Service. Nova York: Grove Press, 2016. p. 85.

2. Reed Hastings e Erin Meyer, A regra é não ter regras: A Netflix e a Cultura da Reinvenção. Rio de Janeiro: Intrínseca: 2020. GQ Staff, "The Tale of How Blockbuster Turned Down an Offer to Buy Netflix for Just $50M". GQ, 19 de setembro de 2019. https://www.gq.com.au/entertainment/film-tv/the-tale-of-how-blockbuster-turned-down-an-offer-to-buy-netflix-for-just-50m/news-story/72a55db245e4d7f70f099ef6a0ea2ad9.

3. Equipe da Vice, "This Man Thinks He Never Has to Eat Again". Vice, 13 de março de 2013. https://www.vice.com/en/article/pgxn8z/this-man-thinks-he-never-has-to-eat-again.

4. Robert Rhinehart, "How I Stopped Eating Food". Mostly Harmless, 13 de fevereiro de 2013. https://web.archive.org/web/20200129143618/https://www.robrhinehart.com/?p=298.

5. Lizzie Widdicombe, "The End of Food". New Yorker, 5 de maio de 2014. https://www.newyorker.com/magazine/2014/05/12/the-end-of-food.

6. "The Soylent Revolution Will Not Be Pleasurable". New York Times, 28 de maio de 2014. https://www.nytimes.com/2014/05/29/technology/personaltech/the-soylent-revolution-will-not-be-pleasurable.html.

7. Ibid.

8. John Maynard Keynes, Elizabeth Johnson e Donald Moggridge (org.), The Collected Writings of John Maynard Keynes: Volume 7, The General Theory. Londres: Cambridge University Press, 1978. p. 383.

9. Thomas H. Cormen et al., Introduction to Algorithms. 3. ed. Cambridge, MA: MIT Press, 2009. p. 5.

10. George B. Dantzig, "Linear Programming". Operations Research 50, n. 1, janeiro-fevereiro de 2002. p. 42-47. https://doi.org/10.1287/opre.50.1.42.17798.

11. Brian Christian e Tom Griffiths, Algorithms to Live by: The Computer Science of Human Decisions. Nova York: Henry Holt, 2016.

12. Scott Shane e Daisuke Wakabayashi, "'The Business of War': Google Employees Protest Work for the Pentagon". *New York Times*, 4 de abril de 2018. https:/www.nytimes.com/2018/04/04/technology/google-letter-ceo-pentagon-project.html.

13. Ryan Mac, Charlie Warzel e Alex Kantrowitz, "Growth at Any Cost: Top Facebook Executive Defended Data Collection in 2016 Memo — and Warned That Facebook Could Get People Killed". *BuzzFeed News*, 29 de março de 2018. https://www.buzzfeednews.com/article/ryanmac/growth-at-any-cost-top-facebook-executive-defended-data.

2. O PROBLEMÁTICO CASAMENTO ENTRE HACKERS E INVESTIDORES DE RISCO

1. John Perry Barlow, "A Declaration of the Independence of Cyberspace". 6 de fevereiro de 1996. https://www.eff.org/cyberspace-independence.

2. Udayan Gupta, "Done Deals: Venture Capitalists Tell Their Story: Featured HBS John Doerr". *Working Knowledge*, 4 de dezembro de 2000. https://hbswk.hbs.edu/archive/done-deals-venture-capitalists-tell-their-story-featured-hbs-john-doerr.

3. Will Sturgeon, "'It Was All My Fault': VC Says Sorry for Dot-Com Boom and Bust". *ZDNet*, 16 de julho de 2001. https://www.zdnet.com/article/it-was-all-my-fault-vc-says-sorry-for-dot-com-boom-and-bust/.

4. John Doerr, *Measure What Matters:* How Google, Bono, and the Gates Foundation Rock the World with OKRs. Nova York: Penguin, 2018. p. xii.

5. Reid Hoffman e Chris Yeh, *Blitzscaling:* The Lightning-Fast Path to Building Massively Valuable Companies. Nova York: HarperCollins, 2018.

6. Y Combinator, *Competition Is for Losers with Peter Thiel (How to Start a Startup 2014: 5)*, 2017. https://www.youtube.com/watch?v=3Fx5Q8xGU8k.

7. David Shaw, não por coincidência, defendeu um doutorado em ciência da computação em Stanford e foi professor em Columbia antes de abrir a empresa que leva seu nome.

8. Doerr, *Measure What Matters*, p. 23.

9. Ibid. p. 3.

10. Ibid. p. 7.

11. Ibid. p. xi.

12. Ibid. p. 161.

13. Ibid.

14. Ibid. p. 164.

15. Ibid. p. 9.

16. Lisa D. Ordóñez *et al.*, "Goals Gone Wild: The Systematic Side Effects of Overprescribing Goal Setting". *Academy of Management Perspectives* 23, n. 1, 1º de fevereiro de 2009. p. 6-16. https://doi.org/10.5465/amp.2009.37007999.

17. Doerr, *Measure What Measure*. p. 9.

18. Ordóñez *et al.*, "Goals Gone Wild", p. 4.

19. Milton Friedman, "A Friedman Doctrine — The Social Responsibility of Business Is to Increase Its Profits". *New York Times*, 13 de setembro de 1970. https://www.nytimes.com/1970/09/13/archives/a-friedman-doctrine-the-social-responsibility-of-business-is-to.html.

20. Ibid.

21. C. Wright Mills, *The Power Elite*. Nova York: Oxford University Press, 2000. p. 164.

22. Peter Thiel e Blake Masters, *Zero to One:* Notes on Startups, or How to Build the Future. Nova York: Crown Business, 2014. p. 86.

23. "Your Startup Has a 1.28% Chance of Becoming a Unicorn". CB *Insights Research*, 25 de maio de 2015. https://www.cbinsights.com/research/unicorn-conversion-rate/.

24. Ann Grimes, "Why Stanford is Celebrating the Google IPO". *Wall Street Journal*, 23 de agosto de 2004. https://www.wsj.com/articles/SB109322052140798129.

25. Tom Nicholas, VC: An American History. Cambridge, MA: Harvard University Press, 2019. p. 268.

26. Will Gornall e Ilya A. Strebulaev, "The Economic Impact of Venture Capital: Evidence from Public Companies". *Working Paper* n. 3362. Stanford: Stanford University Graduate School of Business, 1º de novembro de 2015. https://www.gsb.stanford.edu/faculty-research/working-papers/economic-impact-venture-capital-evidence-public-companies.

27. Reid Hoffman, "7 Counterintuitive Rules for Growing Your Business Super-Fast". *Medium*, 7 de outubro de 2018. https://marker.medium.com/7-counterintuitive-rules-for-growing-your-business-super-fast-9dcdc2bfc649.

28. Hoffman e Yeh, *Blitzscaling*. p. 283.

29. Jack Dorsey, Twitter, 1º de março de 2018. https://twitter.com/jack/status/969234282706169856.

30. Elizabeth MacBride, "Why Venture Capital Doesn't Build the Things We Really Need". MIT *Technology Review*, 17 de junho de 2020. https://www.technologyreview.com/2020/06/17/1003318/why-venture-capital-doesnt-build-the-things-we-really-need/.

31. Ibid.

32. Sam Colt, "John Doerr: The Greatest Tech Entrepreneurs Are 'White, Male, Nerds'". *Business Insider*, 4 de março de 2015. https://www.businessinsider.com/john-doerr-the-greatest-tech-entrepreneurs-are-white-male-nerds-2015-3.

33. Gen. Teare, "Global VC Funding To Female Founders Dropped Dramatically This Year". *Crunchbase News*, 21 de dezembro de 2020. https://news.crunchbase.com/news/global-vc-funding-to-female-founders/.

34. Gen. Teare, "EoY 2019 Diversity Report: 20 Percent Of Newly Funded Startups In 2019 Have A Female Founder". *Crunchbase News*, 21 de janeiro de 2020. https://news.crunchbase.com/news/eoy-2019-diversity-report-20-percent-of-newly-funded-startups-in-2019-have-a-female-founder/.

35. Crunchbase, "Crunchbase Diversity Spotlight 2020: Funding to Black & Latinx Founders", 2020. http://about.crunchbase.com/wp-content/uploads/2020/10/2020_crunchbase_diversity_report.pdf.

36. Charles E. Eesley e William F. Miller, "Impact: Stanford University's Economic Impact via Innovation and Entrepreneurship". *Foundations and Trends in Entrepreneurship* 14, n. 2, 2018. p. 130-278. https://doi.org/10.1561/0300000074.

37. Marc Andreessen, "Why Software Is Eating the World". *Wall Street Journal*, 20 de agosto de 2011. https://online.wsj.com/article/SB10001424053111903480904576512250915629460.html.

38. Dave McClure, "99 vc Problems but a Batch Ain't 1: Why Portfolio Size Matters for Returns". *Medium*, 31 de agosto de 2015. https://500hats.com/99-vc-problems-but-a-batch-ain-t-one-why-portfolio-size-matters-for-returns-16cf556d4af0.

39. Ibid.

40. "Investors". *Y Combinator*, junho de 2019. https://www.ycombinator.com/investors/.

41. "Y Combinator". *Y Combinator*. https://www.ycombinator.com/.

42. Meghan Kelly, "Andreessen-Horowitz to Give $50K to All Y Combinator Startups through Start Fund". *VentureBeat*, 15 de outubro de 2011. https://venturebeat.com/2011/10/14/andreessen-horowitz-to-give-50k-to-all-y-combinator-startups-through-start-fund/.

43. Megan Geuss, "Illinois Senator's Plan to Weaken Biometric Privacy Law Put on Hold". *Ars Technica*, 27 de maio de 2016. https://arstechnica.com/tech-policy/2016/05/illinois-senators-plan-to-weaken-biometric-privacy-law-put-on-hold/.

44. Russell Brandom, "Facebook-Backed Lawmakers Are Pushing to Gut Privacy Law". *The Verge*, 10 de abril de 2018. https://www.theverge.com/2018/4/10/17218756/facebook-biometric-privacy-lobbying-bipa-illinois.

45. Bobby Allyn, "Judge: Facebook's $550 Million Settlement in Facial Recognition Case Is Not Enough". *NPR*, 17 de julho de 2020. https://www.npr.org/2020/07/17/892433132/judge-facebooks-550-million-settlement-in-facial-recognition-case-is-not-enough.

46. Ibid.

47. Jared Bennett, "Saving Face: Facebook Wants Access Without Limits". *Center for Public Integrity*, 31 de julho de 2017. https://publicintegrity.org/inequality-poverty-opportunity/saving-face-facebook-wants-access-without-limits/.

48. Mike Allen, "Scoop: Mark Zuckerberg Returning to Capitol Hill". *Axios*, 18 de setembro de 2019. https://www.axios.com/mark-zuckerberg-capitol-hill-f75ba9fa-ca5d-4bab-9d58-40bcec96ff87.html.

49. Ryan Tracy, Chad Day e Anthony DeBarros, "Facebook and Amazon Boosted Lobbying Spending in 2020". *Wall Street Journal*, 24 de janeiro de 2021. https://www.wsj.com/articles/facebook-and-amazon-boosted-lobbying-spending-in-2020-11611500400.

50. Tony Romm, "Tech Giants Led by Amazon, Facebook and Google Spent Nearly Half a Billion on Lobbying over the Past Decade, New Data Shows". *Washington Post*, 22 de janeiro de 2020. https://www.washingtonpost.com/technology/2020/01/22/amazon-facebook-google-lobbying-2019/.

51. Adam Satariano e Matina Stevis-Gridneff, "Big Tech Turns Its Lobbyists Loose on Europe, Alarming Regulators". *New York Times*, 14 de dezembro de 2020. https://www.nytimes.com/2020/12/14/technology/big-tech-lobbying-europe.html.

52. Matthew De Silva e Alison Griswold, "The California Senate Has Voted to End the Gig Economy as We Know It". *Quartz*, 11 de setembro de 2019. https://qz.com/1706754/california-senate-passes-ab5-to-turn-independent-contractors-into-employees/.

53. "California Proposition 22, App-Based Drivers as Contractors and Labor Policies Initiative (2020)". *Ballotpedia*. https://ballotpedia.org/California_Proposition_22,_App-Based_Drivers_as_Contractors_and_Labor_Policies_Initiative_(2020).

54. Kari Paul e Julia Carrie Wong, "California Passes Prop 22 in a Major Victory for Uber and Lyft". *Guardian*, 4 de novembro de 2020. https://www.theguardian.com/us-news/2020/nov/04/california-election-voters-prop-22-uber-lyft; Andrew J. Hawkins, "An Uber and Lyft Shutdown in California Looks Inevitable — Unless Voters Bail Them Out". *The Verge*, 16 de agosto de 2020. https://www.theverge.com/2020/8/16/21370828/uber-lyft-california-shutdown-drivers-classify-ballot-prop-22.

55. Andrew J. Hawkins, "Uber and Lyft Had an Edge in the Prop 22 Fight: Their Apps". *The Verge*, 4 de novembro de 2020. https://www.theverge.com/2020/11/4/21549760/uber-lyft-prop-22-win-vote-app-message-notifications.

56. Lyft, "What Is Prop 22 | California Drivers | Vote YES on Prop 22 | Rideshare | Benefits | Lyft", 8 de outubro de 2020. https://www.youtube.com/watch?v=-7QJLgdQaf4.

57. Nancy Pelosi, Twitter, 3 de junho de 2019. https://twitter.com/speakerpelosi/status/1135698760397393921.

3. A CORRIDA DO TUDO OU NADA ENTRE DISRUPTURA E DEMOCRACIA

1. Maureen Dowd, "Peter Thiel, Trump's Tech Pal, Explains Himself". *New York Times*, 11 de janeiro de 2017. https://www.nytimes.com/2017/01/11/fashion/peter-thiel-donald-trump-silicon-valley-technology-gawker.html.

2. David Broockman, Gregory Ferenstein e Neil Malhotra, "Predispositions and the Political Behavior of American Economic Elites: Evidence from Technology Entrepreneurs". *American Journal of Political Science* 63, n. 1, 19 de novembro de 2018. p. 212-233.

3. Kim Zetter, "Of Course Congress Is Clueless About Tech — It Killed Its Tutor". *Wired*, 21 de abril de 2016. https://www.wired.com/2016/04/office-technology-assessment-congress-clueless-tech-killed-tutor/.

4. Evan Osnos, "Can Mark Zuckerberg Fix Facebook Before It Breaks Democracy?". *New Yorker*, 10 de setembro de 2018. https://www.newyorker.com/magazine/2018/09/17/can-mark-zuckerberg-fix-facebook-before-it-breaks-democracy.

5. "History of Sweatshops: 1880-1940". *National Museum of American History*. https://americanhistory.si.edu/sweatshops/history-1880-1940.

6. Karen Bilodeau, "How the Triangle Shirtwaist Fire Changed Workers' Rights". *Maine Bar Journal* 26, n. 1, 2011. p. 43-44.

7. Richard Du Boff, "Business Demand and the Development of the Telegraph in the United States, 1844-1860". *The Business History Review* 54, n. 4, 1980. p. 459-479.

8. Tim Wu, "A Brief History of American Telecommunications Regulation". *Oxford International Encyclopedia of Legal History* 5, 2007. p. 95.

9. "A Brief History of Internet Regulation". *Progressive Policy Institute*, março 2014. https://www.progressivepolicy.org/wp-content/uploads/2014/03/2014.03-Ehrlich_A-Brief-

History-of-Internet-Regulation1.pdf; Jonathan E. Nuechterlein e Philip J. Weiser, *Digital Crossroads*: Telecommunications Law and Policy in the Internet Age. 2. ed. Cambridge, MA: MIT Press, 2013.

10. Paul M. Romer, *In the Wake of the Crisis:* Leading Economists Reassess Economic Policy, vol. 1. Cambridge, MA: MIT Press, 2012. p. 96.

11. Lei de Myron, citada em Romer, *In the Wake of the Crisis*, p. 96.

12. "Total Number of Websites". Internet Live Stats, 4 de janeiro 2021. https://www.internetlivestats.com/total-number-of-websites/; Elahe Izadi, "The White House's First web Site Launched 20 Years Ago This Week. And It Was Amazing". *Washington Post*, 21 de outubro de 2014. https://www-washingtonpost-com.stanford.idm.oclc.org/news/the-fix/wp/2014/10/21/the-white-houses-first-website-launched-20-years-ago-this-week-and-it-was-amazing/

13. "List of websites Founded Before 1995". *Wikipedia*. https://en.wikipedia.org/w/index.php?title=List_of_websites_founded_before_1995&oldid=997260381.

14. Ehrlich, "A Brief History of Internet Regulation".

15. Becky Chao and Claire Park, "The Cost of Connectivity 2020". *New America Open Technology Institute*, julho de 2020. https://www.newamerica.org/oti/reports/cost-connectivity-2020/global-findings/.; Emily Stewart, "America's Monopoly Problem, Explained by Your Internet Bill". *Vox*, 18 de fevereiro, 2020. https://www.vox.com/the-goods/2020/2/18/21126347/antitrust-monopolies-internet-telecommunications-cheerleading.

16. United States District Court, "Case 4:20-Cv-00957". *Court Listener*, 16 de dezembro de 2020. https://www.courtlistener.com/recap/gov.uscourts.txed.202878/gov.uscourts.txed.202878.1.0.pdf.

17. Tom Wheeler, "The Tragedy of Tech Companies: Getting the Regulation They Want". *Brookings*, 26 de março de 2019. https://www.brookings.edu/blog/techtank/2019/03/26/the-tragedy-of-tech-companies-getting-the-regulation-they-want/.

18. Bobby Allyn e Shannon Bond, "4 Key Takeaways from Washington's Big Tech Hearing on 'Monopoly Power'". *NPR*, 30 de julho de 2020. https://www.npr.org/2020/07/30/896952403/4-key-takeaways-from-washingtons-big-tech-hearing-on-monopoly-power.

19. Katie Schoolov, "What It Would Take for Walmart to Catch Amazon in E-Commerce". *CNBC*, 13 de agosto de 2018. https://www.cnbc.com/2020/08/13/what-it-would-really-take-for-walmart-to-catch-amazon-in-e-commerce.html.

20. Mark Gurman, "Apple's Cook Says App Store Opened 'Gate Wider' for Developers". *Bloomberg*, 28 de julho de 2020. https://www.bloomberg.com/news/articles/2020-07-29/apple-s-cook-says-app-store-opened-gate-wider-for-developers.

21. Mark Zuckerberg, "Testimony of Mark Zuckerberg, Facebook, Inc., Before the United States House of Representatives Committee on the Judiciary". 9 de julho de 2020. https://docs.house.gov/meetings/JU/JU05/20200729/110883/HHRG-116-JU05-Wstate-ZuckerbergM-20200729.pdf, 5.

22. Roger McNamee, "A Historic Antitrust Hearing in Congress Has Put Big Tech on Notice". *Guardian*, 31 de julho de 2020. https://www.theguardian.com/commentisfree/2020/jul/31/big-tech-house-historic-antitrust-hearing-times-have-changed.

23. Platão, *The Republic*, vol. II (Livros VI-X). Cambridge, MA: Harvard University Press, 1942. p. 147.

24. Ibid. p. 305-311.

25. Bryan Caplan, *The Myth of the Rational Voter:* Why Democracies Choose Bad Policies. Princeton, NJ: Princeton University Press, 2008. p. 3.

26. Jason Brennan, *Against Democracy*. Princeton, NJ: Princeton University Press, 2016.

27. Thomas M. Nichols, *The Death of Expertise:* The Campaign Against Established Knowledge and Why It Matters. Nova York: Oxford University Press, 2017. p. 224.

28. Richard Wike et al., "Democracy Widely Supported, Little Backing for Rule by Strong Leader or Military". *Global Attitudes & Trends*, Pew Research Center, 16 de outubro de 2017. https://www.pewresearch.org/global/2017/10/16/democracy-widely-supported-little-backing-for-rule-by-strong-leader-or-military/.

29. Ian Bremmer, "Is Democracy Essential? Millennials Increasingly Aren't Sure — and That Should Concern Us All". NBC News, 13 de fevereiro de 2018. https://www.nbcnews.com/think/opinion/democracy-essential-millennials-increasingly-aren-t-sure-should-concern-us-ncna847476.

30. John Stuart Mill, "Essays on Politics and Society". *In*: J. M. Robson (org.), *The Collected Works of John Stuart Mill* – vol. XIX. Toronto: University of Toronto Press, 1977. p. 403.

31. Danielle S. Allen, *Our Declaration*: A Reading of the Declaration of Independence in Defense of Equality. Liveright, 2014.

32. Joshua Cohen, "Procedure and Substance in a Deliberative Democracy". *In*: Seyla Benhabib (org.), *Democracy and Difference*: Contesting the Boundaries of the Political. Princeton, NJ: Princeton University Press, 1996. p. 95-119.

33. John Stuart Mill, *Essays on Politics and Society*, p. 404.

34. Amartya Sen, *Poverty and Famines*: An Essay on Entitlement and Deprivation. Oxford: Oxford University Press, 1983.

35. Karl R. Popper, *The Open Society and Its Enemies*. Princeton, NJ: Princeton University Press, 2013. p. 115.

36. Ibid. p. 120.

37. Judith Shklar, "The Liberalism of Fear". *In*: Nancy L. Rosenblum (org.), *Liberalism and the Moral Life*. Cambridge, MA: Harvard University Press, 1989. p. 21-38.

38. Tom Wheeler, "Internet Capitalism Pits Fast Technology Against Slow Democracy". *Brookings*, 6 de maio de 2019. https://www.brookings.edu/blog/techtank/2019/05/06/internet-capitalism-pits-fast-technology-against-slow-democracy/.

PARTE II – DESAGREGANDO AS TECNOLOGIAS

1. Albert Einstein, "The 1932 Disarmament Conference". *The Nation*, 4 de setembro de 1931. https://www.thenation.com/article/archive/1932-disarmament-conference-0/.

4. As decisões por algoritmo podem ser justas?

1. Brad Stone, *The Everything Store*: Jeff Bezos and the Age of Amazon. Nova York: Little, Brown, 2013. p. 88.

2. Harry McCracken, "Meet the Woman Behind Amazon's Explosive Growth". *Fast Company*, 11 de abril de 2019. https://www.fastcompany.com/90325624/yes-amazon-has-an-hr-chief-meet-beth-galetti.

3. Jeffrey Dastin, "Amazon Scraps Secret AI Recruiting Tool That Showed Bias Against Women". *Reuters*, 10 de outubro, 2018. https://www.reuters.com/article/us-amazon-com-jobs-automation-insight/amazon-scraps-secret-ai-recruiting-tool-that-showed-bias-against-women-idUSKCN1MK08G.

4. Marianne Bertrand e Sendhil Mullainathan, "Are Emily and Greg More Employable than Lakisha and Jamal? A Field Experiment on Labor Market Discrimination". *American Economic Review* 94, n. 4, 2004. p. 991-1.013.

5. Dastin, "Amazon Scraps Secret AI Recruiting Tool That Showed Bias Against Women".

6. Loren Grush, "Google Engineer Apologizes after Photos App Tags Two Black People as Gorillas". *The Verge*, 1º de julho de 2015. https://www.theverge.com/2015/7/1/8880363/google-apologizes-photos-app-tags-two-black-people-gorillas.

7. Ibid.

8. Tom Simonite, "When It Comes to Gorillas, Google Photos Remains Blind". *Wired*, 11 de janeiro de 2018. https://www.wired.com/story/when-it-comes-to-gorillas-google-photos-remains-blind/; James Vincent, "Google 'Fixed Its Racist Algorithm by Removing Gorillas from Its Image-Labeling Tech". *The Verge*, 12 de janeiro de 2018. https://www.theverge.com/2018/1/12/16882408/google-racist-gorillas-photo-recognition-algorithm-ai.

9. Julia Angwin, Jeff Larson, Surya Mattu e Lauren Kirchner, "Machine Bias". *ProPublica*, 23 de maio de 2016. https://www.propublica.org/article/machine-bias-risk-assessments-in-criminal-sentencing.

10. Adam Liptak, "Sent to Prison by a Software Program's Secret Algorithms". *New York Times*, 1º de maio de 2017. https://www.nytimes.com/2017/05/01/us/politics/sent-to-prison-by-a-software-programs-secret-algorithms.html.

11. Angwin *et.al.*, "Machine Bias".

12. Arvind Narayanan, *Tutorial*: 21 Fairness Definitions and Their Politics, 2018. https://www.youtube.com/watch?v=-jIXIuYdnyyk.

13. Alexandra Chouldechova, "Fair Prediction with Disparate Impact". *Big Data* 5, n. 2, 1º de junho de 2017. p. 153-163; Jon Kleinberg, Sendhil Mullainathan e Manish Raghavan, "Inherent Trade-offs in the Fair Determination of Risk Scores". *Proceedings of Innovations in Theoretical Computer Science* 67, n. 43, 11 de janeiro de 2017. p. 1-23.

14. Sarah F. Brosnan e Frans B. M. de Waal, "Monkeys Reject Unequal Pay". *Nature* 425, 18 de setembro de 2003. p. 297-299. https://doi.org/10.1038/nature01963.

15. Vanessa Romo, "California Becomes First State to End Cash Bail After 40-Year Fight". *NPR*, 28 de agosto de 2018. https://www.npr.org/2018/08/28/642795284/california-becomes-first-state-to-end-cash-bail.

16. Melody Gutierrez, "Bill to End Cash Bail Passes California Assembly amid Heavy Opposition". *San Francisco Chronicle*, 20 de agosto de 2018. https://www.sfchronicle.com/crime/article/California-legislation-to-end-cash-bail-loses-13169991.php.

17. Jon Kleinberg *et al.*, "Human Decisions and Machine Predictions". *Quarterly Journal of Economics* 133, n. 1, 26 de agosto de 2017. p. 237-293. https://doi.org/10.1093/qje/qjx032.

18. Anthony Heyes e Soodeh Saberian, "Temperature and Decisions: Evidence from 207,000 Court Cases". *American Economic Journal: Applied Economics* 11, n. 2, 19 de abril de 2017. p. 238-265. https://doi.org/10.1257/app.20170223.

19. ACLU da Califórnia, "ACLU of California Changes Position to Oppose Bail Reform Legislation". ACLU do sul da Califórnia, 20 de agosto de 2018. https://www.aclusocal.org/en/press-releases/aclu-california-changes-position-oppose-bail-reform-legislation.

20. Alexei Koseff, "Bill to eliminate bail advances despite ACLU defection". *The Sacramento Bee*, 20 de agosto de 2018. https://www.sacbee.com/news/politics-government/capitol-alert/article217031860.html.

21. Julia Angwin *et al.*, "Machine Bias". *ProPublica*, 23 de maio de 2016. https://www.propublica.org/article/machine-bias-risk-assessments-in-criminal-sentencing.

22. Tom Simonite, "Algorithms Should've Made Courts More Fair. What Went Wrong?". *Wired*, 5 de setembro de 2019. https://www.wired.com/story/algorithms-shouldve-made-courts-more-fair-what-went-wrong/.

23. State v. Loomis, 881 N.W.2d 749 (Wisconsin, 2016).

24. Cathy O'Neil, *Weapons of Math Destruction:* How Big Data Increases Inequality and Threatens Democracy. Nova York: Crown, 2016. p. 3.

25. Ruha Benjamin, *Race After Technology:* Abolitionist Tools for the New Jim Code. Medford, MA: Polity, 2019.

26. Adam Bryant, "In Head-Hunting, Big Data May Not Be Such a Big Deal". *New York Times*, 19 de junho, 2013. https://www.nytimes.com/2013/06/20/business/in-head-hunting-big-data-may-not-be-such-a-big-deal.html.

27. Partnership on AI, "Report on Algorithmic Risk Assessment Tools in the U.S. Criminal Justice System". *The Partnership on AI*, 2019. https://www.partnershiponai.org/report-on-machine-learning-in-risk-assessment-tools-in-the-u-s-criminal-justice-system/.

28. Alex Albright, "If You Give a Judge a Risk Score: Evidence from Kentucky Bail Decisions". *The Little Data Set*, 3 de setembro de 2019. https://thelittledataset.com/about_files/albright_judge_score.pdf, 1.

29. Scott E. Carrell, Bruce I. Sacerdote e James E. West, "From Natural Variation to Optimal Policy? The Importance of Endogenous Peer Group Formation". *Econometrica* 81, n. 3, 2013. p. 855-882. https://doi.org/10.3982/ECTA10168.

30. Lauren Kirchner, "Algorithmic Decision Making and Accountability". *Ethics, Technology & Public Policy*, Stanford University, 16 de agosto de 2017. https://stanford.app.box.com/s/ah98xmibagwdfvlzsdtcpcyew8blks9c.

31. Rashida Richardson, "Confronting Black Boxes". *AI Now Institute*, 4 de dezembro de 2019. https://ainowinstitute.org/ads-shadowreport-2019.pdf.

32. Jon Kleinberg *et al.*, "Discrimination in the Age of Algorithms". *Journal of Legal Analysis* 10, 2018. p. 113-174. https://academic.oup.com/jla/article/doi/10.1093/jla/laz001/5476086.

33. Tom Simonite, "New York City Proposes Regulating Algorithms Used in Hiring". *Wired*, 8 de janeiro de 2021. https://www.wired.com/story/new-york-city-proposes-regulating-algorithms-hiring/.

5. Quanto vale sua privacidade?

1. Sopan Deb e Natasha Singer, "Taylor Swift Said to Use Facial Recognition to Identify Stalkers". *New York Times*, 13 de dezembro de 2018. https://www.nytimes.com/2018/12/13/arts/music/taylor-swift-facial-recognition.html.

2. Gabrielle Canon, "How Taylor Swift Showed Us the Scary Future of Facial Recognition". *Guardian*, 15 de fevereiro de 2019. http://www.theguardian.com/technology/2019/feb/15/how-taylor-swift-showed-us-the-scary-future-of-facial-recognition.

3. Steve Knopper, "Why Taylor Swift Is Using Facial Recognition at Concerts". *Rolling Stone*, 13 de dezembro de 2018. https://www.rollingstone.com/music/music-news/taylor-swift-facial-recognition-concerts-768741/.

4. Caroline Haskins, "Why Some Baltimore Residents Are Lobbying to Bring Back Aerial Surveillance". *The Outline*, 30 de agosto de 2018. https://theoutline.com/post/6070/why-some-baltimore-residents-are-lobbying-to-bring-back-aerial-surveillance.

5. Gender Shades, http://gendershades.org/. Veja também Joy Buolamwini e Timnit Gebru, "Gender Shades: Intersectional Accuracy Disparities in Commercial Gender Classification". *Proceedings of Machine Learning Research* 81, 2018. p. 1-15. http://proceedings.mlr.press/v81/buolamwini18a/buolamwini18a.pdf.

6. Kashmir Hill, "Before Clearview Became a Police Tool, It Was a Secret Plaything of the Rich". *New York Times*, 5 de março de 2020. https://www.nytimes.com/2020/03/05/technology/clearview-investors.html.

7. Shoshana Zuboff, *The Age of Surveillance Capitalism:* The Fight for a Human Future at the New Frontier of Power. Nova York, PublicAffairs, 2019.

8. J. Clement, "Google: Ad Revenue 2001-2018". *Statista*, 2020. https://www.statista.com/statistics/266249/advertising-revenue-of-google/.

9. "2017 Global Mobile Consumer Survey: US edition". *Deloitte Touche Tohmatsu Limited*, 2017. https://www2.deloitte.com/content/dam/Deloitte/us/Documents/technology-media-telecommunications/us-tmt-2017-global-mobile-consumer-survey-executive-summary.pdf.

10. "Termos de Serviço do Facebook". *Facebook*. https://www.facebook.com/terms.php.

11. "Extract from Bentham's Will". *Bentham Project*. https://www.ucl.ac.uk/bentham-project/who-was-jeremy-bentham/auto-icon/extract-benthams-will.

12. Jeremy Bentham, *The Panopticon Writings*. Miran Božovič (ed.). Londres: Verso, 1995. Mudanças em https://www.versobooks.com/books/554-the-panopticon-writings.

13. Ibid. 31.

14. Ibid. 31.

15. Jonah Newman, "Stateville Prison Reopens Decrepit 'F-House' to Hold Inmates with covid-19". *Injustice Watch*, 12 de maio de 2020. https://www.injusticewatch.org/news/prisons-and-jails/2020/stateville-roundhouse-covid/.

16. Michel Foucault, *Discipline and Punish:* The Birth of the Prison. Nova York: Pantheon, 1977.

17. "Watching You Watching Bentham: The PanoptiCam". UCL *News*, 17 de março de 2015. https://www.ucl.ac.uk/news/2015/mar/watching-you-watching/bentham-panopticam.

18. Katherine Noyes, "Scott McNealy on Privacy: You Still Don't Have Any". *Computerworld*, 25 de junho de 2015. https://www.computerworld.com/article/2941055/scott-mcnealy-on-privacy-you-still-dont-have-any.html.

19. Tim Berners-Lee, "Three Challenges for the web, According to Its Inventor". *World Wide Web Foundation*, 12 de março de 2017. https://webfoundation.org/2017/03/web-turns-28-letter/.

20. Henry Blodget, "Everyone Who Thinks Facebook Is Stupid to Buy WhatsApp for $19 Billion Should Think Again...". *Business Inside*r, 20 de fevereiro de 2014. https://www.businessinsider.com/why-facebook-buying-whatsapp-2014-2.

21. Mark Zuckerberg, "A Privacy-Focused Vision for Social Networking". *About Facebook*, 6 de março de 2019. https://about.fb.com/news/2019/03/vision-for-social-networking/.

22. Paul Ohm, "Broken Promises of Privacy: Responding to the Surprising Failure of Anonymization". UCLA *Law Review* 57, 2010. p. 1.701-1.777, https://papers.ssrn.com/sol3/papers.cfm?abstract_id=1450006.

23. L. Sweeney, "Simple Demographics Often Identify People Uniquely". *Data Privacy Working Paper* 3, Carnegie Mellon University, 2000.

24. "How Unique Am I?". *AboutMyInfo*. https://aboutmyinfo.org/identity.

25. Cynthia Dwork, "Differential Privacy". *In:* Michele Bugliesi *et al.* (org.), *Automata, Languages and Programming*. Heidelberg, 2006. p. 1-12.

26. Daniel J. Solove, "Introduction: Privacy Self-Management and the Consent Dilemma". *Harvard Law Review* 126, 2013. p. 1.880-1.903. https://harvardlawreview.org/wp-content/uploads/pdfs/vol126_solove.pdf.

27. Leander Kahney, "The FBI Wanted a Backdoor to the iPhone. Tim Cook Said No". *Wired*, 16 de abril de 2019. https://www.wired.com/story/the-time-tim-cook-stood-his-ground-against-fbi/.

28. Matt Burgess, "Google Got Rich from Your Data. Duck-DuckGo Is Fighting Back". *Wired*, 8 de junho de 2020. https://www.wired.co.uk/article/duckduckgo-android-choice-screen-search.

29. Ibid.

30. Alessandro Acquisti, Laura Brandimarte e George Loewenstein, "Privacy and Human Behavior in the Age of Information". *Science* 347, n. 6221, 2015. p. 509-514. https://doi.org/10.1126/science.aaa1465.

31. Yabing Liu *et al.*, "Analyzing Facebook Privacy Settings: User Expectations vs. Reality". *In*: *Proceedings of the 2011* ACM SIGCOMM *conference on Internet Measurement Conference*. Nova York: Association for Computing Machinery, 2011. p. 61-70. https://dl.acm.org/doi/10.1145/2068816.2068823.

32. Susan Athey, Christian Catalini e Catherine Tucker, "The Digital Privacy Paradox: Small Money, Small Costs, Small Talk". *Stanford Institute for Economic Policy Research*, setem-

bro de 2017. https://siepr.stanford.edu/research/publications/digital-privacy-paradox-small-money-small-costs-small-talk.

33. Brooke Auxier, "How Americans See Digital Privacy Issues amid the covid-19 Outbreak". *Pew Research Center*, 4 de maio de 2020. https://www.pewresearch.org/fact-tank/2020/05/04/how-americans-see-digital-privacy-issues-amid-the-covid-19-outbreak/.

34. Solove, "Privacy Self-Management".

35. Patrick Howell O'Neill, "How Apple and Google Are Tackling Their Covid Privacy Problem". MIT *Technology Review*, 14 de abril de 2020. https://www.technologyreview.com/2020/04/14/999472/how-apple-and-google-are-tackling-their-covid-privacy-problem/.

36. Olivia B. Waxman, "The GDPR Is Just the Latest Example of Europe's Caution on Privacy Rights. That Outlook Has a Disturbing History". *Time*, 24 de maio de 2018. https://time.com/5290043/nazi-history-eu-data-privacy-gdpr/.

37. Simon Shuster, "E.U. Pushes for Stricter Data Protection After Snowden's NSA Revelations". *Time*, 21 de outubro de 2013. https://world.time.com/2013/10/21/e-u-pushes-for-stricter-data-protection-after-snowden-nsa-revelations/.

38. Diário Oficial da União Europeia, Regulamento Geral de Proteção de Dados, Recital 46. https://eur-lex.europa.eu/eli/reg/2016/679/oj.

39. Samuel Stolton, "95,000 complaints issued to EU Data Protection Authorities". *EURACTIV*, 28 de janeiro de 2019. https://www.euractiv.com/section/data-protection/news/95000-complaints-issued-to-eu-data-protection-authorities/.

40. David Ingram e Joseph Menn, "Exclusive: Facebook CEO stops short of extending European privacy globally". *Reuters*, 3 de abril de 2018. https://www.reuters.com/article/us-facebook-ceo-privacy-exclusive/exclusive-facebook-ceo-stops-short-of-extending-european-privacy-globally-idUSKCN1HA2M1.

41. Josh Constine, "Zuckerberg says Facebook will offer GDPR privacy controls everywhere". *Techcrunch*, 4 de abril de 2018. https://techcrunch.com/2018/04/04/zuckerberg-gdpr/.

6. HUMANOS PODEM PROSPERAR EM UM MUNDO DE MÁQUINAS INTELIGENTES?

1. Joseph Hooper, "From Darpa Grand Challenge 2004 DARPA's Debacle in the Desert". *Popular Science*, 4 de junho de 2004. https://www.popsci.com/scitech/article/2004-06/darpa-grand-challenge-2004darpas-debacle-desert/.

2. David Orenstein, "Stanford Team's Win in Robot Car Race Nets $2 Million Prize". *Stanford News Service*, 11 de outubro de 2005. http://news.stanford.edu/news/2005/october12/stanleyfinish-100905.html.

3. Joan Robinson, "Robotic Vehicle Wins Race Under Team Leader Sebastian Thrun". *Springer*, 8 de novembro de 2005. http://www.springer.com/about+springer/media/pressreleases?SGWID=0-11002-2-803827-0.

4. Raymond Perrault *et al.*, Artificial Intelligence Index Report 2019. AI *Index Steering Committee*, Human-Centered AI Institute, Stanford University, dezembro de 2019. p. 129-131. https://euagenda.eu/upload/publications/untitled-283856-ea.pdf.

5. "Road Safety". *World Health Organization*. https://www.who.int/data/maternal-newborn-child-adolescent/monitor.

6. National Highway Traffic Safety Administration, "Traffic Safety Facts: 2017 Data". *U.S. Department of Transportation*, maio de 2019. https://crashstats.nhtsa.dot.gov/Api/Public/ViewPublication/812687.

7. Peter Diamandis, "Self-Driving Cars Are Coming". *Forbes*, 13 de agosto de 2014. https://www.forbes.com/sites/peterdiamandis/2014/10/13/self-driving-cars-are-coming/.

8. Jean-François Bonnefon, Azim Shariff e Iyad Rahwan, "The Social Dilemma of Autonomous Vehicles". *Science* 352, n. 6293, 24 de junho de 2016. p. 1573-1576. https://doi.org/10.1126/science.aaf2654.

9. Bruce Weber, "Swift and Slashing, Computer Topples Kasparov". *New York Times*, 12 de maio de 1997. https://www.nytimes.com/1997/05/12/nyregion/swift-and-slashing-computer-topples-kasparov.html.

10. Dawn Chan, "The AI That Has Nothing to Learn from Humans". *Atlantic*, 20 de outubro de 2017. https://www.theatlantic.com/technology/archive/2017/10/alphago-zero-the-ai-that-taught-itself-go/543450/.

11. Carolyn Dimitri, Anne Effland e Neilson Conklin, "The 20th Century Transformation of U.S. Agriculture and Farm Policy". *Economic Information Bulletin* 3, junho de 2005. https://www.ers.usda.gov/webdocs/publications/44197/13566_eib3_1_.pdf.

12. Nick Bostrom e Eliezer Yudkowsky, "The Ethics of Artificial Intelligence". *In*: Keith Frankish e William M. Ramsey (ed.), *Cambridge Handbook of Artificial Intelligence*. Cambridge, UK: Cambridge University Press, 2014. p. 316-334.

13. Edward Feigenbaum *et al.*, *Advanced Software Applications in Japan*. Park Ridge, NJ: Noyes Data Corporation, 1995.

14. Yaniv Taigman *et al.*, "DeepFace: Closing the Gap to Human-Level Performance in Face Verification". *In*: *2014 IEEE Conference on Computer Vision and Pattern Recognition (CVPR 2014)*. Nova York: IEEE, 2014. p. 1701-1708. https://doi.org/10.1109/CVPR.2014.220.

15. Ibid.

16. "Language Interpretation in Meetings and Webinars". *Zoom Help Center*. https://support.zoom.us/hc/en-us/articles/360034919791-Language-interpretation-in-meetings-and-webinars.

17. Scott Mayer McKinney *et al.*, "International Evaluation of an AI System for Breast Cancer Screening". *Nature* 577, janeiro de 2020. p. 89-94. https://doi.org/10.1038/s41586-019-1799-6.

18. Pranav Rajpurkar *et al.*, "Radiologist-Level Pneumonia Detection on Chest X-Rays with Deep Learning". *CheXNet*, 25 de dezembro de 2017. http://arxiv.org/abs/1711.05225.

19. Creative Destruction Lab, *Geoff Hinton: On Radiology*, 2016. https://www.youtube.com/watch?v=2HMPRXstSvQ.

20. Hugh Harvey, "Why AI Will Not Replace Radiologists". *Medium*, 7 de abril de 2018. https://towardsdatascience.com/why-ai-will-not-replace-radiologists-c7736f2c7d80.

21. Xiaoxuan Liu *et al.*, "A Comparison of Deep Learning Performance Against Health-Care Professionals in Detecting Diseases from Medical Imaging: A Systematic Review and Meta-

Analysis". *The Lancet Digital Health* 1, n. 6, 1º de outubro de 2019. p. e271-297. https://doi.org/10.1016/S2589-7500(19)30123-2.

22. Anna Jobin, Marcello Ienca e Effy Vayena, "The Global Landscape of AI Ethics Guidelines". *Nature Machine Intelligence* 1, n. 9, setembro de 2019. p. 389-399. https://doi.org/10.1038/s42256-019-0088-2.

23. Wagner James Au, "VR Will Make Life Better — or Just Be an Opiate for the Masses". *Wired*, 25 de fevereiro de 2016. https://www.wired.com/2016/02/vr-moral-imperative-or-opiate-of-masses/.

24. Robert Nozick, *The Examined Life*: Philosophical Meditations. Nova York: Simon & Schuster, 2006. p. 106.

25. Ibid.

26. Jaron Lanier, *You Are Not a Gadget*: A Manifesto. Nova York: Knopf Doubleday Publishing Group, 2010. p. x.

27. Gregory Clark, *A Farewell to Alms:* A Brief Economic History of the World. Princeton, NJ: Princeton University Press, 2007. p. 1.

28. Angus Deaton, *The Great Escape*: Health, Wealth, and the Origins of Inequality. Princeton, NJ: Princeton University Press, 2015.

29. Adrienne LaFrance, "Self-Driving Cars Could Save Tens of Millions of Lives This Century". *Atlantic*, 29 de setembro de 2015. https://www.theatlantic.com/technology/archive/2015/09/self-driving-cars-could-save-300000-lives-per-decade-in-america/407956/.

30. Amartya Sen, *Development as Freedom*. Nova York: Anchor, 2000.

31. Aristóteles, *Nicomachean Ethics*, trad. Roger Crisp. Cambridge: Cambridge University Press, 2004. p. 7.

32. "Our World in Data". *Our World in Data*. https://ourworldindata.org.

33. Carl Benedikt Frey e Michael A. Osborne, "The Future of Employment". *Technological Forecasting and Social Change* 114, janeiro de 2017. p. 254-280, https://doi.org/10.1016/j.techfore.2016.08.019.

34. "Automation and Independent Work in a Digital Economy". OECD *Publishing*, maio de 2016. https://www.oecd.org/els/emp/Policy%20brief%20-%20Automation%20and%20Independent%20Work%20in%20a%20Digital%20Economy.pdf.

35. John Maynard Keynes, "Economic Possibilities for Our Grandchildren (1930)". *In*: *Essays in Persuasion*. W. W. Norton & Company, 1963. p. 358-383.

36. Charlotte Curtis, "Machines vs. Workers". *New York Times*, 8 de fevereiro de 1983. https://www.nytimes.com/1983/02/08/arts/machines-vs-workers.html.

37. Aaron Smith e Janna Anderson, "AI, Robotics, and the Future of Jobs". *Pew Research Center*, 6 de agosto de 2014. https://www.pewresearch.org/internet/2014/08/06/future-of-jobs/.

38. Ibid.

39. Mark Fahey, "Driverless Cars Will Kill the Most Jobs in Select US States". CNBC, 2 de setembro de 2016. https://www.cnbc.com/2016/09/02/driverless-cars-will-kill-the-most-jobs-in-select-us-states.html.

40. Daron Acemoglu e Pascual Restrepo, "Artificial Intelligence, Automation and Work". NBER *Working Paper Series, Working Paper 24196*, janeiro de 2018. p. 43.

41. Daron Acemoglu e Pascual Restrepo, "Robots and Jobs". NBER *Working Paper Series, Working Paper* 23285, março de 2017. https://www.nber.org/system/files/working_papers/w23285/w23285.pdf.

42. Jason Furman, "Is This Time Different? The Opportunities and Challenges of Artificial Intelligence". Comentários sobre AI *Now:* The Social and Economic Implications of Artificial Intelligence Technologies in the Near Term. Nova York: New York University, 7 de junho de 2016. https://obamawhitehouse.archives.gov/sites/default/files/page/files/20160707_cea_ai_furman.pdf.

43. Stuart Russell, "Open Letter on AI". *Berkeley Engineering*, 15 de janeiro de 2015. https://engineering.berkeley.edu/news/2015/11/open-letter-on-ai/.

44. Stuart Russell, "Take a Stand on AI Weapons". *In:* "Robotics: Ethics of Artificial Intelligence". *Nature* 521, n. 7.553, 17 de maio de 2015. p. 415-418. https://www.nature.com/news/robotics-ethics-of-artificial-intelligence-1.17611#/russell.

45. Russel, "Open Letter on AI".

46. "Lethal Autonomous Weapons Pledge". *Future of Life Institute*, 2018. https://futureoflife.org/lethal-autonomous-weapons-pledge/.

47. Daron Acemoglu e Pascual Restrepo, "The Wrong Kind of AI?". *TNIT News*, edição especial, dezembro de 2018. https://idei.fr/sites/default/files/IDEI/documents/tnit/newsletter/newsletter_tnit_2019.pdf.

48. Daron Acemoglu, *Redesigning* AI: Work, Democracy, and Justice in the Age of Automation. Cambridge: MIT Press, 2021.

49. Iyad Rahwan, "Society-in-the-Loop". *Ethics and Information Technology* 20, n. 1, março de 2018. p. 5-14. https://link.springer.com/article/10.1007/s10676-017-9430-8.

50. "Worker Voices". *New America*, 21 de novembro de 2019. http://newamerica.org/work-workers-technology/events/worker-voices/.

51. Steven Greenhouse, "Where Are the Workers When We Talk About the Future of Work?". *American Prospect*, 22 de agosto de 2019. https://prospect.org/labor/where-are-the-workers-when-we-talk-about-the-future-of-work/.

52. Adam Seth Litwin, "Technological Change at Work". *ILR Review* 64, n. 5, 1º de outubro de 2011. p. 863-888. https://doi.org/10.1177/001979391106400502.

53. Alana Semuels, "Getting Rid of Bosses". *Atlantic*, 8 de julho de 2015. https://www.theatlantic.com/business/archive/2015/07/no-bosses-worker-owned-cooperatives/397007/.

54. Pegah Moradi e Karen Levy, "The Future of Work in the Age of AI: Displacement or Risk-Shifting?". *In*: Marus D. Dubber, Frank Pasquale e Sunit Das (org.), *Oxford Handbook of Ethics of* AI. Oxford, UK: Oxford University Press, 2020. p. 4-5.

55. "Business Roundtable Redefines the Purpose of a Corporation to Promote 'An Economy That Serves All Americans'". *Business Roundtable*, 19 de agosto de 2019. https://www.businessroundtable.org/business-roundtable-redefines-the-purpose-of-a-corporation-to-promote-an-economy-that-serves-all-americans.

56. "Empowering Workers Through Accountable Capitalism". *Warren Democrats*, 2020. https://elizabethwarren.com/plans/accountable-capitalism.

57. Daron Acemoglu e Pascual Restrepo, "The wrong kind of AI? Artificial intelligence and the future of labour demand". *Cambridge Journal of Regions, Economy and Society* 13, n. 1, novembro de 2019. p. 25-35.

58. Abby Vesoulis, "This Presidential Candidate Wants to Give Every Adult $1,000 a Month". *Time*, 13 de fevereiro de 2019. https://time.com/5528621/andrew-yang-universal-basic-income/.

59. Kevin J. Delaney, "The Robot That Takes Your Job Should Pay Taxes, Says Bill Gates". *Quartz*, 17 de fevereiro de 2017. https://qz.com/911968/bill-gates-the-robot-that-takes-your-job-should-pay-taxes/.

60. Dylan Matthews, "Andrew Yang's Basic Income Can't Do Enough to Help Workers Displaced by Technology". *Vox*, 18 de outubro de 2019. https://www.vox.com/future-perfect/2019/10/18/20919322/basic-income-freedom-dividend-andrew-yang-automation.

61. Furman, "Is This Time Different?".

62. Cullen O'Keefe et al., "The Windfall Clause: Distributing the Benefits of AI for the Common Good". Cornell University, 24 de janeiro de 2020. http://arxiv.org/abs/1912.11595.

63. Cullen O'Keefe et al., "The Windfall Clause: Distributing the Benefits of AI for the Common Good". Cornell University, 24 de janeiro de 2020. http://arxiv.org/abs/1912.11595.

64. Ana Swanson, "How the U.S. Spends More Helping Its Citizens than Other Rich Countries, but Gets Way Less". *Washington Post*, 9 de abril de 2015. https://www.washingtonpost.com/news/wonk/wp/2015/04/09/how-the-u-s-spends-more-helping-its-citizens-than-other-rich-countries-but-gets-way-less/.

65. Jacob Funk Kirkegaard, "The True Levels of Government and Social Expenditures in Advanced Economies". Peterson Institute for International Economics, *Policy Brief* 15-4, março de 2015. https://piie.com/publications/pb/pb15-4.pdf, 19.

66. "Americans Overestimate Social Mobility in Their Country". *Economist*, 14 de fevereiro de 2018. https://www.economist.com/graphic-detail/2018/02/14/americans-overestimate-social-mobility-in-their-country.

67. Ezra Klein, "You Have a Better Chance of Achieving 'the American Dream' in Canada than in America". *Vox*, 15 de agosto de 2019. https://www.vox.com/2019/8/15/20801907/raj-chetty-ezra-klein-social-mobility-opportunity.

7. A LIBERDADE DE EXPRESSÃO VAI SOBREVIVER À INTERNET?

1. Kate Conger e Mike Isaac, "Inside Twitter's Decision to Cut Off Trump". *New York Times*, 16 de janeiro de 2021. https://www.nytimes.com/2021/01/16/technology/twitter-donald-trump-jack-dorsey.html.

2. Haley Messenger, "Twitter to Uphold Permanent Ban Against Trump, Even if He Were to Run for Office Again". *NBC News*, 10 de fevereiro de 2021. https://www.nbcnews.com/news/amp/ncna1257269.

3. "Permanent Suspension of @realDonaldTrump". Twitter, 8 de janeiro de 2021. https://blog.twitter.com/en_us/topics/company/2020/suspension.html.

4. Jack Dorsey, Twitter, 13 de janeiro, 2021. https://twitter.com/jack/status/1349510770992640001.

5. Franklin Foer, "Facebook's War on Free Will". *Guardian*, 19 de setembro de 2017. http://www.theguardian.com/technology/2017/sep/19/facebooks-war-on-free-will.

6. Jon Porter, "Facebook Says the Christchurch Attack Live Stream Was Viewed by Fewer than 200 People". *The Verge*, 19 de março de 2019. https://www.theverge.com/2019/3/19/18272342/facebook-christchurch-terrorist-attack-views-report-takedown.

7. Ryan McCarthy, "'Outright Lies': Voting Misinformation Flourishes on Facebook". *ProPublica*, 16 de julho de 2020. https://www.propublica.org/article/outright-lies-voting-misinformation-flourishes-on-facebookgrewal.

8. Gurbir S. Grewal *et al.*, "Attorneys general letter to Mark Zuckerberg and Sheryl Sandberg", 5 de agosto de 2020. https://www.nj.gov/oag/newsreleases20/AGs-Letter-to-Facebook.pdf.

9. June Cohen, "Rabois' Comments on 'Faggots' Derided Across University". *Stanford Daily*, 6 de fevereiro de 1992. https://archives.stanforddaily.com/1992/02/06?page=1&section=MODSMD_ARTICLE5#article.

10. Keith Rabois, "Rabois: My Intention Was to Make a Provocative Statement". *Stanford Daily*, 7 de fevereiro de 1992. https://archives.stanforddaily.com/1992/02/07?page=5&section=MODSMD_ARTICLE21#article.

11. "Officials Condemn Homophobic Incident; No Prosecution Planned". *Stanford News*, 12 de fevereiro de 1992. https://news.stanford.edu/pr/92/920212Arc2432.html.

12. Craig Silverman, "This Analysis Shows How Viral Fake Election News Stories Outperformed Real News on Facebook". *BuzzFeed News*, 16 de novembro de 2016. https://www.buzzfeednews.com/article/craigsilverman/viral-fake-election-news-outperformed-real-news-on-facebook.

13. Ciara O'Rourke, "No, the Gates Foundation Isn't Pushing Microchips with All Medical Procedures". *PolitiFact*, 20 de maio de 2020. https://www.politifact.com/factchecks/2020/may/20/facebook-posts/no-gates-foundation-isnt-pushing-microchips-all-me/; Linley Sanders, "The Difference Between What Republicans and Democrats Believe to Be True About covid-19". *YouGov*, 26 de maio de 2020. https://today.yougov.com/topics/politics/articles-reports/2020/05/26/republicans-democrats-misinformation.

14. Steven Levy, "Bill Gates on Covid: Most US Tests Are 'Completely Garbage'". *Wired*, 7 de agosto de 2020. https://www.wired.com/story/bill-gates-on-covid-most-us-tests-are-completely-garbage/.

15. Mark Zuckerberg, "A Blueprint for Content Governance and Enforcement". *Facebook*, 15 de novembro de 2018. https://www.facebook.com/notes/751449002072082/.

16. Mark Zuckerberg, "Building Global Community". *Facebook*, 16 de fevereiro de 2017. https://www.facebook.com/notes/mark-zuckerberg/building-global-community/10154544292806634/.

17. "YouTube Jobs", YouTube. https://www.youtube.com/jobs/.

18. Raffi Krikorian, "New Tweets per Second Record, and How!". *Twitter*, 16 de agosto de 2013. https://blog.twitter.com/engineering/en_us/a/2013/new-tweets-per-second-record-and-how.html.

19. Christine Kearney, "Encyclopaedia Britannica: After 244 Years in Print, Only Digital Copies Sold". *Christian Science Monitor*, 14 de março de 2012. https://www.csmonitor.com/Business/Latest-News-Wires/2012/0314/Encyclopaedia-Britannica-After-244-years-in-print-only-digital-copies-sold.

20. Camille Slater, "Wikipedia vs. Britannica: A Comparison Between Both Encyclopedias". *SciVenue*, 17 de novembro de 2017. http://scivenue.com/2017/11/17/wikipedia-vs-britannica-encyclopedia/.

21. "Wikipedia: Statistics". https://en.wikipedia.org/wiki/Wikipedia:Statistics; "Wikistats: Statistics for Wikimedia Projects". *Wikimedia Statistics*. https://stats.wikimedia.org/#/en.wikipedia.org/reading/total-page-views/normal%7Cbar%7C2-year%7C~total%7Cmonthly.

22. "Google Statistics". *Wikipedia*, 1º de maio de 2013. https://en.wikipedia.org/w/index.php?title=Wikipedia:Google_statistics&oldid=553012140.

23. Greg Sterling, "Forecast Says SEO-Related Spending Will Be Worth $80 Billion by 2020". *Search Engine Land*, 19 de abril de 2016. https://searchengineland.com/forecast-says-seo-related-spending-will-worth-80-billion-2020-247712.

24. Thomas Jefferson, "Letter to Charles Yancey". *Manuscript/Mixed Material*, 6 de janeiro de 1816. https://www.loc.gov/resource/mtj1.048_0731_0734.

25. John Stuart Mill e Mary Warnock (org.), *Utilitarianism and On Liberty*: Including Mill's "Essay on Bentham" and Selections from the Writings of Jeremy Bentham and John Austin. 2. ed. Hoboken: Wiley-Blackwell, 2003. p. 100.

26. Ibid. p. 134.

27. Ibid. p. 100.

28. Louis Brandeis, *Whitney v. People of State of California*, 274 U.S. 357, Supreme Court of the United States, 16 de maio de 1927. https://www.law.cornell.edu/supremecourt/text/274/357.

29. Jeffrey Goldberg, "Why Obama Fears for Our Democracy." *Atlantic*, 16 de novembro de 2020. https://www.theatlantic.com/ideas/archive/2020/11/why-obama-fears-for-our-democracy/617087/.

30. *Chaplinsky v. State of New Hampshire*, 315 U.S. 568, Supreme Court of the United States, 9 de março de 1942. https://www.law.cornell.edu/supremecourt/text/315/568.

31. Raymond Lin, "New Zealand Shooter Kills 50 in Attack on Mosques". *Guide Post Daily*, 1º de abril de 2019. https://gnnguidepost.org/2923/news/new-zealand-shooter-kills-50-in-attack-on-mosques/.

32. Guy Rosen, "Community Standards Enforcement Report, Fourth Quarter 2020". *Facebook Newsroom*, 11 de fevereiro de 2021. https://about.fb.com/news/2021/02/community-standards-enforcement-report-q4-2020/.

33. Cass Sunstein, *Republic.com 2.0*. Princeton, NJ: Princeton University Press, 2007. p. 69, 78.

34. Joshua Cohen, "Against Cyber-Utopianism". *Boston Review*, 19 de junho de 2012. https://bostonreview.net/joshua-cohen-reflections-on-information-technology-and-democracy.

35. Nathaniel Persily e Joshua A. Tucker (org.), *Social Media and Democracy*: The State of the Field, Prospects for Reform, SSRC Anxieties of Democracy. Cambridge, UK: Cambridge University Press, 2020.

36. Pablo Barber, "Social Media, Echo Chambers, and Political Polarization". *In*: Nathaniel Persily e Joshua A. Tucker (org.), *Social Media and Democracy*: The State of the Field, Prospects for Reform, SSRC Anxieties of Democracy.Cambridge, UK: Cambridge University Press, 2020.

37. Pablo Barber e Gonzalo Rivero, "Understanding the Political Representativeness of Twitter Users". *Social Science Computer Review* 33, n. 6, 2015. p. 712-729. https://doi.org/10.1177/0894439314558836.

38. Andrew M. Guess, Brendan Nyhan e Jason Reifler, "Exposure to Untrustworthy Websites in the 2016 US Election". *Nature Human Behaviour* 4, n. 5, 2 de março de 2020. p. 472-480. https://doi.org/10.1038/s41562-020-0833-x.

39. E. Bakshy, S. Messing e L. A. Adamic, "Exposure to Ideologically Diverse News and Opinion on Facebook". *Science* 348, n. 6239, 5 de junho de 2015. p. 1130-1132. https://doi.org/10.1126/science.aaa1160.

40. Matthew Barnidge, "Exposure to Political Disagreement in Social Media Versus Face-to-Face and Anonymous Online Settings". *Political Communication* 34, n. 2, 3 de abril de 2017. p. 302-321. https://doi.org/10.1080/10584609.2016.1235639.

41. Levi Boxell, Matthew Gentzkow, e Jesse M. Shapiro, "Greater Internet Use Is Not Associated with Faster Growth in Political Polarization Among US Demographic Groups". *Proceedings of the National Academy of Sciences of the United States of America* 114, n. 40, 3 de outubro de 2017. p. 10612-10617. https://doi.org/10.1073/pnas.1706588114.

42. Hunt Allcott *et al.*, "The Welfare Effects of Social Media". *American Economic Review* 110, n. 3, 1º de março de 2020. p. 629-676. https://doi.org/10.1257/aer.20190658.

43. Andrew M. Guess e Benjamin A. Lyons. "Misinformation, Disinformation, and Online Propaganda." *In*: Nathaniel Persily e Joshua A. Tucker (org.), *Social Media and Democracy*: The State of the Field, Prospects for Reform. SSRC Anxieties of Democracy. Cambridge: Cambridge University Press, 2020. p. 10-33.

44. Andrew Dawson e Martin Innes, "How Russia's Internet Research Agency Built Its Disinformation Campaign". *Political Quarterly* 90, n. 2, junho de 2019. p. 245-256. https://doi.org/10.1111/1467-923X.12690.

45. Guess, Nyhan e Reifler, "Exposure to Untrustworthy Websites in the 2016 US Election".

46. Andrew Guess, Jonathan Nagler e Joshua Tucker, "Less than You Think: Prevalecem and Predictors of Fake News Dissemination on Facebook". *Science Advances* 5, n. 1, janeiro de 2019. https://doi.org/10.1126/sciadv.aau4586.

47. Jun Yin *et al.*, "Social Spammer Detection: A Multi-Relational Embedding Approach". *In*: Hady W. (org.), *Advances in Knowledge Discovery and Data Mining*. Pacific-Asia Conference on Knowledge Discovery and Data Mining. Melbourne: Springer Nature, 2018. p. 615-627. https://doi.org/10.1007/978-3-319-93034-3_49.

48. Brendan Nyhan e Jason Reifler, "When Corrections Fail: The Persistentes of Political Misperceptions". *Political Behavior* 32, n. 2, 1º de junho de 2010. p. 303-330. https://doi.org/10.1007/s11109-010-9112-2.

49. James H. Kuklinski *et al.*, "Misinformation and the Currency of Democratic Citizenship". *The Journal of Politics* 62, n. 3, 1º de agosto de 2000. p. 790-816. https://doi.org/10.1111/0022-3816.0003.

50. Alexandra A. Siegel, "Online Hate Speech". *In*: Joshua A. Tucker e Nathaniel Persily (org.), *Social Media and Democracy*: The State of the Field, Prospects for Reform. SSRC Anxieties of Democracy. Cambridge, UK: Cambridge University Press, 2020. p. 56-88.

51. Alexandra Siegel *et al.*, "Trumping Hate on Twitter? Online Hate in the 2016 US Election and Its Aftermath". 6 de março de 2019. https://smappnyu.wpcomstaging.com/wp-content/uploads/2019/04/US_Election_Hate_Speech_2019_03_website.pdf.

52. Laura W. Murphy, "Facebook's Civil Rights Audit – Final Report". 8 de julho de 2020. https://about.fb.com/wp-content/uploads/2020/07/Civil-Rights-Audit-Final-Report.pdf.

53. James Hawdon, Atte Oksanen e Pekka Räsänen, "Exposure to Online Hate in Four Nations: A Cross-National Consideration". *Deviant Behavior* 38, n. 3, 4 de março de 2017. p. 254-266. https://doi.org/10.1080/01639625.2016.1196985.

54. Manoel Horta Ribeiro *et al.*, "Characterizing and Detecting Hateful Users on Twitter". 23 de março de 2018. https://arxiv.org/abs/1803.08977v1.

55. Nick Beauchamp, Ioana Panaitiu e Spencer Piston, "Trajectories of Hate: Mapping Individual Racism and Misogyny on Twitter". Artigo em andamento ainda não publicado, 2018.

56. Walid Magdy *et al.*, "#ISISisNotIslam or #DeportAll-Muslims? Predicting Unspoken Views". In: *Proceedings of the 8th ACM Conference on Web Science*, WebSci '16. Hannover, Alemanha: Association for Computing Machinery, 2016. p. 95-106. https://doi.org/10.1145/2908131.2908150.

57. Karsten Müller e Carlo Schwarz, "Fanning the Flames of Hate: Social Media and Hate Crime". *Journal of the European Economic Association*, 30 de outubro de 2020. doi.org/10.1093/jeea/jvaa045.

58. Karsten Müller e Carlo Schwarz, "From Hashtag to Hate Crime: Twitter and Anti-Minority Sentiment". Artigo em andamento ainda não publicado, 2020. https://papers.ssrn.com/abstract=3149103.

59. Tarleton Gillespie, *Custodians of the Internet*: Platforms, Content Moderation, and the Hidden Decisions That Shape Social Media. New Haven, CT: Yale University Press, 2018.

60. Zuckerberg, "Building Global Community".

61. Rosen, "Community Standards Enforcement Report". Fevereiro de 2021.

62. Ibid.

63. Facebook. "Facebook's Response to Australian Government Consultai-os on a New Online Safety Act". 19 de fevereiro de 2020. https://about.fb.com/wp-content/uploads/2020/02/Facebook-response-to-consultation-new-Online-Safety-Act.pdf.

64. Susan Wojcicki, "Expandam Our Work against Abuse of Our Platform". *YouTube Official Blog*, 5 de dezembro de 2017. https://blog.youtube/news-and-events/expanding-our-work-against-abuse-of-our/.

65. Zuckerberg, "A Blueprint for Content Governance and Enforcement".

66. Sandra E. Garcia, "Ex-Content Moderator Sues Facebook, Saying Violent Images Caused Her PTSD". *New York Times*, 25 de setembro de 2018. https://www.nytimes.com/2018/09/25/technology/facebook-moderator-job-ptsd-lawsuit.html. Veja também o trabalho pioneiro em etnografia de Sarah T. Roberts, *Behind the Screen*: Content Moderation in the Shadows of Social Media. New Haven, CT: Yale University Press, 2019.

67. Casey Newton, "Facebook Will Pay $52 Million in Settlement with Moderators Who Developed PTSD on the Job". *The Verge*, 12 de maio de 2020. https://www.theverge.com/2020/5/12/21255870/facebook-content-moderator-settlement-scola-ptsd-mental-health.

68. Nathaniel Persily, "The Internet's Challenge to Democracy: Framing the Problem and Assessing Reforms". *Kofi Annan Commission on Elections and Democracy in the Digital Age*, 4 de março de 2019. https://pacscenter.stanford.edu/publication/the-internets-challenge-to-democracy-framing-the-problem-and-assessing-reforms/.

69. Mark Zuckerberg, "Preparing for Elections". *Facebook*, 13 de setembro de 2018. https://www.facebook.com/notes/mark-zuckerberg/preparing-for-elections/10156300047606634/.

70. Ibid.

71. Vijaya Gadde e Matt Derella, "An Update on Our Continuity Strategy During covid-19". *Twitter*, 16 de março de 2020. https://blog.twitter.com/en_us/topics/company/2020/An-update-on-our-continuity-strategy-during-covid-19.html.

72. Equipe do YouTube, "Protecting Our Extended Workforce and the Community". *YouTube Official Blog*, 16 de março de 2020. https://blog.youtube/news-and-events/protecting-our-extended-workforce-and/.

73. Guy Rosen, *Twitter*, 17 de março de 2020. https://twitter.com/guyro/status/1240088303497400320?lang=en.

74. Kate Klonick, "The New Governors: The People, Rules, and Processes Governing Online Speech". *Harvard Law Review* 131, 2018. p. 1598-1670. https://harvardlawreview.org/wp-content/uploads/2018/04/1598-1670_Online.pdf. Veja também Klonick, "The Facebook Oversight Board: Creating an Independent Institution to Adjudicate Online Free Expression". *Yale Law Journal* 129, n. 8, 2020. p. 2418-1499. https://papers.ssrn.com/sol3/papers.cfm?abstract_id=3639234; e Evelyn Douek, "Facebook's 'Oversight Board': Move Fast with Stable Infrastructure and Humility". *North Carolina Journal of Law & Technology* 21, n. 1, 2019. p. 1-78. https://papers.ssrn.com/sol3/papers.cfm?abstract_id=3365358.

75. Zuckerberg, "A Blueprint for Content Governance and Enforcement".

76. Ben Smith, "Trump Wants Back on Facebook. This Star-Studded Jury Might Let Him". *New York Times*, 24 de janeiro de 2021. https://www.nytimes.com/2021/01/24/business/media/trump-facebook-oversight-board.html.

77. *Clarence Brandenburg, Appellant, v. State of Ohio*, 9 de junho de 1969, Legal Information Institute, Cornell Law School. https://www.law.cornell.edu/supremecourt/text/395/444.

78. Yascha Mounk, "Verboten: Germany's Risky Law for Stopping Hate Speech on Facebook and Twitter". *New Republic*, 3 de abril de 2018. https://newrepublic.com/article/147364/verboten-germany-law-stopping-hate-speech-facebook-twitter.

79. Renee DiResta, "Free Speech Is Not the Same as Free Reach". *Wired*, 30 de agosto de 2018. https://www.wired.com/story/free-speech-is-not-the-same-as-free-reach/.

80. Joanna Plucinska, "Hate Speech Thrives Underground". *Politico*, 7 de fevereiro de 2018. https://www.politico.eu/article/hate-speech-and-terrorist-content-proliferate-on-web-beyond-eu-reach-experts/.

81. Tim Wu, "Is the First Amendment Obsolete?". *Michigan Law Review* 117, n. 3, 2018. p. 547-581. https://michiganlawrevieworg/wp-content/uploads/2018/12/117MichLRev547_Wu.pdf.

82. Ibid.

83. Klonick, "The New Governors".

84. Ibid.

85. Daphne Keller, "Statement of Daphne Keller Before the United States Senate Committee on the Judiciary, Subcommittee on Intellectual Property, Hearing on the Digital Millennium Copyright Act at 22: How Other Countries Are Handline Online Privacy". 10 de março de 2020. https://www.judiciary.senate.gov/imo/media/doc/Keller%20Testimony.pdf.

86. Conselho editorial do New York Times, "Joe Biden". *New York Times*, 17 de janeiro de 2020. https://www.nytimes.com/interactive/2020/01/17/opinion/joe-biden-nytimes-interview.html.

87. Francis Fukuyama e Andrew Grotto, "Comparative Media Regulation in the United States and Europe". *In*: Joshua A. Tucker e Nathaniel Persily (ed.), *Social Media and Democracy*: The State of the Field, Prospects for Reform. SSRC Anxieties of Democracy. Cambridge, UK: Cambridge University Press, 2020. p. 199-219.

88. Stanford Internet Observatory, "Parler's First 13 Million Users". 28 de janeiro de 2021. https://fsi.stanford.edu/news/sio-parler-contours.

89. Daisuke Wakabayashi e Tiffany Hsu, "Why Google Backtracked on Its New Search Results Look". *New York Times*, 31 de janeiro de 2020. https://www.nytimes.com/2020/01/31/technology/google-search-results.html.

90. "Social Media Stats Worldwide". *StatCounter Global Stats*. https://gs.statcounter.com/social-media-stats.

Parte III – Reprogramando o futuro

1. Sheila Jasanoff, *The Ethics of Invention:* Technology and the Human Future. Nova York: W. W. Norton & Company, 2016. p. 267.

8. As democracias podem enfrentar o desafio?

1. Alec Radford et al., "Better Language Models and Their Implications". *OpenAI*, 14 de fevereiro de 2019. https://openai.com/blog/better-language-models/.

2. Yoav Goldberg, *Twitter*, 15 de fevereiro de 2019. https://twitter.com/yoavgo/status/1096471273050382337.

3. Irene Solaiman, Jack Clark e Miles Brundage, "GPT-2: 1.5B Release". *OpenAI*, 5 de novembro de 2019. https://openai.com/blog/gpt-2-1-5b-release/.

4. Ibid.

5. Stephen Ornes, "Explainer: Understanding the Size of Data". *Science News for Students*, 23 de dezembro de 2013. https://www.sciencenewsforstudents.org/article/explainer-understanding-size-data.

6. Arram Sabeti, "GPT-3". *Arr.Am*, 9 de julho de 2020. https://arr.am/2020/07/09/gpt-3-an-ai-thats-eerily-good-at-writing-almost-anything/.

7. Gwern Branwen, "GPT-3 Creative Fiction". *gwern.net*, 19 de junho de 2020. https://www.gwern.net/GPT-3#why-deep-learning-will-never-truly-x; Kelsey Piper, "GPT-3, Explained: This

New Language AI Is Uncanny, Funny – and a Big Deal". *Vox*, 13 de agosto de 2020. https://www.vox.com/future-perfect/21355768/gpt-3-ai-openai-turing-test-language.

8. Carroll Doherty e Jocelyn Kiley, "Americans Have Become Much Less Positive About Tech Companies Impact on the U.S.". *Pew Research Center*, 29 de julho de 2019. https://www.pewresearch.org/fact-tank/2019/07/29/americans-have-become-much-less-positive-about-tech-companies-impact-on-the-u-s/; Ina Fried, "40% of Americans Believe Artificial Intelligence Needs More Regulation". *Axios*. https://www.axios.com/big-tech-industry-global-trust-9b7c6c3c-98f1-4e80-8275-cf52446b1515.html.

9. Karen Hao, "The Coming War on the Hidden Algorithms That Trap People in Poverty". MIT *Technology Review*, 4 de dezembro de 2020. https://www.technologyreview.com/2020/12/04/1013068/algorithms-create-a-poverty-trap-lawyers-fight-back/.

10. Jaron Lanier, *Ten Arguments for Deleting Your Social Media Accounts Right Now*. Nova York: Henry Holt, 2018.

11. Anand Giridharadas, "Deleting Facebook Won't Fix the Problem". *New York Times*, 10 de janeiro de 2019. https://www.nytimes.com/2019/01/10/opinion/delete-facebook.html.

12. "Where Do We Go as a Society?". *vTaiwan*, março de 2016. https://info.vtaiwan.tw/.

13. Johns Hopkins, "Mortality Analyses". *Johns Hopkins Coronavirus Resource Center*, 3 de dezembro de 2020. https://coronavirus.jhu.edu/data/mortality.

14. Ezekiel J. Emanuel, Cathy Zhang e Aaron Glickman, "Learning from Taiwan about Responding to Covid-19 – and Using Electronic Health Records". STAT, 30 de junho de 2020. https://www.statnews.com/2020/06/30/taiwan-lessons-fighting-covid-19-using-electronic-health-records/.

15. David J. Rothman, *Strangers at the Bedside: A History of How Law and Bioethics Transformed Medical Decision Making*. Nova York: Basic Books, 1991; Cathy Gere, *Pain, Pleasure, and the Greater Good*. Chicago: University of Chicago Press, 2017.

16. Don Colburn, "Under Oath". *Washington Post*, 22 de outubro de 1991. http://www.washingtonpost.com/archive/lifestyle/wellness/1991/10/22/under-oath/53407b39-4a27-4bca-91fe-44602fc05bbf/.

17. Abraham Flexner, *Medical Education in the United States and Canada: A Report to the Carnegie Foundation for the Advancement of Teaching*. Boston: Merrymount Press, 1910. http://archive.org/details/medicaleducation00flexiala.

18. John Knight *et al.*, "ACM Task Force on Licensing of Software Engineers Working on Safety-Critical Software". Relatório inicial, ACM, julho de 2000. http://kaner.com/pdfs/acmsafe.pdf.

19. Don Gotterbarn, Keith Miller e Simon Rogerson, "Software Engineering Code of Ethics". *Communications of the* ACM 40, n. 11, 1º de novembro de 1997. p. 110-118. https://doi.org/10.1145/265684.265699.

20. Lauren Jackson e Desiree Ibekwe, "Jack Dorsey on Twitter's Mistakes". *New York Times*, 19 de agosto de 2020. https://www.nytimes.com/2020/08/07/podcasts/the-daily/Jack-dorsey-twitter-trump.html.

21. Michael Specter, "The Gene Hackers". *New Yorker*, 9 de novembro de 2015. https://www.newyorker.com/magazine/2015/11/16/the-gene-hackers.

22. Rebecca Crootof, "Artificial Intelligence Research Needs Responsible Publication Norms". *Lawfare*, 24 de outubro de 2019. https://www.lawfareblog.com/artificial-intelligence-

research-needs-responsible-publication-norms; Miles Brundage *et al.*, *The Malicious Use of Artificial Intelligence:* Forecasting, Prevention, and Mitigation. Oxford, Future of Humanity Institute, 2018. https://maliciousaireport.com/.

23. Faception, 2019. https://www.faception.com.

24. Mahdi Hashemi e Margaret Hall, "RETRACTED ARTICLE: Criminal Tendency Detection from Facial Images and the Gender Bias Effect". *Journal of Big Data* 7, 7 de janeiro de 2020, artigo n. 2. https://journalofbigdata.springeropen.com/track/pdf/10.1186/s40537-019-0282-4.pdf.

25. Coalition for Critical Technology, "Abolish the #Tech-ToPrisonPipeline". *Medium*, 22 de junho de 2020. https://medium.com/@Coalition-ForCriticalTechnology/abolish-the-techtoprisonpipeline-9b5b14366b16.

26. "About the Public Interest Technology University Network". *New America*. https://www.newamerica.org/pit/university-network/about-pitun/.

27. Natalia Drozdiak e Sam Schechner, "The Woman Who Is Reining In America's Technology Giants". *Wall Street Journal*, 4 de abril de 2018. https://www.wsj.com/articles/the-woman-who-is-reining-in-americas-technology-giants-1522856428.

28. "The Digital Markets Act: Ensuring Fair and Open Digital Markets". *Comissão Europeia*. https://ec.europa.eu/info/strategy/priorities-2019-2024/europe-fit-digital-age/digital-markets-act-ensuring-fair-and-open-digital-markets_en.

29. Kara Swisher, "White House. Red Chair. Obama Meets Swisher". *Vox*, 15 de fevereiro de 2015. https://www.vox.com/2015/2/15/11559056/white-house-red-chair-obama-meets-swisher.

30. "Federal Trade Commission v. Facebook, Inc.". United States District Court for the District of Columbia, 9 de dezembro de 2020. https://www.ftc.gov/system/files/documents/cases/051_2021.01.21_revised_partially_redacted_complaint.pdf, 2.

31. *The State of Texas, the State of Arkansas, the State of Idaho, the State of Indiana, the Commonwealth of Kentucky, the State of Mississippi, State of Missouri, State of North Dakota, State of South Dakota, and State of Utah vs. Google LLC*, United States District Court, Eastern District of Texas, Sherman Division. 16 de dezembro de 2020. https://www.texasattorneygeneral.gov/sites/default/files/images/admin/2020/Press/20201216%20COMPLAINT_REDACTED.pdf.

32. Jackson e Ibekwe, "Jack Dorsey a respeito dos erros do Twitter".

33. Nick Statt, "Mark Zuckerberg Apologizes for Facebook's Data Privacy Scandal in Full-Page Newspaper Ads". *The Verge*, 25 de março de 2018. https://www.theverge.com/2018/3/25/17161398/facebook-mark-zuckerberg-apology-cambridge-analytica-full-page-newspapers-ads.

34. Eric Johnson, "Former Google Lawyer and Deputy U.S. CTO Nicole Wong on Recode Decode". *Vox*, 12 de setembro de 2018. https://www.vox.com/2018/9/12/17848384/nicole-wong-cto-lawyer-google-twitter-kara-swisher-decode-podcast-full-transcript.

35. Joseph E. Stiglitz, "Meet the 'Change Agents' Who Are Enabling Inequality". *New York Times*, 20 de agosto de 2018. https://www.nytimes.com/2018/08/20/books/review/winners-take-all-anand-giridharadas.html.

36. Edmund L. Andrews, "Greenspan Concedes Error on Regulation". *New York Times*, 23 de outubro de 2008. https://www.ny-times.com/2008/10/24/business/economy/24panel.html.

37. Elizabeth Warren, "Accountable Capitalism Act". https://www.warren.senate.gov/imo/media/doc/Accountable%20Capitalism%20Act%20One-Pager.pdf.

38. Elizabeth Warren, "Warren, Carper, Baldwin, and Warner Form Corporate Governance Working Group to Fundamentally Reform the 21st Century American Economy". 30 de outubro de 2020. https://www.warren.senate.gov/newsroom/press-releases/warren-carper-baldwin-and-warner-form-corporate-governance-working-group-to-fundamentally-reform-the-21st-century-american-economy.

39. Yoni Heisler, "What Ever Became of Microsoft's $150 Million Investment in Apple?". *Engadget*, 20 de maio de 2014. https://www.engadget.com/2014-05-20-what-ever-became-of-microsofts-150-million-investment-in-apple.html.

40. Jessica Bursztynsky, "Microsoft President: Being a Big Company Doesn't Mean You're a Monopoly". CNBC, 10 de setembro de 2019. https://www.cnbc.com/2019/09/10/microsoft-president-brad-smith-on-facebook-and-google-antitrust-probes.html.

41. Chris Mooney, "Requiem for an Office". *Bulletin of the Atomic Scientists* 61, n. 5, 2005. p. 40-49. https://doi.org/10.2968/061005013,45.

42. Ibid. p. 42.

43. Ibid. p. 45.

44. Shelia Jasanoff, *The Ethics of Invention*: Technology and the Human Future. Nova York: W. W. Norton, 2016.

45. "Tech Talent for 21st Century Government". *The Partnership for Public Service*, abril de 2020. https://ourpublicservice.org/wp-contentuploads/2020/04/Tech-Talent-for-21st-Century-Government.pdf, 2.

46. Joseph J. Heck *et al.*, *Inspired to Serve:* The Final Report of the National Commission on Military, National, and Public Service, março de 2020. https://inspire2serve.gov/sites/default/files/final-report/Final%20Report.pdf.

47. Derek Kilmer *et al.*, "How Can Congress Work Better for the American People?". *Select Committee on the Modernization of Congress*, julho de 2019. https://modernizecongress.house.gov/final-report-116th; Elizabeth Fretwell *et al.*, "Science and Technology Policy Assessment: A Congressionally Directed Review". *National Academy of Public Administration*, 31 de outubro de 2019. H.R. 4426 – Office of Technology Assessment Improvement and Enhancement Act, 116th Congress, 2019-2020. https://www.congress.gov/bill/116th-congress/house-bill/4426.

48. Jathan Sadowski, "The Much-Needed and Sane Congressional Office That Gingrich Killed Off and We Need Back". *Atlantic*, 26 de outubro de 2020. https://www.theatlantic.com/technology/archive/2012/10/the-much-needed-and-sane-congressional-office-that-gingrich-killed-off-and-we-need-back/264160/.

Este livro, composto na fonte Fairfield,
foi impresso em papel Pólen natural 70 g/m², na Corprint.
São Paulo, Brasil, outubro de 2022.